LOCUS

LOCUS

LOCUS

LOCUS

from

vision

from 120

狂粉是怎樣煉成的：成功推坑與造粉的社群行銷學

Superfandom:

How Our Obsessions Are Changing What We Buy and Who We Are

作者：柔依・弗瑞德—布拉納（Zoe Fraade-Blanar）&

亞倫・M・葛雷澤（Aaron M. Glazer）

譯者：許恬寧

責任編輯：吳瑞淑

封面設計：三人制創

校對：呂佳真

出版者：大塊文化出版股份有限公司

台北市105南京東路四段25號11樓

www.locuspublishing.com

讀者服務專線：0800-006689

TEL：(02) 87123898　FAX：(02) 87123897

郵撥帳號：18955675　　戶名：大塊文化出版股份有限公司

法律顧問：董安丹律師、顧慕堯律師

總經銷：大和書報圖書股份有限公司

地址：新北市新莊區五工五路2號

TEL：(02) 89902588（代表號）　FAX：(02) 22901658

製版：瑞豐實業股份有限公司

初版一刷：2017年6月

定價：新台幣380元

Printed in Taiwan

國家圖書館出版品預行編目資料

狂粉是怎樣煉成的：成功推坑與造粉的社群行銷學 / 柔依.弗瑞德-布拉納(Zoe Fraade-Blanar), 亞倫.M.葛雷澤(Aaron M. Glazer)著；許恬寧譯.

-- 初版. -- 臺北市：大塊文化, 2017.06

面；　公分. -- (from ; 120)

譯自：Superfandom : how our obsessions are changing what we buy and who we are

ISBN 978-986-213-794-9(平裝)

1.行銷策略 2.消費者行為 3.消費市場學

496　　106006758

Superfandom:
How Our Obsessions Are Changing What We Buy and Who We Are

狂粉是怎樣煉成的：
成功推坑與造粉的社群行銷學

Zoe Fraade-Blanar & Aaron M. Glazer　著
許恬寧　譯

目次

推薦序

迎接萬神並存，眾粉抓狂的新經濟

人渣文本（周偉航）

我是個作家。初識者聽到我這樣自介，總會問：「現在還有人買書嗎？」「只靠賣書能活嗎？」台灣的出版業的確走向快速萎縮，但還是有一線生機：如果你能顧好幾千個會掏錢買書的忠誠支持者，你就「混」得下去。

除了寫作之外，我也推動訂閱式的網路新媒體，這同樣會招來類似的問題：「誰會花錢看網路文章呀？」「這樣能賺到錢嗎？」當然，大多數的網路訂閱專案都不太有人捧場，但如果你能顧好那一千個會定期刷卡的忠誠支持者，你不只「混」得下去，還可以混得蠻穩定的。

除了上兩個工作之外，我也會擔任顧問，協助企業或創投業篩選投資對象。每當老派投資者對著創業者大談「薄利多銷」、「TA（目標受眾）要多點」的理念時，我總是提出反對的看法。對於那些小公司來說，顧好那些現有的幾千粉絲，就很夠了。

當然，這些投資者往往不放棄地追問：「為什麼不把餅做大一點呢？」

餅當然可以做大，但依各流行產業的現實狀況來說，要做出廣受社會歡迎的單一爆紅產品，其先期投入成本會高到嚇死人，不如生產大量的異質「小餅」，滿足各種偏好的消費者。反正最後各小餅商家加總起來，還是能創造驚人的產值。

日本的ＡＫＢ集團就是採用這樣的模式。常人總會問，韓國偶像團那種十幾人的就已經很誇張了，ＡＫＢ及其分支團體搞到兩三百人，到底是在想什麼？三、五個人不好嗎？

但ＡＫＢ集團，或專業歌迷說的「48G」、「46G」，其每個成員就是一個或大或小的餅，她們共享集團軟硬體資源來節省成本，並且透過人海戰術把市場規模撐到極限，不但攻下過去沒有偶像能立足的階層（中年男性），甚至讓非相關體系的其他女子偶像幾乎沒有生存空間。

你在「48G」或「46G」（都是由秋元康所製作），有非常高的機率能找到讓你入迷的女孩，因為她們高的、矮的、胖的、瘦的、搞笑的、嚴肅的、美形的、像型男的，還有「不知為何她會在裡頭」的類型，通通都有。她們有些人或許只有三五百鐵粉，但全部加總起來呢？那就是幾十萬大軍了。這些忠誠的鐵粉，就是ＡＫＢ集團能年年飆出數百億產值的重要原因。粉絲們幾乎是掏盡身上的每一分錢來投入偶像的消費活動。

台灣人熟悉日本的影音動漫產業的分衆行銷手法，但對於「造神」另有一套傳統的歐美粉絲經營，長久以來是相對陌生的。本書作者由親身經營粉絲的個案談起，泛論了整個商業粉絲文化：橫向面，是由東方的初音未來，談到西方的各種大小商品的市場策略與經驗，而縱向部分，也探究了當代粉絲文化的歷史脈絡，以及如何由邊陲成為新中心的情狀。

對於「不相信」或「不瞭解」粉絲經濟的人，本書會是最好的參考書，活生生的個案將讓你理解粉絲經濟會是將來市場的主流。而對於熟悉此道者而言，我也相信本書的某些個案能提示你從未想過的切入點。粉絲經營總是太過「個體」、「唯心」，小衆看久了，有時會忽略大格局的觀點。

我認爲所有人都有潛力成爲瘋狂的粉絲，因爲在演化的過程中，人類腦裡早就內建了某種「宗教性」，加上長時間的傳統文化與商業行銷的薰陶，就算你不信有神，你也很可能在某種人生向度中信了某種「邪教」，甚至還是該「宗教團體」中的核心幹部。

不信自己會如此瘋狂？那就思考一下，選舉的造勢晚會、職業運動的冠軍決戰、偶像歌手的演唱會，和宗教佈道大會，到底有哪些地方相同？給你兩個提示：「場地」與「硬體」。

然後，又還有什麼樣的活動形式，和這些很類似，只不過是「縮小版」？所以，別輕易相信什麼「我是無神論者」的宣言；說話的人可能轉頭就在黏鋼彈模型，又或是在限量款球鞋上花掉所有積蓄。

就先放下成見，好好看看這個萬神併存，衆粉抓狂的世界吧。

推薦序

粉絲是一種新商業文明

盧希鵬，臺灣科技大學專任特聘教授

最近我提出了一個新經濟，討論在隨處科技（Ubiquitous Technology）下的新商業文明，稱之為「隨經濟」（Ubiquinomics），並主張「時間」與「弱連接」將成為新經濟中的有限資源。而「粉絲」在隨經濟中扮演著重要的角色，是省時間的資訊來源，也是弱連結的龐大使用者。我們必須要區分「使用者」（user）與「客戶」的不同，使用者是用你服務的人，客戶是付你錢的人。這兩種人中，有著一群較積極的參與者，姑且先叫做粉絲。而這群粉絲的影響力，已經漸漸地大於主流媒體。

讓我舉個例子。在臉書上，我是安心亞的粉絲，她的粉絲超過二百萬人，而臺灣的主流雜誌的訂戶不超過十萬戶，你說，誰是主流媒體？安心亞說一句話，兩百萬人看到，在雜誌上報導一句話，又有多少人會看完整本雜誌？廣告主看見了雜誌上的文章，卻看不見那二百萬人的想法，等看到了，一切就都來不及了。

此外，有一天晚上近十一點，安心亞在臉書說上只說了「晚安」兩個字，一個小時後兩萬八千人按讚，我在我的臉書上說了五百個我自認有理的文字，一天下來只有三百人按讚，誰是意見領袖呢？有一天我學安心亞，附上逗趣的照片，也只講晚安兩個字，一天下來，竟然也有五百人按讚。粉絲需要熱情，教授的臉書沒有熱情，但是逗趣的照片，安心亞的晚安，卻充滿了熱情。

有一次聽臺灣一位私立科技大學的校長講到大陸去招生，他理性地介紹了學校許多特色與優勢，結果學生都沒什麼感覺，後來他說，阮經天、豆花妹是這所學校的校友，大陸學生才豎起大姆指說，這眞是一所好學校啊。理性的資料，聽起來假假的，而阮經天與豆花妹，卻是那麼的眞實。

粉絲喜歡誠實與直白，過多的包裝與公關，只會引起反感。阿基師的國際禮儀事件，因爲解釋太多，被判出局，王世堅偷情，花了三十三秒講了八十二個字認錯，結果仍然高票當選。簡單的事實與直白的認錯，勝過鉅細靡遺的解釋。當初柯P選市長的旋風也印證了這件事，或許因爲他的亞斯伯格症，讓他在社交上顯得直白，溝通上過於簡單。這種簡單的直白，讓他在鄉民間獲得許多粉絲。

粉絲還有一個特點，就是「接受偶像的瑕疵」，因爲溝通的時間很短，網路言論充滿了瑕疵，但是有了瑕疵就認錯，是可以被赦免的。另外，偶像可以犯錯，但是政府企業公關不能犯錯。年輕的馬英九總統很帥，犯的過錯都可以原諒，就是這個道理。

過去的政府企業的發言，都有公關與發言人制度，這些冠冕堂皇的話語給人感覺不像人類的聲音。眞實人類的話語是草根的、是酸酸的、而且不一定完全精確。一些仁義道德八股教條，在網路上聽起來都很刺耳。有一次我在網路上找到一家墾丁民宿，老闆花了很多錢做廣告，網頁也設計得美輪美奐，但是我上網找到一位陌生人的評論，只說了「千萬不要去」五個字，你覺得我相信誰？我竟然相信了這位陌生人，因爲民宿的廣告充滿了公關話語，而千萬不要去，卻是那麼的草根、那麼的酸、雖然不一定完全精確，卻是眞實人類的聲音。

現在問題來了，「千萬不要去」眞是鄉民說的嗎？還是婉君（網軍）的攻擊。網路上有一種物以類聚的現象，很容易產生「群體極端化」（polarization）的現象，讓原本小小的聲音，放大成巨大的聲音，而形成社會上的主流意見。所以，在技術上，大數據中的社會傾聽（social listening）功能，在發現負面聲音的第一時間，就發動婉君來消滅火源，也是婉君越來越夯的原因了。

粉絲的行爲代表的是一種新的商業文明，這方面的學術研究還不夠多，但是這本書的作者以自己的經歷與觀察，描述了許多案例，讓讀者能夠了解粉絲文化，並進一步進行粉絲管理。粉絲是一種大型的「自組織」（有生命且會自己啓動與停止的組織），如果用傳統的「他組織」（接受他人指令而啓動停止的組織）管理方法會失控，自組織管理靠的是成員互動的規則，我們還需要更多的學習。

序曲

二〇一二年十月二十九日，紐約市

天氣頻道（Weather Channel）提醒美國民眾，颶風即將登陸，然而公司裡大家老神在在，去年艾琳（Irene）來襲時，幾乎連一棵遭殃的樹也沒有。反正不管怎麼說，現在才要更改計畫太遲了。

萬聖夜即將來臨的兩天前，我們「捏捏玩偶公司」（Squishable.com, Inc.）正在準備派對，一場虛擬的萬聖派對。先前粉絲兩度給我們驚喜，在我們的臉書（Facebook）頁面發起派對，動態時報湧進滿滿的親筆手繪圖與照片，熱情粉絲與家中穿著派對裝的玩偶，一起烤餅乾、玩遊戲，享受美好時光。這一次將由我們公司親自舉辦派對。我們好幾天前，就在數個社群媒體平台發出邀請，全球數百位捏捏粉回覆，將以網路虛擬方式出席。

紐約已經先行宣布進入緊急狀態，關閉地鐵，因此我們的團隊在市區內各處，分頭進行準備。臉書上，丹尼（Dani）等超級粉絲發文：「我們正在看氣象頻道，很擔心住在東岸的朋友。

大家一定要注意安全！！！還有一件事——萬聖夜派對會延期嗎？」過去幾天，我們天天面面相覷，小聲討論：「要怎麼回覆粉絲？」一直到眼看只剩幾小時，派對就要登場，我們內部聊天室還在不時互問：「嗯……或許今晚不適合開派對？」接著再度上 Google 查天氣狀況。＊

我們不想讓任何人失望，本該用來設計新產品、核准絨毛樣本的重要工作日，也已經挪了三天準備派對。公司同仁都沒有傳統商科背景，沒聽過「沉沒成本謬誤」，不懂得壯士斷腕。反正這次的颶風名字聽起來又不危險。居然叫珊迪（Sandy）？有沒有搞錯？

我們揑揑玩偶公司其實是一家科技公司，只不過是對玩具成癮——好吧，那只是我們內部自己開的玩笑。我們眞正的業務是製作動物玩偶，大隻的，小隻的，各種天馬行空的搞怪動物。團隊每一位成員都是來自其他產業的難民——軟體設計、法律、金融、政府部門、媒體——多元的組合讓我們剛成立公司時，得以避開多數陷阱；大部分玩具公司主要走批發路線，我們一半以上的存貨直接由官網售出。多數玩具公司每條產品線一年推出六至十二樣新產品；我們則推出數百種。大部分玩具公司瞄準兒童；我們也有許多小小粉絲，但最熱情的支持者是青少年與年輕人。大部分玩具公司靠設計團隊提出新點子；我們則靠自己的粉絲——用粉絲的構想、粉絲提出的設計意見，甚至使用粉絲畫的圖。我們是第一家推出「蝦子絨毛玩偶」、「克蘇魯神話（Cthulhu）絨毛玩偶」、「死神絨毛玩偶」與「切片吐司（Slice of Toast）絨毛玩偶」的公司。

那年稍早，我們決定把一隻「揑揑柴犬」（Squishable Shiba Inu）放上 Kickstarter 創意募資平台，

＊原書注：本書引用的社群媒體貼文，原文照登，未經編輯。

測試一下水溫。我們原本沒打算嘗試那個設計，但先前我們為了決定下一次要製作哪一種狗狗玩偶，舉辦了一場玩偶原型競賽，柴犬是第二名，只輸給柯基（柯基後來很暢銷）。Kickstarter 放上了概念藝術：一隻有著圓眼眶的紅狗兒。眾人反應十分熱烈：要，要，我要買。粉絲愛死我們的紅色柴犬設計概念，願意慢慢等候這個產品製造、運送與上市。

十月初，Kickstarter 活動早已結束，但原型照貼出後，粉絲的反應讓我們始料未及：一名粉絲看到產品實物照後，覺得應該做成金色才對，眼眶形狀也要不一樣。突然間，我們的 Kickstarter 頁面、臉書和信箱，湧入憤怒的粉絲意見，控訴我們毀了設計，爛透了，居然敢背叛他們，他們要向 Kickstarter 舉報我們，永遠不再購買任何捏捏玩偶。

我們心情低落，事情怎麼會變成這樣？我每天晚上啃指甲啃到出血，苦惱該怎麼辦才好。我們希望討粉絲開心，但沒預算做第二個版本，團隊都哭出來了。怎麼會因為嘗試創新，害慘整間公司？**啊啊啊……**

到了十月底，辦公室氣氛緊張兮兮，該是時候來點振奮人心的活動，提醒大家不該被小小的柴犬顏色擊敗。再等下去，又得到隔年才有機會舉辦活動。一旦再過幾週，耶誕旺季開鑼，就沒時間更新社群媒體。再說了，我們真的很愛我們的粉絲。

當時我們創意組只有三個人負責主持派對：設計師梅麗莎（Melissa）與肯德拉（Kendra），還有我。我們的行政主管史考特（Scott）負責準備內容與材料。公司裡每個人都打算至少在網路上露一次面——就連法務長查爾斯（Charles）都會參與，跟大家說哈囉。

由於其他每一個人都住布魯克林（Brooklyn）或皇后區（Queens），攝影道具從我們位於聯合廣場（Union Square）的辦公室，拖到我和亞倫（Aaron）位於曼哈頓東河（East River）旁的十三樓一房一廳公寓，緊鄰天然災害的強制撤離區。我們知道可能停電，搬了超過半打充飽電的筆電，除了威訊提供的光纖網路（Verizon Fios），還備妥兩家手機熱點，萬一這樣都不行，還有一台忘記取消的二〇一〇年古董級斯普林特（Sprint）數據機。要是天有不測風雲，有五花八門的方式可以上網。

粉絲已經連續數小時貼出颶風挑戰文：

梅爾（Mel）寫道：「親愛的珊迪颶風：請不要害我或其他人停電！我們要參加捏捏節日派對！如果害我們沒電，等著迎接我的怒火吧！！怒火！！要是敢無視於捏捏粉，比地獄之火還可怕的復仇將找上妳！！！」

莎曼珊（Samantha）寫道：「我準備迎接好這場科學怪風（Frankenstorm）。如果必須疏散，請每個人帶上一隻大捏捏和一隻迷你捏捏，我老媽的包包上會掛超小捏捏。來吧，我們不怕妳！」

「大家在科學怪風來襲期間要注意安全！……希望各位的房子／公寓不會淹水，捏捏不會泡濕！」這則文章是名為「海神」（Oceanus）的迷你獨角鯨捏捏（Squishable Narwhal）貼出的文章，大概是它的主人寫的。

還有兩小時派對就要開始了，超級粉絲莎拉（Sara）寫道：「大家準備好迎接萬聖派對了嗎？！？！？！？！？我等不及了！！我已經替我每一隻捏捏友，準備好變裝的衣服，今天下班到家後，還得做一些點心。我們昨晚挖了南瓜，所以今天要烤南瓜子，做南瓜鬆餅，還要爆玉米花，泡熱可可！另外還有糖果和焦糖蘋果！太興奮了，今晚一定好玩又美味！！」

派對不能取消，我們可是捏捏！只不過是一個討厭的超級颶風，小事一樁！

風勢加大後，我和亞倫冒險再到外頭一趟，走過釘緊木板的窗戶，地鐵入口的沙包堆，想替手電筒多買幾顆備用電池，但電池早被搶購一空，最後只能替家裡的「牡蠣」（Oyster）買下店內最後一包狗食。牡蠣是我們的狗，身上有約克夏和貴賓血統。接著我和亞倫回家，在浴缸和水槽儲滿水，開幾罐啤酒，等候晚上七點來臨。

客服主管貝絲（Beth）從密西根家中發來訊息：「我先下線——大家注意安全，祝大家不會濕透！」

東岸晚上七點來臨時，提早出現的粉絲開始用照片洗版。梅麗莎在公司內部聊天室發訊息：「OK！大家上場吧！」我們在臉書上歡迎所有人參加派對，數百位粉絲回應：

「哇哇哇……派對派對！！！」

「派對時間到了！！！！！！！！！！！！哇噢！！！！！！！！！！」

「注意！大風之中貴客降臨！」

「吔吔吔！派對！D我和我的十三隻捏捏在這裡！」

「不給糖，就捏捏！！！！」

……臉書頁面上，都是動物布偶打扮成妖魔鬼怪與海盜的照片。

晚上七點半，天空開始飄雨，我們貼出五行打油詩比賽規則。七點四十五分，貼出第一張捏捏派對照片，外頭傾盆大雨。梅麗莎在南布魯克林日落公園（Sunset Park），打卡放上麥可・傑克森（Michael Jackson）的〈顫慄〉（Thriller）影片。肯德拉在東邊的貝德福特—斯圖文森區（Bedford-

Stuyvesant），放上給粉絲的黑白線稿。梅麗莎發文徵求插畫點子。我放上一隻獨角鯨捏捏躺在一碗玉米糖裡的照片，以及一隻玩咬蘋果遊戲的小馬捏捏（Squishable Horse）。我們每個人使用自己的個人臉書帳號，這樣粉絲才知道是本尊上線。我們發表的臉書文章，和全國其他粉絲的數百張照片混在一起，有穿哈利波特（Harry Potter）衣服的獅鷲捏捏（Squishable Gryphons），扮成美少女戰士的六角恐龍，百年好合的新娘新郎牛，以及浣熊電視主播。

「有誰可以幫我畫一隻獨角鯨？」

「我要做柔伊和克蘇魯的餅乾！！！！」

「大家知道要幫九十六隻捏捏換裝有多辛苦嗎？！」

「從前從前，南塔克特（Nantucket）有一隻捏捏……」

「ＦＢ派對眞是太好玩了：）」

我們十三樓的窗戶在窗框裡震動，樓下剛從颶風派對回家的一家人，媽咪、爹地、嬰兒，被一群煞車不及的大學生擒抱在地，摔進兩棟建築物間的風洞。人沒事，但必須在風雨之中抓緊狗鏈，把寵物拉回來。

我們嚴守時間表，一點都不敢馬虎，按時放上ＦＢ貼文。八點是變裝大賽，著色紙是八點十五分，南瓜裝飾照是八點二十分。接著，粉絲貼出大量求圖文章，梅麗莎手忙腳亂，肯德拉接手。此時，網路訊號只剩一兩格，沒半張圖片能按照計畫，準時用手機送出。

梅麗莎寫道：「哈哈哈，我的天，沒一張送得出去，我的天，又有求圖文進來了，哈哈，救

命啊！」＊

「我們在笑，因爲不笑的話要哭了。」肯德拉寫道：「今晚結束後，我的白頭髮都要長出來了。」

風雨暫歇，我們打開備用電腦，打開推特和CNN。南邊砲台公園市（Battery Park City）淹水，東邊幾個街區外C大道（Avenue C）淹水，霍博肯（Hoboken）淹水，地鐵也淹水。從我們的窗戶看得見東河，感覺整條河現在就在旁邊。後來才知道那天我們打字時，北方十個街區外，紐約大學的「朗格尼醫學中心」（NYU Langone Medical Center）備用發電機失靈，醫療人員忙翻天，急著在黑漆漆的樓梯中疏散病患與嬰兒。

粉絲瑞秋（Rachel）發文：「大家在颶風之中還好嗎！？！？希望大家都沒事！」

我們互相轉貼最新停電預告，提醒布魯克林的鄰居：「#聯合愛迪生（ConEd）爲保護公司與客戶設備，即刻起中斷部分布魯克林地區供電服務。」大家也轉貼推特照片，離我們公寓只有幾個街區的地方，車子漂浮水上。

梅麗莎寫道：「柔伊，我沒要怪誰，這場FB派對眞是同時太棒又太糟，我們的觸及人數破表，但拜託以後不要再幹這種事。」

肯德拉在燈光瘋狂忽明忽滅時寫道：「我目前沒事，只是有點嚇到！」

「大家可以離開沒關係——這場派對**不是**你們的第一要務。」

＊原書注：本書的社群媒體文章未經編輯。

肯德拉堅持：「沒關係的！」她後來才坦承，自己當時其實是窩在走廊地板上打字，因爲那是整棟公寓唯一沒窗戶的地方。強風正在吹走她屋頂上的大塊金屬板，發出震耳欲聾的聲響。

我們發文，發文，再發文，窗戶搖晃，狂風呼嘯，公寓下方街道積雨成河。往外看出去，四周建築物成爲突出水中的漆黑小島，暴雨不斷打在上頭。羅斯福東河公園大道（FDR Drive）灌出來的東西是水嗎？牡蠣那天晚上不能跟平常一樣出門散步，不過反正也沒辦法把牠挖出床底。

到了大約八點三十分左右，就在我們放上水母的萬聖節討糖照之後，東南方出現一道巨大閃電與轟隆隆巨響，幾秒鐘後，燈光最後一次閃爍。後來才知道，當時十四街上聯合愛迪生的大型變電器爆炸，曼哈頓南半部瞬間全面停電，豪雨一直下個不停。

我們拿出備用筆電，看看能不能上網。不能。試手機，手機不行。試斯普林特古董數據機，可以用——頻寬剛好夠從河邊寄送最後一則SOS訊息到布魯克林，風雨之中那裡依舊閃爍著微弱燈光：告訴臉書網友，我們下線了，但別擔心，告訴他們就算沒有我們，派對還是可以繼續狂歡。訊息一剛發送，數據機訊號降爲零格。

我們坐在黑暗之中，喝著從緩緩升溫的冰箱中拿出的啤酒，大笑我們的生活可眞瘋狂。

隔天早上，我們帶著牡蠣，在昏暗日光中，走下十三層樓梯，想知道外頭受災情形。二十街的車子漂浮水上，被水帶到四面八方，接著像樂高一樣四散人行道上。每一台車都陷在堆疊高度達方向盤的垃圾殘骸之中。海堤上一塊大鐵軌枕木被風吹落，砸中一台福特野馬（Ford Mustang）車頂。街道滿是淤泥碎玻璃，島上有鹹味的河水依舊在奔流入海。隔壁大樓的一樓大門被吹開，彎曲的門板半卡在深水之中，有如某種洪災過後世界末日的景象。

全東村（East Village）的人似乎都站在河堤旁，穿著運動衫、包裹著毛毯禦寒，手高舉過頭，想讓手機在寒風中，接收到遙遠的布魯克林基地台訊號。

查爾斯第一個聯絡我們——他在布魯克林大橋（Brooklyn Bridge）下，找到Wi-Fi訊號，十幾個狼狽的金融人士擠在一起上網。揑揑玩偶的員工一個接著一個靠簡訊、電子郵件和聊天室，說自己渾身濕透，但人很平安。

史考特自請上社群網站，告訴全世界我們沒事。幾分鐘後回報，前一晚我們消失後，幾位超級粉絲接手，幫忙回答變裝大賽問題，放音樂，畫畫，讓派對持續到午夜過後，甚至還讓全國粉絲一起玩了「兩個實話、一個謊話」（Two Truths and a Lie）。

粉絲貓（Cat）立刻回覆：「太好了，紐約每一個人都平安又揑揑！」溫馨的回應讓人在紐約市各地的我們好想哭。

梅麗莎說：「我們可真是辦了一場超棒的社群媒體活動。」

聽說上城區那裡有電，有溫暖的飯店房間，還有讓人活過來的熱騰騰雞湯麵，當我們準備徒步前往時，我的手機再度響了一下，我查看郵件，是超級粉絲寄來的，她想讓我們知道，她真的、真的快要被我們的柴犬顏色給氣死了。

柔依·弗瑞德—布拉納

前言

歡迎來到無限延伸的粉絲世界

「我沒想過自己有一天會做那種事！」

一八九六年夏天，愛麗絲·德瑞克（Alice Drake）從美國科羅拉多州出發，搭上橫渡大西洋的遊輪前往歐洲。這位有錢人家的小姐年輕風騷，一路上碰到的人，偶爾會跟她開一些下流玩笑。對了，她還會彈一點鋼琴。

十九世紀時，壯遊（Grand Tour）是許多美國上流社會人士的成年儀式。年輕貴族（以及隨行的廚子、僕人、家庭教師、食客）仔仔細細依照規畫好的路線，遊歷歐洲的歷史與文化景點，旅行數月，甚至數年。在許多國家，這個傳統一直流傳至今，成爲「間隔年」（gap year）、「國外年」（year abroad）的行動，有時則是：「她還在歐洲當背包客，沒找工作？多久了，是不是一年了！」

大部分父母會建議孩子造訪荷蘭的博物館，義大利的教堂與古蹟，在巴黎上一下舞蹈課或擊劍課，或是到地方上的藝術學校學點東西。然而愛麗絲的目的地不是羅馬遺跡，也不是比薩（Pisa）古蹟。朋友葛楚（Gertrude）陪著她，旋風般路過比利時，抵達德國，在柏林待到會想家後，直奔遠方威瑪（Weimar），找到十年前過世的作曲家李斯特（Franz Liszt）的故居，接著想法子闖進去。

愛麗絲一共試了兩次。第一次，她和幾個剛認識的朋友下午太晚才到，只能對著李斯特的玻璃暖房大眼瞪小眼。一群人不氣餒，隔天一大早再試一次，突襲管理員，塞給那位「親愛的老人」三芬尼＊，說服他打開門鎖。

愛麗絲彈起李斯特的鋼琴！羨慕不已地看著李斯特收藏的歐洲王室禮物！還說服管理員，在明信片背面替她簽名（老人可是和李斯特一起住了二十七年！）。

愛麗絲一群人在李斯特神聖的房間裡，盡情享受時光，最後差點錯過火車，一路衝出故居，跳上車廂幾分鐘後，車就開了。火車緩緩駛出車站，一群人擠在車廂裡放聲大笑，氣喘吁吁，不敢相信先前只花那麼一點塞牙縫的錢，管理員就放他們進寶山。

晚上，愛麗絲在日記裡寫道：「我沒想過自己有一天會做那種事！」

跑到莫札特（Wolfgang Amadeus Mozart）的家，則沒那麼開心。雖然莫札特的故居是愛麗絲的薩爾斯堡（Salzburg）之行最重要的一站，可是那區得到的風評不佳，羊腸小徑般的街道，石階

＊編注：一種德國老舊的輔幣或紙鈔單位，一馬克等於一百芬尼。從九世紀使用到二〇〇一年十二月三十一日止。之後德國使用歐元為法定貨幣，從此芬尼一詞成為絕響。

破敗。愛麗絲推開一棟房子的前門，衝上樓後，才發現自己找錯家，但管他的。再闖進另一間房子，這次對了，但那棟擺著莫札特誕生搖籃與家人肖像畫的三層樓小公寓，沒有想像中美好。愛麗絲稍晚在日記裡寫道：「我不是很愛莫札特的音樂，所以對這一切，自然也不是特別感興趣……」

再接下來，愛麗絲在作曲家華格納（Wilhelm Richard Wagner）的故居踢到鐵板。這還是她第一次碰到不收賄的管家，只准她進前院。愛麗絲在日記裡大發脾氣，抱怨那是德國唯一錢在僕人那兒行不通的地方。

愛麗絲在十二月寫道：「坐在偉大藝術家旁看著他們，眞是有趣極了。」她在德國沒忙著私闖民宅時，則跑去聽音樂會。愛麗絲想聽的歌劇，全是華格納的作品，但要是地方上的愛樂樂團沒表演相關曲目，那就有什麼聽什麼。

愛麗絲仔仔細細在剪貼簿裡，收藏每一場音樂會的紀念品，節目單、門票、一小段樂譜，還附上自己對每一場表演的評論（「她在唱什麼鬼，嗓子已經毀了，完全沒感動到我。」）、表演者的八卦（「我們從來沒在美國聽過亞歷山大．皮契尼科夫（Alexander Petchnikoff）的表演，實在奇怪……他最近娶了一個美國女孩。」）、她對演出者的看法（「這是這場管弦樂團總監的簽名，人不是很優秀。」）、每一棟歌劇院的描述、樂團配置圖，以及聽完每場音樂會後，自己的心理狀態一覽表。從愛麗絲字跡工整的程度顯示，那本日記大概只是要寫給她自己看的。

愛麗絲評論某場華格納《尼伯龍根的指環》（*Der Ring des Nibelungen*）表演：「尼伯龍根的指環今早登場。我們包了每一晚的票，迫不及待想知道誰唱布倫希爾德（Brunhild）。後記：世上有這麼多人，他們偏偏找弗羅琳．芮韋（Frauline Revil）唱布倫希爾德，眞讓人不舒服，還因此抬高價格。不管了，雷諾（Reno）與里伯（Libau）和往常一樣精彩，樂團表現也還可以，忍一忍就結束了，不過眞是一場可怕的酷刑……」

愛麗絲在柏林時，得到在教學名師卡爾．亨瑞克．巴斯（Karl Heinrich Barth）面前彈琴的機會。雖然女僕有幾分猶豫，愛麗絲依舊得逞，闖進琴室，雙手顫抖，敬畏地凝視面前兩台貝希斯坦（Bechstein）鋼琴。接著大師本人現身（「天啊！他看起來好壯！」）。愛麗絲彈了幾個樂章後（大師稱讚：「眞動聽。」），獲得人人夢寐以求的機會，得以在巴斯門下學習。愛麗絲帶著笑容，大步邁出屋子，用她自己的話來說：「笑到嘴都裂了」。

然而，一個月後要上第一堂課時，愛麗絲翹課，跑去看自己最愛的華格納歌劇《齊格菲》（*Siegfried*），據說皇帝本人也會出席。

音樂病

「音樂迷」（Musicomania）是指對音樂充滿過度與無法控制的熱愛。在十九世紀末、二十世紀初的美國，音樂迷是嚴肅的病理診斷，一種眞實存在的病名。年輕的愛麗絲不是唯一的成癮者；下至小店員，上至初入上流社交界的少女，工業化讓原本相當小衆的音樂沉迷現象，成爲人人得以體驗與享受的經歷。南北戰爭結束後，景氣復甦，美國經歷重大社會與文化變遷。都市化！鐵路！讓民衆得以花錢在任何想要的事物上的工資經濟（wage economy）！

二十世紀剛開始時，光是晚餐過後全家人圍在鋼琴旁，音樂愛好者可能就滿足了，然而都市成長帶來大量新建的音樂廳。先前民眾大多參加地方上的教會禮拜，可是街車和鐵路等新型交通工具，如今讓人得以隨心所欲參加鎮上任何一間教堂的活動。工業化時代來臨前，唯一的娛樂選項，可能只有鄰居組成的地方樂團，太土、太俗了，然則如今專業音樂人士四處巡迴演出，躍身家喻戶曉的人物，受衆得以認識全球優秀的演出家與異國作品，沉溺於五光十色的名人文化。

欣賞華格納的音樂的確太棒了！但是許多樂迷覺得，怎麼可以光聽聽表演就滿足？文化歷史學家丹尼爾．卡維奇（Daniel Cavicchi）指出：「樂迷說：嗯，那很好沒錯，但我們還想要更多、更持久的體驗。正因爲如此，樂迷開始在『買票聽表演』的既定架構外，想辦法自己來點活動。」聽音樂會是美好享受，但何不順道蒐集樂譜和節目單，小心翼翼收進剪貼簿？或是在女獨唱家的飯店陽台下癡站幾小時，以求看她一眼？或是每場演出都參加，一遍又一遍出席，評論音樂廳每一區的位子音響效果？或是跑到德國威瑪，闖進李斯特家？

年輕淑女爲了歌劇拋棄紳士追求者，辦公室員工爲了多看一場演出讓自己破產，音樂老師衝上台擁抱音樂家，中年婦女在座位上起身快樂尖叫。音樂造成這麼多社會亂象，一定得想點辦法。

美國南北戰爭結束後，出現一群一心想做好事的社會改革者，他們發起抵制音樂迷的浪潮，雖然狂熱程度不及禁酒禁慾運動，依舊是一股力量，不過發起運動的人士認爲那樣還不夠，新的移民文化浪潮，已經危害美國本土音樂的純正性；此外，這群新出現的音樂愛好者，不懂得好好欣賞音樂。聽音樂的方式應該是恭謹謙和，以文質彬彬的方式優雅回應，不可胡來。

維多利亞時代一場音樂會的受衆，憤憤不平抱怨：「音樂廳裡大家緊貼在一起，活像一群蜜蜂。」另一名受衆倒抽一口氣說：「有人帽子被扯下。」就維多利亞時代一般民衆的眼光來看，他們先得用緊身衣擠出玲瓏有致的身材，再用五層衣物層層修飾，而以那種不得體的方式出席音樂會，實在令人不敢恭維。莫札特或華格納或許沒帶來壞影響，然而他們的音樂所引發的放縱情緒，違反一切禮教。在那個舉止合宜的社會，就連最純潔的肌膚相觸都等同訂婚，而一群無視於同場受衆、到處踩踏旁人的流汗音樂迷，簡直要把人嚇出心臟病。

學者卡維奇指出，「音樂迷」於一八三三年收錄為《醫學文獻新詞典》（*New Dictionary of Medical Science and Literature*）的詞條，羅患此病的人「對於音樂的熱情，到達精神失常的程度」。然而，音樂帶來的興奮感，那種掙脫理性的狂熱，或許正是為什麼衆多維多利亞時代的民衆，感受到音樂可以有效宣泄內心壓抑的情感。音樂具備反抗精神，純潔、有益、美妙，就算外人不懂也一樣（或許重點正是因為他人不懂）。音樂讓熱情的同好有東西討論，有理由聚會，是一種可以一起從事的有趣活動。

在一個幾乎無法容忍這種概念的文化，音樂——以及音樂人士、音樂相關活動、喜愛音樂的受衆——都「有趣極了」。

粉絲心態存在於人性

人類永遠充滿「連結」的欲望，想彼此連結，也想與自己的內心連結。連結是深植於大腦的直覺，我們天生就會遵從本能，尋覓四周，永遠在看文化中有沒有什麼能讓自己「更好」的東西。從演化觀點來看，一群原始獵人，要是能找到團結彼此的外在因素，當晚就比較可能吃到東西。那個外在因素可能是大家都喜愛月亮女神，或是都討厭山丘另一頭那些詭異的太陽女神崇拜者。

「粉絲文化」（Fandom，又譯「粉都」、「迷文化」）是指某一大眾文化的體系與做法，是一種十分古老、人類所獨有的現象；表現得像一個「迷」的現象，可能和文化本身一樣古老。歷史上流傳著眾多朝聖者的故事——不為美學或經濟利益，旅行至一地，只求親近某項重要事物。在喬叟（Chaucer）十四世紀坎特伯里（Canterbury）故事中，騎士、廚子、修士、醫生以及其他同伴，前往聖托馬斯．貝克特（Saint Thomas Becket）聖所。遠離歐洲世界的另一頭，日本的紀伊半島上，依舊布滿千年前熊野神社參拜者踏出的交錯小徑。

瑪潔麗．坎普（Margery Kempe）今日以大量戲劇性小說的創作者身分聞名：講家庭紛爭、明爭暗鬥、創傷與痊癒的故事。雖然坎普的作品一般被視為自傳故事，她的冒險故事主角不完全是她自己。坎普的作品依據了聖經中的人物——也就是她的年代最著名的文學作品。坎普一四三八年去世時，累積出篇幅如大部頭小說的著作，自創聖母馬利亞、耶穌及其他新約人物日後的旅程，有如今日的同人小說（fan fiction）。

坎普有時依據官方文本的時代背景，自創官方文本中沒提到的場景，有時則完全是原創情節，把自己想像成聖母馬利亞的侍女；約瑟與馬利亞到別人家拜訪時，她替兩人提包袱；馬利亞替耶穌哀悼時，她帶著酒與雞蛋混合而成的稀粥，到馬利亞床邊安慰她。在其他作品中，坎普把自己的朝聖經歷，融入自己創作的其他故事；她依據自己前往義大利阿西西（Assisi）＊參觀類似聖物的旅行經驗，想像自己詢問馬利亞要用哪塊嬰兒布，包裹尚在襁褓中的耶穌。

中世紀晚期的世界充滿宗教意象。教堂歌曲、食物禁忌、教會藝術與建築、特殊服飾、慶典與複雜儀式，全是創意心靈的豐富素材。現代學者將坎普創作的故事，詮釋爲她貼近自己最喜愛的書籍的方式，將自己與自己書寫的人物連結在一起，融入他們的生活。坎普希望自己能因信仰虔誠，被教會封聖；要是能成爲聖人，就最終能完整融入自己鍾愛的文本文字。

坎普不是探索此類文學小說的第一人——聖方濟各會的修女，受當時流行的宗教文本《基督生平沉思》（*Meditationes vitae Christi*）鼓舞，兩百年前就嘗試過類似創作。不過嚴格來講，修女也是官方宗教體制的一部分，坎普則絕對不是。

雖然英國在中世紀後期的特色是強調個人賦權（personal empowerment），如同五百年後維多利亞改革者的反音樂迷運動，隨新自由而來的是教會與周遭團體的大力撻伐。不是每個人都對坎普的探索感到開心。

至少就坎普個人的說法，她得面對世人的嘲弄，衆人對她所做的事懷有敵意。坎普以第三人稱指出，她人在家鄉時，「一個粗鄙之人……心懷惡意，故意把一碗水倒到她頭上。」坎普也說自己在約克（York）時，「許多敵人毀謗她、嘲笑她、輕視她」。她數度遭受學者蓋爾・麥克莫瑞・吉卜森（Gail McMurray Gibson）提到的「自宅軟禁」（casual house arrest），等著當局決定如何處理她

＊譯注：方濟各誕生地。

不合時宜的詭異情緒發洩。坎普甚至聲稱自己在街坊鄰舍的敵人，想讓她上火刑柱，不過那可能是誇飾法。很難說與坎普同時代的人，究竟把她視爲危險的聖潔女子，也或者只是腦子古怪，因爲坎普本人似乎相當以受壓迫自豪。

人人皆可成「迷」

坎普、愛麗絲，以及今日守候在書店外、等著半夜卡車載來J・K・羅琳（J. K. Rowling）新書的書迷，三者間的不同，不在於狂熱，而在於迷的管道（access）。

今日粉絲文化之所以大行其道，顯而易見的解釋是熟悉科技的觀眾彼此更能相互連結。以規模來看，的確如此。不過，在數位時代之前，就有粉絲文化。在留聲機發明之前，就有粉絲文化。甚至在人們識字之前，就有粉絲文化。坎普是十五世紀的商人階級女性，無力閱讀，也不會寫字，她所有的故事都靠口述給抄寫員寫成。到了一八〇〇年代，愛麗絲這樣的粉絲，遠遠更有機會與自己鍾愛的事物互動——只要有多餘閒錢，附近又有管弦樂團在表演，就可以定期聽音樂。科技持續演進，要迷一樣東西愈來愈容易，也愈來愈是大眾可以一起從事的活動，不過有史以來，粉絲文化就一直是人類活動文化的一環。

過去幾世紀，由於交通、個人財富、休閒時間與自主權進步，粉絲輕鬆就能接近自己熱愛的事物。網路移除了最後的障礙，現代人幾乎不花力氣，就能看到自己所愛的東西。對媒體愛好者來講，多數的錄音檔、影片與文字內容，只要點選一下就能取得。對樂團粉絲來講，網路讓人不再需要前往購物中心，就能找到、比較與訂購產品。對活動愛好者來說，找出參加辦法（以及一起去的同伴）是小事一樁。如果是偶像的粉絲，網路提供挖掘名人私生活的大量管道——名人的創作過程、每日從事的活動、意見觀點，有時連裸照都找得到。

十九世紀前，「文本」（text）數量有限，以此助長了前述的多重管道接觸、讀者得以取得的官方正典（official canon）。這方面，宗教提供了少數幾個例子——坎普無法自行閱讀聖經，但可以參觀聖經提到的地點，參與聖經相關儀式，唱聖歌，還有當然可以自行創作故事。

廣爲流傳的文化潮流，有時也有相同效果。時髦的法國市民，如果醉心於十八世紀晚期的美國文化，可以前往美國，參與美國對抗大英帝國的革命，不過許多人也寫小冊子支持美國理念，委託畫家描繪光輝美國精神；吃下火雞、玉米及其他新世界的食物；頭髮還別上班傑明・富蘭克林（Benjamin Franklin）的小肖像。不過，在不太重視此類附帶活動的世界，以上算是特例。

我們今日用「著迷對象」（fan object，又譯「迷對象」、「迷客體」）來稱呼這種情緒與活動所圍繞的中心。這類文化事物引發忠誠支持，更重要的是引發活動。如果找尋與接近那些人事物，需要費很大工夫，參與者不會太多。一樣東西能否成爲「著迷對象」，要看人們能否輕鬆與之互動：閱讀一本書時，讀者需要前往書店或圖書館，拿到書，帶回家，接著閱讀。他們可能向朋友提到自己在讀那本書，也可能在某個時間點重讀一遍，但除非自己有印刷機，外加擁有許多空閒時間，很少人會試著替那本書添加內容，互動一般爲單向。不論那本書寫得多好，很難「一起來」的障礙，讓人們主要只能閱讀那本書，無從一同參與。

在今日，想閱讀一本書可能很簡單，只要按下 Kindle app 上的「購買」（Buy）就搞定了。取得與體驗自己入迷的事物，不必再那麼費工夫，可以省下更多力氣，想新方法表達自己的喜愛。粉絲靠著數量大增的相關活動，運用多出來的時間與精力。任何一位紅牛（Red Bull）粉絲，輕鬆就能買到這種自己喜歡的含糖咖啡因飲料，也因此熱情粉絲可能靠穿上印有紅牛 LOGO 的上衣，參加紅牛贊助的極限運動，展現出自己對於紅牛的狂熱。星際大戰（Star Wars）系列的影迷，以馬拉松方式觀賞完電影後，還有其他無數參與方式，相關的圖書、玩具、漫畫、粉絲大會、插畫、主題樂園遊戲設施、電玩、服裝造型比賽，應有盡有。今日被交給觀眾觀賞，以及日後或許會再度被觀賞的，不只是系列電影而已，而是一個觀眾可以全面沉浸其中的世界，一個觀眾可以當成自身世界的世界。

現代行銷無意間發現粉絲文化有利可圖。這種文化美好的地方，不在於粉絲有能力自創出世界，重點在於粉絲相當好預測的購買習慣。行銷常識說：「讓粉絲興奮，他們或許就會掏錢。」無數研究都提到必須提高觀眾參與感，今日的大型媒體行銷，很少不順勢推出社群媒體行銷、影片競賽、群眾外包計畫、網路下載的手機遊戲、電影小說、街頭團隊海報、動漫展（Comic-Con）攤位、熱門電玩露面，另外還會聘請部落格寫手、Instagram 寫手與 YouTube 名人在自己的園地介紹產品。如果預算還有剩，或許再播個電視廣告，打個雜誌廣告。行銷創造出鋪天蓋地的「世界」，讓粉絲沉迷其中。

粉絲——有空、有力氣的厲害粉絲——的確渴望以前所未有的方式增加參與度，加入更多平台。不過，不能誤以爲只要擁有粉絲熱情，就能順勢推出更多產品。品牌先前從利潤觀點，看待自己的粉絲團體：有愛，就能掀起社群媒體熱潮，公司推什麼，粉絲統統買帳，很少探討粉絲爲何著迷。

粉絲的熱情向來靠品牌推動，品牌必須滿足非常特定、非常個人的需求。了解相關動機與熱情是掌握真實粉絲互動的關鍵。這樣的互動，對著迷對象與參與者來講都是好事，畢竟雙方都耗費無數心血推動粉絲文化。後文會再探討，得以接觸喜愛事物的新管道，帶來活躍的粉絲團體，而粉絲團體的貢獻，價值遠勝過 Instagram 追蹤人數與粉絲皮夾裡的東西。

初音未來：群眾外包帶來的超級明星

初音未來（Hatsune Miku）是日本廣受歡迎的歌手，不但榮登音樂排行榜，在全國與世界各地演出，替女神卡卡（Lady Gaga）開場，還拍過豐田汽車（Toyota）、達美樂披薩（Domino's Pizza）、Google Chrome 的廣告。在 YouTube 搜尋她的名字，會出現超過一百五十萬筆結果（相較之下，搜尋「Janet Jackson」〔珍娜．傑克森〕則只有五十多萬筆）。初音綁著青綠色雙馬尾，身高一五八公分（比五呎二吋高一點），體重四十二公斤（大約九十三磅），生日是八月三十一日，處女座，十六歲，二〇〇七年誕生後，就一直是十六歲。

初音是電腦軟體，一款唱歌合成器的虛擬代言人，使用者可以利用軟體的聲音，自行寫歌與聽歌，附加功能是利用配合歌曲的３D 動畫，自行製作音樂錄影帶。

擁有初音的日本公司「克里普敦未來媒體」（Crypton Future Media），讓初音身上的顏色，配合創造出她的軟體介面，但除此之外，刻意幾乎不提供她的任何背景故事。克里普敦偶爾推出新造型或新聲音風格（例如甜美加強版（sweeter），或更「鮮明」〔vivid〕），不過初音全部的生活由粉絲創造。

克里普敦開拓了一般介於音樂產業和所謂的「角色商品化」（character merchandising）之間的空間。這兩大產業皆竭力保護自己的商標，控制自家媒體的取得管道，以及LOGO等品牌象徵及其他影像，那是它們最寶貴的資產。克里普敦卻走自己的路，鼓勵顧客群盡量散布初音和她的音樂，範圍愈廣愈好。

克里普敦的策略，帶來一個幾乎完全由粉絲群創造出來的著迷對象。初音的粉絲幫她寫故事、畫插畫，還有當然也幫忙寫歌，亞馬遜（Amazon）與iTunes上有成千上萬首初音曲目。粉絲幫初音寫的歌，有的出現在現場演唱會上，粉絲齊聚一堂，看初音在預製影片中登台。初音的授權產品、電玩及其他媒體中出現的初音，讓粉絲有機會蒐集初音，大家一起迷。此外，初音官網也提供了粉絲溝通園地。

克里普敦推出初音的合成軟體時，公司做出關鍵決定。研究日本流行文化的文化人類學家伊安・康德理（Ian Condry）解釋：「〔他們說〕由你來製作音樂；這是你的音樂。娛樂產業支持的理論說，你需要專業人士來創造這些角色，而初音現象顯示，事實並非如此。從前人們說，電影要有影迷的話，重點是故事。漫畫的話，得有精彩人物。電玩則必須有有引人入勝的世界。初音引人注目的地方，在於這些她一律沒有。」

初音最初其實是行銷策略的一環——出現在克里普敦合成軟體封面上的卡通代言人，以求增加產品在主流觀眾眼裡的親和力。克里普敦的歐美行銷經理古勞姆・達文（Guillaume Devigne）表示：「初音未來流行起來的速度與廣度，嚇了我們一跳。網路上的歌曲、粉絲圖與影片，如雨後春筍般大量出現。當時我們必須立刻決定如何應對。」

克里普敦最後決定，與其冒險和廣大的日本民衆，爭取法律上的控制權，不如採取「非商業目的的無限制使用」這個令人意想不到的策略。也就是說，粉絲可以免費創作與散布自己的作品。用美國來比喻的話，如同迪士尼（Disney）告訴全世界：去吧，你們愛讓米老鼠（Mickey Mouse）做什麼，就做什麼，只要不收費就行。機緣巧合之下，克里普敦的決定，恰巧碰上日本網站「Nico Nico 動畫」（Nico Nico Douga，今日更名爲 Niconico，介於 YouTube 與 VH1 的「Pop Up Video」節目之間的網站）取締侵權影片。唱片公司與製作工作室，要求 Niconico 網站移除有版權的影片，Niconico 正急於尋找填補空缺的內容。初音來得正是時候，先是出現封面由粉絲繪製的歌曲，再來又出現完整動畫影片。

Niconico 自此成爲日本第十一大最常被造訪的網站，所有人衝著初音影片而來。克里普敦未來媒體也推出官方分享網站「piapro.jp」，成立 KARENT 唱片公司，粉絲可以散布與販售自己的初音作品（當然要抽成）。Piapro.jp 目前收錄五千多首歌。

初音讓人看到，如果一個名人有無限的時間與無遠弗屆的影響力，粉絲又有無孔不入的管道，互動會是什麼樣子：著迷對象本身不斷被粉絲的熱情再創造。初音是數位人物這件事，幾乎不重要——如果泰勒絲（Taylor Swift）那樣的流行歌手，有能力發行每一首青少年粉絲寫給她的歌，還讓其他粉絲立即就能取得，可以想像會引發的熱潮。粉絲從事的各種活動，讓初音成爲全球最出名的日本名人。雖然初音的誕生，最初是爲了 Vocaloid 這款軟體，然而這款軟體的銷售額，只不過是初音眾多營收來源之一。

大多數的初音演唱會，大型投影螢幕占據舞台大部分的空間，初音以2D方式登台，而不是全像投影。二〇一六年的初音北美巡迴演出中，三萬六千名最忠誠的粉絲擠爆演唱會，對著舞台搖晃綠色螢光棒。此類表演不努力營造眞實感。台上熱舞的人，看起來就是蹦蹦跳跳的動漫角色，尺寸是眞人的兩倍大。初音唱歌時，不會被誤認成人類歌手在表演；她的聲音比較高亢，發音是不自然的金屬聲，然而演唱會該有的元素樣樣不缺，包括現場演出的樂團、超大螢幕的特寫鏡頭，以及反抗權威的精神。初音最受歡迎的歌〈祕密警察〉（Secret Police）講述政府機構監視國民；通常群眾會站起來一起又叫又跳，唱完整首歌。

表演結束時，觀眾的鼓掌，有點像是電影結束時的掌聲。觀眾表達出眞心的激賞，不過台上沒有明星接受那份心意。那是在給粉絲自己鼓掌，也是在爲帶來那場表演的創作者鼓掌。一位記者在二〇一四年年底，參加了初音在紐約韓默斯坦廳（Hammerstein Ballroom）人山人海的表演，後來他寫道：「令人嘆爲觀止的，不是初音未來本身，而是現場那種氣氛感染力——粉絲才是重點。」

文化人類學家康德理解釋：「那看起來詭異、好笑、荒謬，然而事實上，人們利用它來探索相當嚴肅深入的議題。」初音最出名的一首歌，講一名十六歲少女逐漸接受自己將死於癌症。其他的歌則講失去、寂寞、自尊、初戀等人類共通的主題。

克里普敦行銷經理達文表示：「初音一直是人們感受到共鳴的熟悉人物，甚至可能比『一般』的人類偶像明星更貼近生活。由於初音的內容由粉絲製作，粉絲透過初音活著、發揮想像力與表達感受。」

粉絲似乎欣賞初音不會改變的本質。外人可能感到無法理解，爲什麼初音「不是人」是好事。初音是安全的崇拜對象。二〇一二年時，十三歲的粉絲愛美（Amy）接受《連線》（*Wired*）雜誌訪問，她的答案說明了一切：「初音不會死，也不會變成搞怪小天后麥莉．希拉〔Miley Cyrus〕，開始酗酒什麼的。」

二〇一四年年底，初音登上《賴特曼深夜秀》（*The Late Show with David Letterman*），攝影棚內平日站著歌手來賓的地方，立著一個螢幕，燈光暗下，好讓投影清楚。初音的身影忽明忽暗，在勁歌熱舞之中唱出〈與世界分享〉（Sharing the World）。理論上，那是一首英文歌，不過得很仔細聽，才聽得出來。預錄的表演結束後，主持人賴特曼走向初音，初音在一陣數位煙霧中揮手消失。賴特曼鎮靜地介紹：「各位女士，各位先生，讓我們謝謝初音未來。眞是太有趣了，這就像是搭上搖滾歌手威利．尼爾森（Willie Nelson）的巡迴巴士。」*

「有粉絲」的意思是，你離不開他們

把品牌所有權讓給觀衆的好處，在今日備受推崇。理論上，那是一個很棒的點子：**把大部分**

---

* 原書注：公開揭露事項：我們研究初音未來的現象後太感興趣，目前我們捏捏玩偶公司由克里普敦未來媒體授權製作「初音捏捏」（Squishable Hatsune Miku）。

的支配權，讓給只要滿意就最可能付錢的一群人。他們愈控制那樣東西，在掏錢購買的時刻，那樣東西就會愈符合他們的欲望與需求。

然而，眞實世界的互動沒那麼簡單。二〇一二年時，創用CC（Creative Commons）對初音的肖像授權提出限制性條款：「不得對授權物進行扭曲、破壞、修改或其他不利行爲，以免造成原創者名譽或聲譽受損。」初音的公司在官網上講得更明白，直接禁止初音的肖像出現在「過度暴力或色情的內容」。

初音大受歡迎後，網路上四處流傳初音的色情圖片與影片，有的只是隱晦暗示，有的則完全解放。粉絲替初音的〈世界是我的〉（World Is Mine）這首歌製作的某支動畫影片，充滿軟色情（softcore），就連最開明的審查者都會憤慨（YouTube 觀賞次數超過一百萬）。此外，還有其他遠遠更爲殘忍血腥的作品。專門收錄漫畫風黃色作品的變態（Hentai）網站，有一整區 X 級露骨的 Vocaloid 圖像小說。eBay 和亞馬遜販售大量非官方身體抱枕，上頭圖案是十六歲的初音各種衣衫不整的模樣。克里普敦不是太高興，但不得不說，公司尚未成功強迫零售商移除商品。

後文將再探討，放棄控制品牌將帶來一連串隱藏議題。粉絲的期待一般走向兩條路：粉絲的期待可能極端保守，對於維持品牌熱度所需的改變抱持敵意，但也可能要求最極端的改變，以求配合自己的喜好，有時粉絲的要求，只是一時的突發奇想，可能破壞他們的著迷對象最初的獨特之處。初音未來這樣的媒體品牌，可能碰上出乎意料的黃色風暴，甚至因色情茁壯成長。相較之下，與色情沾上邊，八成對保險公司不利，兒童電視節目甚至可能完蛋。

即便如此，要是處理得當，著迷對象與它們的粉絲，可以在互相扶持的友善國度之中，過著幸福快樂的生活。就算偶爾碰上冒出身體抱枕的風險，今日的觀眾被鼓勵與自己的著迷對象，在各種層面進一步親密接觸，不只停留於基本的線性文本，而這最後產生意想不到的結果：致力於培養觀眾的著迷對象，需要自己的觀眾才會存在。

星際大戰的體驗要是少了粉絲的參與，將黯然失色；很少人想參加空蕩蕩的星際大戰粉絲大會。看球的觀眾要是能透過官方的「#MNF」主題標籤，彼此討論球賽，「週一足球夜」（Monday Night Football, MNF）會趣味度大增。初音要是少了粉絲團，甚至不會存在；沒歌可唱，沒影片發布，沒有廣告力量推銷豐田汽車，沒背景故事連結潛在顧客。初音的觀眾創造出觀眾。過程之中，觀眾創造的不同素材，又使初音本身更具吸引力。

在有世界依據的故事中，觀眾除了是粉絲文本的一環，也是彼此體驗的一部分。要是少了觀眾參與故事，不會有多少故事。

我們的文化習慣看輕粉絲文化。如同維多利亞時代的社會改革者，粉絲文化最強力的批評者，通常質疑「量」的問題。粉絲太愛他們愛的東西了，看太多電視，玩太多電動。享受可樂有合宜與不合宜的方式：喝一瓶沒關係，但要是蒐集一百萬個可樂瓶蓋，做出精緻複雜的立體模型，那就太過頭了。

不過話雖如此，品牌擁有者依舊愈來愈仰賴這群支撐著自家事業的粉絲。

被迷的對象與它們的粉絲，目前依舊在消費的世界扮演兩種明確角色。在消費的世界裡，有製作者（maker），也有購買者（buyer），兩者很少重疊。然而，觀眾體驗從單純消費粉絲文本，變成影響文本，甚至增添文本後，「觀眾」與「著迷對象」之間的距離正在縮小。

兩者終於交會時，將發生什麼事？粉絲團體創造出來的素材，何時將與他們著迷的對象融爲一體，不再有史上一直存在的進入障礙與取得障礙？

我們不用等太久就會知道答案。我們正在進入交會的年代，朝合而爲一的方向前進。「粉絲」與「著迷對象」之間的界限正在模糊，「創造者」與「消費者」之間的界限正在消失。在未來，產品與購買者之間的交流是雙向的。

那是一個萬事萬物都屬於官方正典的未來。

1 粉絲文化是動詞

先知本人就在現場

川流不息的人潮，抵達美國內布拉斯加州的奧馬哈（Omaha）。有的人自己一個人來，有的人呼朋引伴，身旁有朋友、家人、同事。大家來自美東紐約、美西舊金山、南非開普敦（Cape-town）、塞內加爾達卡（Dakar）、中國上海，眼睛紅紅的，因爲在倫敦與亞特蘭大（Atlanta）轉機等了很久。私人噴射機，大型民航機，飛機一台接著一台飛往美國中部。

某些與會者已經是來過二十次以上的老手。看看身上LOGO，聽聽大家閒聊，就能認出彼此是同道中人。「你要去參加大會？嘿，我也是！」他們在飛機走道上，像老朋友一樣打招呼：「他媽的王八蛋，見到你眞好！」下飛機時，他們彼此揮手告別。市內多數飯店幾個月前早已預訂一空。車程半小時外的旅館，同樣是熱門搶手貨。

隔天早上，世紀互聯中心（CenturyLink Center）被外頭排隊的人潮團團包圍。至少有一組以上人馬，在大門入口前搭帳篷過夜。頭一次參加的興奮新手，在凌晨四點開始抵達。門七點開，群眾湧過金屬探測器，進入主廳。藍色塑膠識別證的人海之中，每個人你推我擠，興奮笑鬧，七嘴八舌。「這是我第三年來這裡！」「我來十四次了，你呢？」以及最重要的：「你在哪兒高就？」

早上八點半，三層樓高的體育場已經爆滿，但參加者依舊不斷湧入一旁的交誼廳，巨大銀幕放出名人齊聚一堂、星光熠熠的影片。擴音器放出震耳欲聾的改編版〈YMCA〉，觀眾一個箭步跳上走道，大聲合唱：「我們愛B─R─K─A（波克夏．哈薩威）的經理人。」內布拉斯加大學（University of Nebraska）啦啦隊跑過一排排座位，大力搖晃高舉過頭的彩球，華倫．巴菲特（Warren Buffett）揮手微笑致意，站上舞台，出現在自己幾層樓高的投影下方。

這場年度盛會被稱爲「資本主義的胡士托音樂節」（Woodstock of Capitalism）。美國法律規定，各上市公司每年都得舉辦股東大會，投票選出公司政策，不過很少有公司採取波克夏．哈薩威（Berkshire Hathaway）的做法：舉辦爲期三天的狂歡大會，那除了是一場企業活動，也是一場宗教布道，一場搖滾音樂會。每年春天，數萬人爲了聽「先知巴菲特」（the Oracle）說話，聚集在內布拉斯加的奧馬哈。

華倫．巴菲特是商人、慈善家，以及「慢慢來、穩穩來」的投資哲學代表人物。據說他從小就挨家挨戶賣口香糖，一輩子大多數時間，努力讓波克夏．哈薩威從一間經營不善的羅德島州（Rhode Island）紡織廠，搖身一變成爲今日的多國企業控股集團。二○一六年時，波克夏．哈薩威旗下一共全資或部分擁有五十個以上的子集團，包括GEICO保險公司、冰雪皇后（Dairy Queen）、鮮果布衣（Fruit of the Loom）、利捷航空（NetJets）、卡夫亨氏公司（Kraft Heinz Company）、可口可樂（Coca-Cola）、富國銀行（Wells Fargo）、美國運通（American Express）與ＩＢＭ。身兼董事長、總裁、執行長的巴菲特，名列全球最有錢的前五大富豪。

許多企業不愛好大場面，迪士尼公司（Walt Disney Company）在一九九八年一場特別吵吵鬧鬧的大會後，從此不在加州安納罕迪士尼樂園（Anaheim Disney park）舉辦公司股東大會。巴菲特跟其他人不同，擁抱信徒的熱情。對部分支持者來講，波克夏·哈薩威的股東大會是一年一度最大的假期。入場券資格是持有一股波克夏·哈薩威股票（憑持股證明申請），但沒有股票的人，也可以輕鬆在 Craigslist 與 eBay 買到五美元門票，不怕被黃牛剝削。

克里斯·盧梭（Christian Russo）＊表示：「我知道這個活動很久了，有很多傳奇故事，但從來沒想過，自己有一天也能參加。」盧梭來自紐約市，任職於某知名金融企業。

盧梭的女友也是大型投資公司主管，想到可以參加這場活動，熱血沸騰，買下波克夏·哈薩威股票，讓兩人得以同遊。「我們可以直接買門票，不過我們想要一切照規矩來，這就好像我要用我的 401(k) 退休帳戶投資波克夏，這樣才能見到巴菲特。我知道有的人會嗤之以鼻，但這真的真的有夠酷。你可以看到巴菲特本人，和巴菲特以及其他一萬七千名朋友齊聚一堂，整整一起度過九小時。」

雖然不是所有人都在同一時間出現，今年的股東大會參加人數逼近四萬人。現場人士背景五花八門：有的是希望巴菲特有一天能讓自己致富的美國中產階級爸媽，有的是趁機建立人脈的華

＊原書注：克里斯·盧梭是化名，他的雇主不允許員工出現在此類活動的公開記錄上。

爾街人士，有的則是來宣傳自家事業。還有一些人，眞心關心波克夏．哈薩威的正式營運制度。大部分人會參加長達數小時的問答時間，盡情發問，不論是巴菲特怎麼選股，或是他對政壇的看法，想問什麼都可以。

「這就好像你可以問蜘蛛人任何事，」盧梭解釋，「在這裡，你眞的有辦法問！只要排隊就可以了！但這場大會不是有人假扮成巴菲特，而是巴菲特本人親自出席，是貨眞價實的巴菲特！」

早上的體育館活動，由記者團提問揭開序幕，每位記者的背後通常是一家財金媒體——《財星》（*Fortune*）、CNBC、《紐約時報》（*New York Times*）——還有他們自己也是股東。提問人逐一走向體育館前方麥克風，一旁坐著巴菲特與事業夥伴查理．蒙格（Charlie Munger），桌上擺滿波克夏持股的可口可樂與時思糖果（See's Candies）。一名股東請巴菲特分享天然氣與能源政策；另一位股東問他怎麼看波克夏．哈薩威子事業總裁的薪水揭露。一名大膽的股東說，自己覺得美國走偏了，問巴菲特能否讓總統改變方向。巴菲特回答：「美國目前的表現十分優秀。」跟著觀眾拍起手來。另一個提問的結尾，解釋了爲什麼大學教育不一定是成功的必備條件，體育場內爆出歡呼聲。

巴菲特提出經過深思熟慮的風趣答案，有時一題就答上半小時。他偶爾會徵詢蒙格的意見，而蒙格的回答，通常是各種換句話說的「我覺得他答得非常好」。

巴菲特開蒙格玩笑：「各位看得出來，他不是按說話字數算錢。」群眾哄堂大笑，聲音響徹體育館屋頂。

兩個座位旁，一個三十歲出頭的人，正在認眞把台上的回答，一字不漏輸進 iPad。他是堪薩斯州某投顧公司的員工。「我參與了歷史性的一刻——巴菲特走進走廊時，我大概拍了三十張照片。在這裡，你看。」他拿出手機，放大螢幕，「那是巴菲特，看到了嗎？」

「我參加過葛萊美獎（Grammy），也去過奧斯卡獎（Oscar），現場都還有空位，這裡則座無虛席。」旁邊另一個人表示：「光是人待在這裡，我就覺得自己變有錢了。」

上層看台上，一名中年男子大吼：「華倫、查理，我們愛你們！」

在隔壁的會議廳，大如兩座橄欖球場的商展空間內，波克夏・哈薩威股東大會的其他商業活動，也正在如火如荼展開。波克夏・哈薩威四角內褲、波克夏・哈薩威袖扣、波克夏・哈薩威錢夾、跑步鞋、胸罩、圍巾、棒球手套、牛仔靴、圍裙。波克夏・哈薩威的英文縮寫「BRK」鑽石垂飾，每顆五百美元起跳。現場展示的銀盤，刻著巴菲特的名言：「不一定要做驚天動地的事，也能有轟轟烈烈的結果。」掛著一顆波克夏・哈薩威客製珠子的潘朵拉（Pandora）銀手鍊，昨天就完售。印著波克夏・哈薩威 LOGO 與美元符號的睡褲，也已經售罄。

波克夏・哈薩威旗下較爲出名的品牌，全都有自己的攤位，全都販售波克夏・哈薩威獨家紀念商品。大部分的攤位，購物人潮一直排到走廊。在亨氏的攤位，信徒可以購買一瓶瓶巴菲特牌或蒙格牌番茄醬，或是一盒盒巴菲特起司通心麵。在GEICO保險攤位，股東可以與巨大吉祥物合影留念。在鮮果布衣攤位拍的照片會被合成，看起來就像巴菲特和你同桌拍照。冰雪皇后的冰淇淋推車，生意好到不行。

時思糖果六十公尺長的攤位，被搶購一空。忙翻天的補貨人員，用最快速度取出花生糖盒子。一名金髮的中年補貨員，一邊用力拆開新箱子，一邊說：「生意永遠這麼好。」她把空箱丟到一旁，抓起另一箱。等她把裡頭的產品盒全數取出後，前面幾箱又賣得差不多了。補貨員氣喘吁吁：「這是巴菲特最愛吃的口味，所以大家都想買。」

「他真的都吃這個？妳確定？」一名禿頭中年男子伸手拿了一盒。

旁邊一個身上有刺青、穿著數個唇環的二十歲年輕人，告訴收銀員自己要什麼。一位金袍和尚穿梭攤位之中。還有一位輪椅上的退休人士買了太多東西，一口氣掛在推把上，感覺輪椅都要往後倒了。

想休息的大會群眾貼在牆壁上，坐在水泥地上，放眼望去是卡其褲、高級西裝、瑜伽褲。有高跟鞋，也有夾腳拖。大家啃著難咬的三明治與蝴蝶餅，塞住走廊，比較著戰利品。一名害羞少女身上的黑色T恤，寫著「下一個巴菲特」。她紅著臉小聲說：「爸爸去年幫我買了這件衣服，所以這次我不來不行。」

巴菲特二月的年度股東信中，讚美與會人士的商業熱忱：「去年各位都盡了一份心力，多數攤位都打破銷售紀錄。」一名金髮女子抱著兩大箱番茄醬，跌跌撞撞而過，一名亞洲商人一次掃完架上所有波克夏．哈薩威POLO衫。傍晚時，時思糖果攤位空蕩蕩的，幾乎全部商品都賣完了。

大會中心舉辦的活動逐漸散場，部分群眾跑到丹地—快樂谷歷史區（Dundee-Happy Hollow Historic District），在巴菲特家門外照相。當天晚上，波克夏．哈薩威的內布拉斯加家具城（Nebraska Furniture Mart）舉辦烤肉活動與雙鋼琴表演，展開「波克夏週末」（Berkshire Weekend）特價活動。這是一年之中最盛大的週末，進帳約四千萬美元。光是被攜出店門的床墊，價值就超過一百萬美元。

同一時間，戈瑞（Gorat's）與皮科洛（Piccolo's）兩間巴菲特最愛的牛排館，正在進行搶客大戰，這個週末的人潮大多是巴菲特的股東。股東大會揭開序幕前幾週，巴菲特何時會造訪是最高機密。謠傳巴菲特答應兩間餐廳，自己會找時間分別造訪，大部分跑去吃牛排的食客，都希望巧遇巴菲特。戈瑞餐廳一個月前開放訂位，幾分鐘內，電話就打不進去。少數訂到位的幸運兒，大多點巴菲特的最愛：三分熟丁骨牛排、雙份薯餅，外加放在巴菲特杯墊上的櫻桃可樂。有的用餐民眾吃完後會偷走杯墊與菜單。

巴菲特對於皮科洛餐廳漂浮沙士的看法是：「只有小裡小氣的人才點小杯的。」

隔天早上，在波克夏的五公里趣味長跑賽（Berkshire 5K Fun Run），參賽者被鼓勵秀出腳上的限量版波克夏・哈薩威「PureCadence 2」紀念跑步鞋。起跑點放著身穿運動服的巨大巴菲特卡通人物，上頭寫著：「投資你自己」。由巴菲特本人鳴起跑槍，股東跟著波克夏・哈薩威員工一起跑步。所有參賽者離開前，都能在終點領到紀念獎牌。

波克夏・哈薩威旗下的博施艾姆高級珠寶禮物（Borsheim's Fine Jewelry and Gifts）店門前，保全大隊看守著大門，要有股東識別證才進得去。警衛大動作檢查每個人的證件，接著才大手一揮，讓幸運兒通過。這種入門儀式帶來尊榮感：只有身分特殊的人才進得去。等一下巴菲特會化身爲店員，股東可以跟股神本人討價還價。店內擺出二十六顆待售裸鑽，每一顆都刻著巴菲特的簽名，價格介於一台二手豐田 Corolla 至全新法拉利（Ferrari）之間。

一旁的購物商場幾乎已經全數打烊，魔術師正在娛樂一小群觀眾。陶瓷大穀倉（Pottery Barn）那裡，專業桌球選手展示著自己的擊球能力。巴菲特接下來將與波克夏董事比爾・蓋茲（Bill

Gates）組隊，在友誼賽中對抗美國華裔桌球運動員邢延華。穿著運動褲的退休人士，推著嬰兒車的家庭，和附近大學的一群姐妹會女孩擠在一起。

「過去十三年，我們每年都來。這是家庭活動。」芝加哥一名灰髮父親，指著妻子和三個孩子，「這就像搖滾音樂會，一場資本主義的搖滾音樂會。就跟學校放春假一樣，只不過當年放假時你沒錢。」

「等一下我們會去皮趣披薩（Pitch Pizza），」妻子表示，「〔巴菲特的女兒〕蘇西〔Susie〕平常會去那裡。如果巴菲特家的人在那裡吃，一定很不錯。」妻子看了看現場的人，不屑地撇嘴。「好多人只買了一股股票也跑來這兒。看看這些女人，只是來釣金融業金龜婿。」

「你是有錢人嗎？」跟著一個小型投資團體來到現場的湯米（Tommy），年約四十五歲，排隊等著過安檢時，跟一旁的人閒聊。「我們做跟華倫差不多的事，但我沒他聰明。我叫老婆讀他很多書，我告訴所有的朋友，跟著華倫做就對了！如果跟著他做，不可能不致富！每個人都想來，所以我們組了一個團。我帶來幾本華倫的書，想請他簽名，但太害羞，不敢跑到他面前。」

「你沒有投資情報可以告訴我們，對吧？」湯米問。*

華倫．巴菲特今年高齡八十三歲。盧梭表示：「大家不至於到瘋狂的程度，但的確感到得快點來參加，這種機會以後不會再有，再過個兩年，想參加也沒得參加，今年可能就是最後一

* 原書注：本章內容發生於波克夏．哈薩威二〇一四年的股東大會，不過部分對話取材自二〇一六年的大會。

年。」盧梭和女友前往機場前，會先去吃一趟冰雪皇后再離開。

粉絲、消費者，兩者大不同

嚴格來講，波克夏．哈薩威的股東大會，單純是法規要求企業做的小事，股東沒義務參加。只不過還眞的可能有一兩個請願者正式提案，希望引導公司走向，但即便是這樣的人士，他們來的時候，也早就明白公司幾乎不可能聽他們的。三天大會中公布的所有財訊，公司年報與財務簡報裡都有。巴菲特平日說出的任何眞知灼見，原本就會立刻刊在《紐約時報》與《華爾街日報》（*Wall Street Journal*）部落格上，或是被對街的福斯新聞（Fox News）總部報導。股東大會上的番茄醬，或許比地方上的克羅格零售店（Kroger）便宜那麼一點，但算進機票和住宿費後，絕對不划算。

所以說，出席股東大會的人不是消費者，或至少不純粹只是消費者。

購買「汰漬淨白去漬洗衣精」（Tide Plus Bleach）的消費者，可能熱愛汰漬這個品牌，喜歡這個牌子的肥皀芳香與毛巾淨白效果，忠誠購買，洗毛巾一律只買汰漬。然而，要是汰漬更改配方，變成人們不愛的香味，消費者可能聳個肩，就另覓新品牌。這一類的消費者互動，帶來單一結果：人們要是喜歡一樣產品，他們就會買，不喜歡就拉倒。

光是會想到要幫一間多國企業控股公司打造品牌，本身就有點不尋常，還打到波克夏．哈薩威這種程度，更是完完全全不可思議。波克夏．哈薩威的參與者之所以欣賞這個品牌，不只是爲了這個品牌能替象徵意義上的「毛巾」所做的事，還重新詮釋擁有波克夏．哈薩威股票的意義。

那代表著財務自由、美國大無畏的創新精神、和同類社交的機會、假期與尊榮地位。波克夏要是股價下跌，人們不太會到處去找更好的股票。在二〇〇八年的金融危機期間，股東甚至常抱怨自己沒有足夠財力進一步買進。那張寫著「波克夏．哈薩威股票」的紙，除了是一張投資證明，也象徵著一個目標，甚至是一則神話，一種信仰。

消費者在乎產品，粉絲在乎產品代表的意義，這兩群人的需求相當不同。二〇一〇年時，一支巴菲特簽名的巨大冰雪皇后湯匙，以四千五百美元價格拍賣給粉絲。搶到的人，大概不會拿那支湯匙來吃巨大聖代。

華盛頓廣場公園的戰鬥

半個美國之外，西斯武士（Sith）碰上大麻煩。在一個悶熱的八月晚上，他們聚集在曼哈頓華盛頓廣場公園（Washington Square Park），挑戰宿敵絕地武士（Jedi），不過勝算不大。

臉書的「二〇一四年紐約市光劍大戰（Lightsaber Battle NYC 2014）」活動頁上，有兩千人報名參加，而大部分人也真的會出席。數百名圍觀群眾，站在公園主噴泉的水泥台階上，小心不被別人發光的塑膠武器打到。有的光劍是用螢光棒與錫箔紙，自己在家手工製作，不過多數是廉價塑膠壓膜棒，公園北側打開後車廂的 U-Haul 卡車有賣，一支十塊美金。有人用牛皮膠帶，兩支綑一起，變成雙刃光劍，在路燈下走來走去。當公園東側大喊：「黑—武—士！（Va-der）黑—武—士！」西邊也不甘示弱喊著：「歐—比—王（O-bi-wan）！」雙方等著開戰訊號響起。群眾裡什麼人都有，有扮成莉亞公主（Leia）的小女孩，也有身穿袍子、頭戴黑武士（Darth Vader）頭盔的高大男人。打扮入時的女士，兩腳站開穩住細跟高跟鞋，手裡牽著的小狗穿著尤達（Yoda）運動服。

九點二十分，一個韓．蘇洛（Han Solo）扮相的男人，爬上長凳，雙方叫陣。韓．蘇洛對西斯方點了個頭，調侃：「哇，你們人可眞少！」接著「三……二……一……開始！」

長椅上傳來竊竊私語：「天啊，眞的會死人。」

兩方聚精會神聽著此起彼落的塑膠劍廝殺聲，前線武士神情愉悅地舉劍砍殺，彼此身體緊貼，沒有耍小手段的空間；多數的廝殺動作發生在頭頂，目標似乎是碰到愈多支光劍愈好。一個女人大喊：「用原力！」遠處的壯烈犧牲讓群眾嘆息，一名笑容滿面的白人老人，坐在輪椅上衝鋒，手上的劍在發光。「我想我大概死了十次！」塑膠劍不斷在空中飛舞。

我們很容易把粉絲文化當成懷舊的副作用，然而就算是懷舊，粉絲現象的經濟實力依舊令人咋舌。二〇一五年的全球票房十大賣座電影，幾乎全是有粉絲撐腰的作品：《星際大戰七部曲：原力覺醒》（*Star Wars: The Force Awakens*）、《侏羅紀世界》（*Jurassic World*）、《玩命關頭七》（*Furious 7*）、《復仇者聯盟：奧創紀元》（*Avengers: Age of Ultron*）、《小小兵》（*Minions*）、《００７：惡魔四伏》（*Spectre*）、《不可能的任務：失控國度》（*Mission Impossible: Rogue Nation*）、《飢餓遊戲：自由幻夢終結戰》（*The Hunger Games: Mockingjay—Part 2*）。每一部電影都改編自漫畫、科幻小說／奇幻書籍，或其他推出電影前就擁有龐大粉絲的媒體製作。

迪士尼相中粉絲活動的潛力，願意花四十億美元買下星際大戰版權，接著又大舉宣傳。這筆生意在二〇一二年成交時，盧卡斯影業（Lucasfilm）的星際大戰聖經《全像資料庫》（*Holocron*）

中有一萬七千種角色。這種萬神殿的價值，不在於個別角色，而在於它們構成的龐大豐富宇宙。迪士尼執行長羅伯特・艾格（Robert Iger）全力收購擁有豐富角色與背景故事、可用於全公司各種通路的資產。電視節目、改編電影、玩具（小孩娃娃與大人模型大小通吃）、用品牌打造的主題樂園遊樂設施、徽章、服飾，包山包海。豐富的角色與娛樂性，足以吸引數量驚人的熱情粉絲，人人都能找到自己喜歡的東西。

今晚活動出現的塑膠刀劍，不會讓迪士尼有半毛進帳。「光劍」上大多沒印品牌，多數變裝打扮也是人們自己在家製作，或是參加其他活動時購買的衣服，星際大戰的新系列電影甚至還沒上映。如同波克夏・哈薩威股東大會的出席者，華盛頓廣場公園上的武士不是消費者。然而，在這個炎熱夏夜，他們所做的事是最具價值的品牌塑造活動，迪士尼等於是免費獲得宣傳。

我粉絲/你粉絲，他、她、它粉絲

粉絲文化無法形容單一個人——而是一群人做了什麼。粉絲文化是熱情支持者參與的非商業活動。光劍決鬥等粉絲表演，讓人們想得到產品，還能吸引更多觀眾。粉絲表演的價值在於參與的體驗。事實上，這樣的參與區分出粉絲與消費者的不同。消費者把錢交給品牌，粉絲則付出時間與精力。

雖然粉絲（活動參與者）與消費者（購物者）經常有所重疊，購買不是必要活動。電影《回到未來》（*Back to the Future*）三部曲中，被改造成時光機器的迪羅倫汽車（DeLorean），車廠因此而聲名大噪，然則迪羅倫的活躍粉絲不太可能是消費者，因爲目前世上只剩六千五百台左右的「迪羅倫 DMC-12」，而且公司早已破產數十年。不過，成千上萬的粉絲依舊聚集在迪羅倫車展，在迪羅倫聊天室留言，架設以迪羅倫爲主題的網站。健力士位於愛爾蘭都柏林的健力士啤酒展覽館（Guinness Storehouse），每年吸引一百萬名以上訪客，當中爲數衆多、未達飲酒法定年齡的年輕孩子，這輩子甚至還沒喝過現場展覽品（至少理論上如此）。

找到同類，呼朋引伴是人類本能，人們會尋找和自己有共通點的人，例如相同的地理位置、宗教、性別或階級。不論是爲了做生意、自我提升，或享受歡樂時光，人們總能找到理由聚在一起。在今日，一群人的共通點可能是都喜愛《星際大戰五部曲：帝國大反擊》（*The Empire Strikes Back*）、都熱愛足壘球，甚至是都愛看好笑的可愛貓咪影片。

那個大家都感興趣的主題被稱爲「著迷對象」（fan object）——例如一位名人、一個品牌、組織、娛樂，或是電影、書籍、音樂等各類型的媒介。「著迷對象」可以連結情感與活動，是重要的中心，像重力一樣，把一群人吸在一起，讓大家得以靠共同的事物交流感情。

有時著迷對象本身有「粉絲文本」（fan text）——讓粉絲有辦法直接體驗著迷對象的官方媒介。有時著迷對象**本身**就是一個粉絲文本，例如大家熱愛的一部電影或一本書。有時兩者之間的關係則沒那麼直接；歌手的粉絲同時可以聽粉絲文本（歌手的歌）、觀看粉絲文本（官方ＭＶ）、閱讀粉絲文本（歌手的自傳）。有時則完全沒有粉絲文本，例如游泳等許多活動，缺乏粉絲可以直接親近著迷對象的媒介。要是不偶爾游個泳，很難成爲死忠泳迷。

跑到華盛頓廣場公園挑戰絕地武士的西斯武士，要是發現現場都沒人，會變成失望的粉絲。

她還是可以一個人在公園裡揮舞光劍，但感覺就不一樣了。人類渴望表達自我、互動與秀出自己的天性，只有他人在場時才會顯露出來，也因此**粉絲文化的本質其實是社交：表演需要觀衆**。雖然迷一件事，常常感覺好像是自己一個人的事，粉絲活動幾乎永遠都是一種共同的經歷。所謂的完全不受外界影響，一個人偷偷迷一件事，其實很大程度上是一種迷思。暗中偷迷的粉絲，通常還是會與其他粉絲交流，參與其他粉絲做的事，只是沒加入較爲主流的社交團體。眞的只有單獨一人的粉絲文化通常撐不久。

如果要讓單純的消費者變粉絲，比較有效的方法是鼓勵受衆參加活動，而且活動內容不能只是鼓勵參加者消費產品，得讓人認同自己是大團體的一分子。這一類粉絲活動是粉絲文化的支柱。

朝聖之旅

跑到奧馬哈參加波克夏・哈薩威的年度股東大會，如同參加人類最古老的粉絲活動，歷史甚至早於喬叟筆下十四世紀的坎特伯里遊客——那是一種朝聖。朝聖是指前往一地，而想去的原因，不是因爲當地風景優美，或是有什麼特別美好的地方，而是爲了那個地方代表的意義。朝聖地點具備一股神聖氛圍。巴菲特住的有五間臥室的簡樸灰泥屋，除了屋主是億萬富翁，本身並沒有什麼能吸引人的特質。房子上的確裝著幾台監視器，外頭還停著一輛便衣警衛車，但有錢人家都有那些東西。不過，儘管巴菲特本人不在家，依舊有粉絲在人行道上逗留，希望靠著人在股神家旁邊這種地理上的接近，心理上也更靠近這位投資大師。戈瑞牛排館在 Yelp 美食網上拿到三顆星點評，不過許多留言的民衆也質疑巴菲特的味蕾。要不是巴菲特愛去，這家餐廳八成不會提前幾週就預訂一空。許多參加光劍比武的民衆，遠從紐澤西州或康乃狄克州跑到紐約，就爲了在夏季夜晚參加一場小活動。在高畫質電視上觀賞世界盃（World Cup），球賽的清楚程度，永遠勝過在露天看台看球，然而世界盃球賽的門票，依舊是全球最搶手的運動票券。

不論是參加集會、排隊簽書、到演唱會看歌手、尋找第一間啤酒廠，或是造訪名人小時候住過的地方，所有的粉絲文化一般都有眞人互動。我們想向自己證明，我們在乎的事物，至少某種程度上是眞實的。

內容製作

冬天過耶誕節時，有的人會爲了慶祝裝飾耶誕樹。感恩節時，大家烤火雞。情人節，寫卡片。過生日，烤蛋糕。美國國慶日，準備最愛吃的烤肉食材。爲了愛國與宗教主題發揮個人創意，感覺是很自然的事，很少人細想當中的意涵。

大衆文化在傳統習俗中另闢一片天，每個人爲了自己喜歡的事物製作物品。粉絲可以利用自己的創意，向著迷對象「致敬」：鐵道迷在自家後院重現完整鐵路系統；藝術天分高的歌迷把泰勒絲畫成日本動畫人物；創意人士將貓咪把兩爪放在嘴巴附近的照片，加上圖說：「隱形口琴！」。

在從前，業餘人士的創意作品很好認，插畫、照片、小說、網站品質愈高，愈可能是經過官方核准的作品。然而專業級工具普及後，業餘與專業之間的界限正在消失。粉絲自己剪輯的熱門電影預告，品質通常好到無法與最初的官方版本區別。英國樂團電台司令（Radiohead）主動鼓勵粉絲混音自己的作品。熱門電視影集《超時空奇俠》（*Doctor Who*）第八季的片頭，幾乎完全依據了 YouTube 上一支粉絲製作的影片。

傳福音

「我們的社團太棒了，你絕對應該參加。」幾乎每一個團體，不論是政治、宗教或社交團體，都有某種正式或非正式的招募制度。粉絲團的好處是有眞正的信徒——由熱情投入著迷對象的人們組成的核心團體。粉絲的福音傳播活動，在許多方面十分類似於宗教傳道。樂迷要是認爲自己找到超棒的冰島死亡金屬音樂（Icelandic Death Metal），很少會想隱藏那個資訊。最近如果看到有史以來最有趣的電視節目，很自然就會叫大家一起看。波克夏・哈薩威股東大會的參加者，很多帶配偶、朋友、同事一起去，希望身旁的人一起感染巴菲特熱。發現新著迷對象的樂趣之一，就是自己會變成同儕的帶頭者。還有當然，如果朋友也一起迷，參加粉絲團體會更有趣，可以跟更多人一起聊自己喜歡的東西。

長期以來，不少組織希望讓粉絲自動傳福音。早期的臉書頁面，有時會採取「按讚保護機制」（like-gated），潛在的粉絲要是不按讚，就看不到文章。臉書幾年前開始禁止這類型的網頁設計，不過今日各大網站的頁面，依舊留存「按讚」（Like）、「推特」（Tweet）、「釘一下」（Pin）、「寄給我」

（Email this）等按鈕，就跟牛皮糖一樣，甩也甩不掉。惡名昭彰的糖果傳奇（Candy Crush）與開心農場（FarmVille）等遊戲推廣自己的方法，就是玩家必須寄邀請給朋友，才能得到更多條命或解鎖寶物。此外，也永遠有網站與行動APP更進一步，在我們知情或不知情的情況下，登入我們的社群網絡，以我們的名義邀請朋友參加。亞馬遜結帳確認頁面提示：「分享你的購買」（Share your purchase），還貼心幫忙先寫好發布至推特與臉書的內容。

社交活動

有的人難以在團體之中與其他人互動社交，而著迷對象提供了強大的社交潤滑劑與媒介，可以協助人們表達自己。

對同一件事抱持熱情的一群人，大概也會有其他共同的興趣。喜愛純素生活方式的人士，可能也喜歡騎單車、做瑜伽。英國作家泰瑞・普萊契（Terry Pratchett）諷刺奇幻小說的書迷，可能也喜歡巨蟒劇團（Monty Python）的幽默短劇，或是梅爾・布魯克斯（Mel Brooks）執導的電影。相關共通點提供了對話討論、友誼與建立個人網絡的跳板。討論著迷對象帶來的體驗與感受，可以淡化社交情境的潛在尷尬氣氛。如果有共同的愛好，就不愁沒話聊。與陌生人互動或許不是一件容易的事，但同樣都穿星際大戰衣服、拿同樣光劍、喊出耳熟電影台詞的人，彼此不是傳統意義上的陌生人。

當一個電視迷做了《慾望城市》（*Sex and the City*）的心理測驗，把結果公布在臉書，她其實是在告訴全世界，自己就像影集中衝動但情感細膩的女主角「凱莉」（Carrie）。這個人平日與人聊天時，可能很難講出自己正在尋找浪漫戀情與刺激，但公告自己就像凱莉的粉絲貼文，是在暗中尋求其他粉絲的評論與認同。要不了多久，就會有人回覆：「女孩，妳眞的很像！」

模仿與裝扮

人類的身體是畫布，我們在上頭投射自己是誰的訊號，讓外界得知我們在乎哪些事物。傳統上，秀出團體的「部落標誌」，可以展現我們的文化認同。臉上塗抹的顏料，讓外人知道你來自哪個家族、社會地位是什麼。項鍊垂飾的形狀，可以讓他人得知你們同屬一個宗教團體。在許多文化，一個人身上衣服飾品的顏色款式，在在透露出這個人的年紀、性別、職業與感情狀態。很少人會對穿白婚紗的女人求愛。

今日的我們可以隸屬於更多文化團體，靠部落標誌展現出更多自己熱衷的事物。臉塗油彩的人，可能是巴爾的摩烏鴉隊（Baltimore Ravens）的球迷，或是接吻樂團（KISS）的死忠支持者。要是戴著哈利波特情節中妙麗（Hermione）的「時光器」金項鍊，其他粉絲會認出是自家人。此外，穿著網版印刷與熱昇華轉印圖案的衣服，是在支持我們希望獲勝的隊伍、我們想開的車、我們觀賞過的樂團、我們愛喝的啤酒、我們喜愛的烤肉店。超級低調的粉絲，甚至可能搽偶像的專屬香水，讓世人知道自己玩世不羈，喜歡名聲不佳的名人金・卡達夏（Kim Kardashian）。

有的粉絲在服裝打扮方面費盡心思，以驚人的細緻程度製作道具，打扮成自己喜愛的人物，進行角色扮演（cosplay），不過不需要從頭到腳都打扮成貓王（Elvis），也能讓這個世界知道我們喜歡誰，有時只需要穿一件圖案相關的T恤就夠了。光劍比武大賽的參加者，身上至少會有某樣衣服配件與星際大戰有關，就算只掛一個彩色徽章也好。不少人甚至有星際大戰的刺青。

過去十年，角色扮演成爲美國萬聖節重頭戲。依舊有人扮成一般的天使、警察、性感小貓，不過全國每年二十五億美元的治裝費，很大一部分花在購買授權商品。Google的變裝服飾搜尋平台「Frightgeist」數據顯示，二〇一六年時，五大熱門裝扮中，三個有官方授權：小丑女（Harley Quinn）、神力女超人（Wonder Woman）、小丑（the Joker）。其他的企業吉祥物也很熱門，例如思維卡（Svedka）伏特加女郎、波克夏．哈薩威旗下GEICO保險公司的壁虎（GEICO Gecko），或是直接打扮成產品，例如繪兒樂（Crayola）蠟筆、女主人牌巧克力杯子蛋糕（Hostess Chocolate Cupcake）。前進保險公司（Progressive Insurance）甚至提供萬聖節網頁，教你打扮成公司吉祥物「前進女孩弗羅」（Flo the Progressive Girl）。按一下連結，就能下載公司徽章與名牌。

儀式與傳統

第一次做是創新，再做就變成傳統。粉絲擅長發明活動與做法，想辦法親近自己喜愛的對象，常常創造出自己人才懂的詞彙與規矩。

歌手小賈斯汀（Justin Bieber）的粉絲，有時會在他推出新CD時，組織「完售活動」（buyout）。人數達百萬的小賈軍隊（Bieber Army）成員，每組人負責一區，衝進凱瑪百貨（Kmart）與百思買（Best

Buy）的大賣場掃貨，好讓專輯在排行榜上一飛沖天。搞不好偶像會注意到他們的行動，跟大家說聲嗨。小賈斯汀十三歲至十八歲的粉絲，很少人有ＣＤ隨身聽——在他們的年代，人們用的是Pandora、iTunes、Spotify，以及其他數位服務——因此他們掃完每間賣場的ＣＤ後，多數ＣＤ會被集中起來捐給慈善機構。

不過，粉絲的儀式與習慣，不一定都如此狂熱。讀書會可能一個月見一次面；每場大比賽開賽前，球迷可能舉辦停車場野餐派對；贏的隊伍可能把開特力(Gatorade)運動飲料倒到教練頭上；喜愛經典非主流電影的人士，可能每週播一部片——目的都是一樣的。這些舉動帶給成員歸屬感，協助粉絲把著迷對象納入生活，得以更加靠近。一件事一旦成爲習慣，就很容易維持下去。

粉絲蒐藏

不論是小賈斯汀的粉絲幫忙衝排行榜，或是波克夏・哈薩威的股東買印著巴菲特照片的番茄醬，都是在參與**「儀式性消費」**（ritual consumption）。粉絲與股東買產品時，是在買產品代表的意義，而不是產品的功能。對消費者來講，一樣物品的價值，在於那樣物品能做的事，例如汰漬淨白去漬洗潔精可以讓毛巾氣味清香。然而對粉絲來講，蒐集玩具、海報、票根、簽名，以及其他「參加證明」，珍貴之處在於那些物品象徵的意義。完整的罕見汰漬淨白去漬瓶蒐集，如果瓶子未開封過，八成更有價值。收藏是主人的護身符。粉絲收藏就像巫毒娃娃一般：一樣代表遠方著迷對象的產品，可以讓人獲得「擁有」的感受，感覺自己喜愛的名人、電影、書籍或品牌就在身旁。

蒐集喜歡的物品，可能得耗費大量時間金錢，收藏愈完整、愈稀奇、愈罕見，價值愈高。擁有大量的星際大戰產品很好，但要是擁有星際大戰的貝思糖果盒（PEZ）收藏，更是不得了。要是有完整的限量版糖果盒，那套只在一九八三年《星際大戰六部曲：絕地大反攻》（*Return of the Jedi*）首映前販售的盒子，那是最棒的收藏，至少對深情投入著迷對象的人士來講是如此。這是在粉絲團體中，少數可以「買來的」社會地位。粉絲藉由參與「占有儀式」（possession rituals）——整理與維護收藏、把收藏擺出最好的效果、記錄蒐藏、小心設計擺放方式——感覺到更貼近著迷對象。蒐藏讓粉絲得以重返著迷歷程的高潮時刻。音樂會票根只是一張紙，但看見剪貼簿裡小心收好的票根，可以在很久很久以後，依舊能回味當時的情景。

我們爲什麼要迷東西？

直接靠花錢來進行的儀式，例如搶購小賈斯汀的CD，其實十分罕見。除了衣服玩具等授權產品，粉絲活動嚴格來講沒價值，至少用錢來算的話沒價值。很少有粉絲活動的目的，直接是讓錢跑進著迷對象的口袋。粉絲活動與變現（monetization）之間的互動，絕不是傳統上單純的「買家—賣家關係」，不過的確很有關聯。

二〇一三年的百威淡啤（Bud Light）粉絲研究發現，粉絲活動增加，的確導致銷售上揚，有時效果勝過標準廣告行銷的預期結果。粉絲在一個月期間，在百威淡啤的臉書上看到啤酒圖片，並被鼓勵分享，帶動傳啤酒福音與社交分享的活動。分享內容是搞笑圖：一張是一隻手像在採摘水果，從樹上拿下啤酒罐。一張是酒從智慧型手機上的啤酒罐照片中倒出。兩張圖都不像傳統行銷，沒強調出產品的優點與價格，也沒告知購買地點。儘管如此，這個強打粉絲文化的四星期廣告，依舊讓銷售相較於控制組多出三．三個百分點。三．三對一個母公司二〇一三年光廣告就耗資十五．六億美元的品牌來講，是很大的數字。

讓消費者變粉絲

粉絲活動與粉絲錢包之間的關係，有時更不直接。

理論上，Kickstarter、Indiegogo、GoFundMe 等群眾募資網站是利用粉絲團的力量，替未來的計畫募資。每一場募資活動，都讓使用者得以支持一定數量的金額，並得到表達感謝的贈禮。然而實際上運作起來，常像是「預購」制度：替一本書募資的 Kickstarter 提案者，答應等書出來後，給粉絲一本。粉絲等於是買下那本書，只不過可能得等上好幾個月才拿得到。粉絲通常會拿到答謝禮，例如免運費的優惠。

從眞正「出於愛」的粉絲角度來看，這類型的折扣反而有反效果。這類募資的確有時讓粉絲感受到是在支持自己贊同的理念，但有時他們不是以粉絲熱情在參與粉絲活動，只是在遵循傳統的消費者直覺。

由另類與獨立作家、音樂人、藝人組成的產業，似乎試遍創作者與粉絲之間所有可能的商業關係，成功的程度不一。替每一個內容收取幾美分的「微收費」（Micropayment）十分惱人。要求訂閱才能看到內容的「付費牆」（Paywall），讓被引發好奇心的人，找不到可能讓他們大力支持的內容。廣告販售——出售橫幅廣告及其他贊助空間——也在大幅減少，因爲廣告支出從代管平台出走，流向社群媒體。周邊產品——放上品牌的襯衫、馬克杯、動物玩偶、托特包——也幫上忙，但衣櫥愈來愈滿之後，效果也愈來愈不彰，畢竟一個人需要的托特包，就只有那麼多。

有時被專輯樂評封爲「什麼樂器都自己來」的傑克・康特（Jack Conte），是舊金山音樂人與影片製作人。他的個人風格，不論是他自己的獨立作品，或是他所屬的兩人樂團「葡萄柚」（Pomplamoose）*的作品，都具備強烈的獨立製作風。然而，儘管在 YouTube 上有大批支持者，每週推出播客，還到不少地方巡迴演出，康特到了二〇一三年初，依舊未能取得理想中的財務支援，因此和其他人成立了 Patreon。

Patreon 贊助內容創作的方式，不是販售粉絲文本媒介，例如 CD、書籍、報紙、紀念品或廣告空間，而是採取「贊助人模式」（patronage model）：我欣賞你做的事，這些錢你拿去，想怎麼用都可以。這種模式不完全是捐款，但的確不是在購物。

康特表示：「藝術之所以會從根本上和商業綁在一起，是因爲藝術變成可販售的實體物品。」這是一種超現實的婚姻。音樂粉絲如果想向樂團表達欣賞喜愛之情，可能只有一種支持辦法：按下樂團網站上的美國服飾公司（American Apparel）廣告。在粉絲論壇以及臉書與 Reddit 等平台，人們常講的網路流行語包括：「閉嘴！錢拿去就是了！（Shut up and take my money!）」與「我向螢幕

---

*編注：團名的由來源自於法文的葡萄柚 pamplemousse，稍微改了拼法以符合讀音。

扔錢，但什麼事都沒發生！（I'm throwing money at the screen but nothing is happening!）」這一類的話表達出眞心的沮喪：我想協助你，爲什麼不給我幫你的管道？

「藝術家的作品打動你的心，你因此產生想幫助他們的欲望，那是一種非常本能的情感。」康特表示：「我訂閱一百二十多個 YouTube 頻道，有時某個影片跳出來，我看了，覺得人生因此改變。如果有個按鈕按下去，可以給那個人一千塊，我會按。」

Patreon 不同於 Kickstarter 及其他群眾募資網站，主要以長期方式贊助創作者，有時甚至是終生贊助，而不是支持僅此一次的計畫。粉絲文本通常免費釋出給一般大眾，在製作過程中獲得贊助。只有死忠的粉絲，才會選擇在財務上支持可以免費獲得的作品——也因此從某方面來講，粉絲與著迷對象之間的商業關係，是最不重要的關係。即便如此，二〇一六年時，Patreon 網站募集到超過一百萬筆給內容創作者的主動捐款，每個月收到的支持超過六百萬美元。

Patreon 不是唯一靠粉絲支持來募款的組織。美國全國公共廣播電台（National Public Radio, NPR）數十年來都是這麼做。地方上的 NPR 電台向來免費，不過部分收入來自「跟您一樣的受眾」（listeners like you）。過去這種做法會成功，原因是主要受眾集中在相同區域，凝聚出一群支持地方電台的民眾。對於家鄉的自豪情感是相當強大的動力來源。不過基本上，這群人不同於其他觀眾，例如粉絲遍布全球的影片創作者，每天雖然可能有十萬人造訪網頁，大家一般看完今天的新影片就離開。粉絲需要有管道把自己當成大團體的一分子，一個需要每位成員都盡一份心力的團體。

喬・羅森堡（Jon Rosenberg）表示：「多年來，人們一直在尋求這樣的管道。〔他們說〕我不穿T恤，因爲我在辦公室工作，公寓也沒地方放娃娃，我只想支持你。」羅森堡是熱門網路漫畫《來自多重宇宙的場景》（*Scenes from a Multiverse*）和《羊》（*Goats*）的創作者，自二〇一三年年底就開始使用Patreon。

羅森堡改用Patreon平台之前，在自己的網站販售廣告、製作商業玩具與T恤、印刷紙本作品、參加漫畫大會，但不管怎麼做，報酬卻一直遞減。賣東西給讀者的那一套行不通，但主打粉絲訴求的做法又令他卻步。「我不想利用我的讀者，不想靠罪惡感讓人掏錢——讓一切變成不愉快的事。」他解釋：「那是很微妙的平衡。你請人們幫你，但也有點是在強迫他們，你其實是在說：要是沒人支持，我就不幹了。」羅森堡目前透過Patreon，一個月可以賺三千零九十四美元——再加上其他可以帶來營收的活動，收入夠他養三個孩子、繳房貸與全職畫漫畫。

羅森堡表示：「要不是目前的讀者很慷慨，我無法全職當漫畫家。他們的支持讓漫畫從賠本生意變成產品。」

販售無形物品

說服讀者捐錢給創作者，而不是直接買成品，不是一件簡單的事。讀者獲得的獎勵，通常是數位形式的產品，或是與創作者見面的專屬福利，而不是有實物的周邊商品。常見的答謝方式包括額外的影片、文章或特地爲捐款者寫的俳句。一個月五美元，就能和羅森堡在Google Hangouts談天說地，看他直播畫畫過程。一個月捐一百美元的話，就能和羅森堡在紐約市布里克街

（Bleecker Street）的奇特酒吧（Peculiar Pub）喝啤酒。能與創作者進行這樣的交流，一般是天大的福氣，但 Patreon 獎勵熱情到願意掏錢的人士。羅森堡的一千多位支持者中，大約十分之一願意至少支持這樣的金額。

至於沒興趣參加傳統粉絲活動的粉絲，例如朝聖或個人見面會，他們願意掏錢的動機則比較五花八門，例如有的 Patreon 募款活動提供自我提升的機會。YouTube 影片創作團隊「Corridor Digital」以一支影片二十美元的價格，提供「超實惠視覺特效學校」（VFX school on a budget）課程。支持者可以觀看如何製作影片效果的直播教學，還能下載相關檔案合集。

粉絲與創作者間的捐款互動，通常影響著創作者可以如何安排生活。羅森堡的兩千美元里程碑目標是「可以在不受孩子干擾下工作」（Operation Kiddie Freedom）。兩千美元是他能把三個孩子送到日托中心、有更多時間替粉絲畫畫的最低門檻。康特目前的個人 Patreon 專頁保證：「等我拿到七千美元，我會買一台全新的數位單眼相機，影片會看起來更棒。」贊助者不僅是在支持藝術品，也是在讓創作者有餘力創作出更多他們喜歡的作品。

康特表示：「這群人把自己定位成支持與協助我們的人。他們在我的行程表與我的心中，占有特別的一席之地，我盡全力讓他們開心。」粉絲購買參與創作的感受，但沒在作品中扮演直接的角色。康特表示：「從某種層面來講，這就像是走進舊金山歌劇院（San Francisco Opera），看見牆上的牌子說，有人捐了四百萬美元。」

如同中古世紀的贊助制度可以提升贊助人的社會地位，要是贊助 Patreon 的創作者，也能增加社群地位，那是一個公眾看得見的徽章，有如撐著全國公共廣播電台的雨傘。忠誠粉絲最重要的權利，就是向世人炫耀自己的身分。康特表示：「擔任贊助者代表著某種關係，投錢至小費罐則沒有。」大部分的贊助者都有公開的網頁，可以秀出他們支持的藝術家。

Patreon 上少數幾位幸運的藝術家，得到超級粉絲支持。超級粉絲是粉絲文化中忠貞的重要成員，願意奉獻時間、精力與注意力，協助改善自己熱愛的粉絲世界。有消費者支持的好處，在於消費者願意多多購買藝術家提供的東西；有普通粉絲支持也是好事一樁，粉絲想感受到更親密的參與，想提升自我，或是滿足其他各種個人動機。不過，超級粉絲的支持更是珍貴。

波克夏．哈薩威的超級粉絲會願意加入贊助模式，支持他們仰慕的跨國集團企業嗎？從某種角度來說，他們已經加入。儘管股東大會上進行著龐大的商業活動，買紀念品不是多數人參加會議的主要動機，也不是爲了記住投資收益或損失，隨便一個理財APP或投資預估網站，都能幫他們算出數字。

許多波克夏．哈薩威的股東大會參與者，就跟許多 Patreon 贊助人一樣，他們想要的東西，其實是趁機活在支持與欣賞對象的世界。有的人參加是爲了促進個人成長，把那場體驗當成學習機會，讓自己變成更好的人，希望有一天自己能達成那樣的境界與生活方式。有的人則想要社會地位——有權向待在家的朋友同事炫耀自己去過。明年活動能穿去的T恤，將可證明自己不再是剛入門的菜鳥。

不過，在每年的這個特定春天週末，粉絲在奧馬哈各地參加五花八門的活動，強化自己與自己熱愛的著迷對象間的情感連結。粉絲眞正的可貴之處，不在於他們亮出信用卡的次數，而在於他們積極追求那樣的親密感。

2 商業粉絲文化出頭天

喀嚓

二〇一一年年初，艾瑞克・卡斯坦・史密斯（Erik Karstan Smith）決定帶兩個年幼的孩子路克（Luke）與伊登（Eden），造訪聖荷西墓園（San Jose Cemetery）。孩子們的高祖父母埋在那，下一次再有機會來，可能是很久以後的事。史密斯最近丟了建築師事務所的專案經理工作，當起在家工作的家庭主夫。雖然可以自己照顧孩子是很好，但待在家賺不了太多錢。幾週內，他們一家人將得搬出自己的家，離開聖荷西那個史密斯家族一百多年來五個世代稱爲家的城市。

伊登兩歲，還在迷公主的階段。爲了這趟出門，她選擇穿短袖薄紗小洋裝，背後裝上蝴蝶翅膀。爸爸還幫她在眼睛周圍，畫上有如眼罩的兩個紫色與亮綠色大蝴蝶翅膀。髮帶讓伊登的秀髮上，也有兩隻蝴蝶，像觸角般延伸。史密斯的孩子那天是恰巧打扮成蝴蝶主題，不過相當具備象徵意義。史密斯回憶：「我有點想活出蝴蝶的重生意義，因爲我們一家人即將走過那樣的歷程，破繭而出過新生活。」

爸爸和孩子抵達墓園，走向一個大噴泉，一旁立著聖經中馬太、馬可、路加與約翰的雕像。「我不是信教的人，但我喜愛那個隱喻，我喜歡符號學。伊登衝向約翰，我覺得很巧，因爲我的曾祖父就叫約翰。我眞的很愛我的曾祖父母；他們在我心中有特別的意義。看著女兒直起身體，抱住那尊雕像，我渾身起雞皮疙瘩，那一刻心情十分激動。」

史密斯沒多想，抓起手邊的拍立得 SX-70（Polaroid SX-70）——一台摺疊的單眼即時成像相機。史密斯把相機拿到眼前，對準場景，按下按鈕。

喀嚓。

照片中的女兒，凝視著觀者左側的遠方，小手抓著大理石雕像的袍子衣角，翅膀伸展。照片昏黃模糊，但噴泉噴落的水滴清晰可見，靜止的墓園延伸至孩子後方的寬廣天空。伊登被框在熟悉的白色四方之中，底部的白色比左、右、上方厚。畫面上方帶有些微融化感，好像底片正在滲出照片框，扭曲著深褐色的正方，好像一秒過後，稍縱即逝的這一刻將永遠消失。

這是一張原本不會存在的照片。二〇〇八年二月，拍立得公司（Polaroid Corporation）做出重大宣布：公司將不再替自家的相機生產拍立得底片。拍立得這家攝影供應商，經典到公司的名字，幾乎與即時成像攝影同義，然而數位攝影讓它走到末路。這種靠化學作用顯影，需要九十秒才能看到影像的產品，購買人數一路下滑。數位科技提供多出許多的東西，像是內建的自動對焦與白平衡功能、立即觀看、數十種構圖濾鏡，以及上傳照片至分享網站的功能。今日幾乎每台筆電與手機都有相機，那些相機不需要底片。

拍立得早已在一年前的二〇〇七年，停止製造消費級相機，剩下的五座拍立得底片工廠，很快就顯得多餘。公司財務十分窘困，沒理由繼續製造沒人要的產品。拍立得在倉庫堆滿夠多底片，足以再多供應消費級相機一年，不過再接下來，世上就不會有拍立得底片。攝影師再也無法把一盒底片放進相機，按下按鈕，幾秒鐘後，拿著彩色的小四方塑膠紙，留住永恆的一刻。這種攝影大師安塞爾・亞當斯（Ansel Adams）與安迪・沃荷（Andy Warhol）愛用的底片；流浪者合唱團（Outkast）、金髮美女（Blondie）、史提利丹合唱團（Steely Dan）、死亡甘迺迪（Dead Kennedys）歌頌過的底片；在眾多好萊塢電影扮演關鍵情節的底片；記錄了民眾三個世代的求婚、婚禮與生日時刻的底片，將不再存在。

拍立得最初發表相機停產的聲明時，引發過關切，不過這下子連底片也要停產的消息，讓粉絲社群開始全面驚慌。一個月內，粉絲多次請命。攝影部落格鼓勵粉絲寄拍立得照片給公司總部抗議停產。人們寫信給拍立得的對手富士軟片（Fuji Film），請富士考慮生產能用在拍立得相機的底片。拍立得粉絲阿里・克洛格（Ali Kellogg）在網路上發起拯救拍立得底片的請願，蒐集到三萬零五百一十三人的簽名。

主流媒體評論員感嘆這個攝影界的損失。攝影師凱倫・濟慈（Karen Keats）呼籲：「永遠該給拍立得留一席之地，拍立得帶來能立即引發共鳴的感受與情緒。」英國記者提姆・提曼（Tim Teeman）抱怨：「數位相機很無聊。」

眾人的留戀之情，展現出即時成像攝影在藝術圈占有溫暖、甚至近乎天真爛漫的地位。即時成像攝影曾是俗氣的商業攝影，卻構成每個人的回憶。記者克里斯多福・博納諾斯（Christopher

Bonanos）表示：「拍立得沒有膠卷，也沒有數位檔案，當場拍下的那張照片是獨特的，也因此帶來珍貴的感受。要是摺到或壓到，弄皺了，就沒有了，救不回來。」博納諾斯花費多年時間記錄拍立得的歷史。「以我們當代觀點來看，從某方面來講，拍立得比較接近繪畫，而不是攝影。每喀嚓一下都有成本。」

用拍立得照相是一種親密互動。按下按鈕時，相機前面的快門會打開，讓光線打到底片上，被化學物質吸收，顯影成不同顏色。底片的經典白框內含有更多化學物質，會在底片表面流動，讓感光區每一層都出現顏色。數位檔案由1與0組成，就連傳統的類比攝影，也是將類比影像自相機傳至底片、再傳到紙上。即時成像攝影的最終產物，則是吸收眞實反彈至拍攝主體的光線的實體。從最開端的瞬間就有實體連結：一份獨一無二的紀念品。

即時成像攝影基本上提供的是一種社交體驗——不是現代那種把照片貼在數位牆或寄給朋友的社交，而是協助人們認識彼此的社交。拍立得的功能是當下分享。等影像浮現出來的儀式——搧照片、大家傳來傳去、寫上時間地點——都是建立人際連結的小型社會互動。影中人甚至大概摸過拿過那張照片，驚嘆顏色逐漸由白轉黃、轉棕，最終呈現全彩。此外當然，拍立得拍下的香豔照，比數位照片安全多了。

粉絲衝進店裡囤貨，搶購可能是世上最後的拍立得底片——澳洲賣出的速度是預估的三．五倍——拍立得公司抵擋住排山倒海的失望浪潮。當時的總裁湯姆．畢杜因（Tom Beaudoin）表示：「我們正在盡全力協助極度忠誠的拍立得顧客，盡量協助大家取得底片。」儘管如此，公司停產的立場十分堅定。

弗羅里安．卡普斯（Florian Kaps）是即時成像攝影的愛好者，也是拍立得底片的網路業者，很早就加入拯救即時成像攝影的行動。如果拍立得底片消失，不只是全球近兩億台拍立得相機再也無用武之地，卡普斯的生意絕對會受損。卡普斯不屈不撓引起拍立得高層關注。公司管理階層或許是爲了平息激烈的反抗情緒，邀請卡普斯前往荷蘭恩斯赫德（Enschede），參加二〇〇八年六月的拍立得工廠關閉派對——碩果僅存、到最後一刻還在製造消費級拍立得底片的工廠。

拍立得的製造經理安德烈．波士文（André Bosman）也去了，由他負責在服務公司二十八年後關閉工廠，讓自己失業。派對上，卡普斯與波士文感嘆拍立得底片即將消失，這是一個被錯過的機會；工廠關閉時，拍立得依舊每年售出兩千四百萬盒底片，雖然遠低於工廠一年能生產的一億盒，依舊是了不起的數字。

那如果改成非常小規模的營運呢？大企業需要龐大客層才能支撐，但小組織就不需要養太多人。波士文、卡普斯和幾個投資人，租下停產的工廠，著手服務拍立得最近又熱鬧起來的市場。他們稱這個購併案爲「不可能計畫」（Impossible Project），目標跟名字一樣，是不可能的任務：讓拍立得相機的底片起死回生，並要在過程之中，培養出全新一代的即時成像攝影粉絲。

最初，不可能的目標似乎眞的不可能。拍立得底片匣中有一百多種化學成分，還有數十種物理成分。不可能計畫的新任執行長奧斯卡．史摩洛克威斯基（Oskar Smolokowski）解釋：「他們做的是非常瘋狂的供應鏈。不只是一間工廠而已，那就像是二十間工廠全要擠在這一間。」

博納諾斯表示：「拍立得照片的底部有一個白色化學囊，照片被相機吐出後，經過兩個滾軸，滾軸會壓破那個化學囊，把化學物質塗在底片上，展開顯影過程。爲了讓每次效果要一樣，化學囊製造時，必須能每次都在相同位置爆破，而且液體分量要剛剛好，不至於噴到照片頂端，又要多到足以塗滿整個表面。如果要大量製造，絕對沒有聽起來那麼簡單。如果你要賣的底片，是人們用來記錄不想錯過的孩子生日派對，更不能有失誤。」

不可能團隊接手時，幾乎所有的供應商早已跳槽至其他產業，多數工廠機器預備銷毀。不可能計畫花了兩年時間，才推出第一個立即黑白底片產品。

新底片品質不佳，照片會呈現非常濃稠的模糊紅褐色。化學物質常滲到底片外，黏在相機內部，而且花十分鐘才能顯影（後來推出的彩色底片更久）。此外，只要碰到陽光，就可能毀了照片，還有當然無法自動上傳至臉書。

儘管底片銷售慘淡，不可能計畫稱之爲「先鋒」（Pioneers）。即時成像攝影的超級粉絲，願意支持不可能計畫度過重建攝影媒介的陣痛期，勇敢買下早期版本的底片，就連史摩洛克威斯基本人都坦承，那幾乎是不能用的產品。「我們說出的訊息是，我們正在努力保存這種美麗的媒介，尚未抵達目的地。要是沒有你們眞的買下這個底片，我們不可能走下去。」他表示：「很多人買了這個產品，他們知道這個產品不符合標準，但也知道自己是在支持重生目標。」

推出幾乎不能用的產品，還要取代原本已經花半世紀追求完美的熱門產品，是相當冒險的舉動。傳統公司不可能靠這種方式累積顧客。有制度的公司會花數年、甚至數十年先研發，然後才把產品推到市場上，然而不可能計畫這樣的小型新公司，沒有這種餘裕。除了募資問題，他們的受眾也不可能永遠等下去。時間一長，使用拍立得底片的相機將所剩無幾。

不可能計畫沒選擇隱藏糟糕的顯影效果，大方承認。就算是恐怖、化學液體亂滴、紅褐色的照片，也是正在進步的證明。粉絲接受挑戰，拍照，拍照，再拍照，把自己的攝影回饋寄給總部。史摩洛克威斯基表示：「有點難用，反而幾乎有點像是在測試攝影技巧。」

不可能計畫估算，約有三千名的早期先鋒。底片品質進步後，尋求新奇與懷舊感的年輕粉絲也開始加入；文青喜歡即時成像相機。三年內，不可能計畫的化學家小團隊，利用粉絲回饋，研發出全新的立即底片，但也盡量接近原初體驗。愈來愈快就能顯影，色彩效果也變好。史摩洛克威斯基表示：「這再也不是拍立得照片，這是不可能的照片。」

拍立得怪人博士

史密斯造訪聖荷西墓園那天，用的是相當早期的不可能底片。以當天的晴朗天氣與濕度來看是冒險舉動，不過成品反而因此更加完美，不完美讓景象多了令人難忘的當下捕捉感。

史密斯近來在網路上，喜歡以「拍立得怪人博士」（Dr. Frankenroid）名號行走。那個綽號出現在二〇〇〇年代尾聲。史密斯拜訪祖父母時，祖母拿出一台 Impulse 拍立得舊相機（Polaroid Impulse），用剩下最後一包底片，拍了幾張照。

「我當時幾乎什麼都沒了，」史密斯回憶，「我們談經濟發生了多麼糟糕的事，少數幾個人毀了一切，然後帶著所有的錢跑了；拍立得破產，實在太令人難過，我所有的照片都是用拍立得拍的，有我的童年，我的回憶。怎麼有人膽敢不只毀了我們的生活，還毀了一種藝術形式？」

史密斯用手上的空閒時間與使命感，面對拍立得挑戰。「我要像偉大的拍立得怪人博士，縫合我的怪物並搏鬥，把它當成一種工具，告訴人們這些相機的重要性，說出拍立得的歷史價值。」

史密斯開始研究與蒐集舊款拍立得，很快就成立拍立得線上博物館，兩年內自學成才，成爲超級粉絲。社群內要是有人需要拍立得舊款相機資訊，會跑去請教他。

當時不可能計畫開始踏出第一步，「先鋒專案」（Pioneer program）舉辦競賽，第一個抵達「不可能等級」（Impossible Status）的人，可以免費到荷蘭恩斯赫德工廠一遊。「那是我的機會。」史密斯回憶，「我的人生跌落谷底，事業毀了。我要在這個領域證明自己是有價値的人，贏得這場競賽。」

比賽規則是完成數項粉絲活動，包括上傳照片、招募新粉絲買底片，以及造訪不可能計畫的實體店面。史密斯破產了，開始靠賣掉相機收藏，完成這場競賽，二〇一一年三月，完成所有競賽任務，只剩一個：他得造訪不可能計畫在東京的店面。史密斯把剩下的積蓄，幾乎全拿去買了機票。

史密斯即將出發的前幾天，新聞裡滿是滔天巨浪與民眾逃難畫面，日本大火四起，房屋毀損。二〇一一年的東北地震與海嘯，帶來近日最出名的福島第一核電廠核災事件。頭條看起來很不妙：超過一萬五千人死亡，二十五萬人流離失所，全世界似乎沒人想在這種時候去日本。

史密斯沒退縮。太太幫他買了抗輻射的碘化鉀藥片，他搭上幾乎空無一人的班機前往日本。「我來了，」史密斯回想，「一個拍立得笨蛋，坐在飛機後方塗鴉，試著讓自己別胡思亂想。我家裡還有兩個孩子與老婆，我卻在沒有報酬的情況下投入這件事。」

史密斯抵達日本時，拍下機場照片，只見所有日本人朝另一個方向前進。他前往不可能任務的門市，拍下載到自己的計程車司機。他離開商店，抵達飯店，再度拍下困惑的門僮，完成任務。門僮手中拿著寫有「不可能」三個字的門市冊子，對著鏡頭微笑。

史密斯一家人今日住在加州內華達山脈（Sierra Nevada Mountains），那一區有很多地方農場、樹木，空氣新鮮。史密斯正在努力成爲取得執照的建築師。

「攝影基本上是一種捕捉記憶的活動，很個人，但事後又是可以談論與回憶的客體。記憶有點像那樣，像住在我們心中的鬼魂。那不像數位攝影拍下的清晰事物，會改變，會模糊，難以捉摸，得更仔細點看。我認爲，美就美在那。」

史密斯並未贏得先鋒比賽，最後輸在一個小細節。不過他認爲，不可能的即時底片帶他走過人生艱困時期。「當時我人生需要某樣東西，」他說，「它們辦到了。」

拍立得的未來

停止生產底片也救不了拍立得。所有權不斷易主，再加上一連串的經營不當，公司最終在二〇〇八年尾聲破產。官司終於打完後，再也不是從前那間公司。拍立得當年能家喻戶曉，靠的是最新科技與專業技術，但那樣的年代已經過去。同名工廠關閉後，科學家找到新工作，通路消失，只留下名字，以及粉絲心目中的美好印象。

新拍立得主要是一間握有過去八十年智慧財產權的控股公司。名字、LOGO、經典白框是公司最強大的力量。太陽眼鏡、T 恤、相機、照片印刷服務，全都印著拍立得 LOGO。

不可能計畫與拍立得組織之間的關聯，只在於精神與模仿；並未取得授權，與拍立得之間沒有官方合約關係。不過拍立得很幸運能碰上不可能計畫，拍立得這個品牌因此能在新消費者心中，依舊占有一席之地。留在民眾心中是拍立得最重要的策略。

多夫．坤特（Dov Quint）表示：「一切的一切吸引著人們——那個菱形標誌、拍立得的名字、經典的方框，讓人忍不住有共鳴。我感覺人們不敢相信自己認得它。他們會說：『噢，那是拍立得。』人們認識它，受它吸引。」坤特的工作與多項拍立得品牌財產權有關。

現代的拍立得相機，由付費取得拍立得名字使用權的各家二線廠生產。稱一台相機為拍立得，帶有一種歷史感，暗示著那台相機也隸屬於經典攝影時間線，即便兩者之間純粹只是金錢關係。還不到青春期的孩子，特別喜愛「拍立得 Pic-300 隨印相機」（Polaroid Pic-300 Instant Print Camera）。「拍立得 Socialmatic」是數位相機，照片印在紙上，並未使用即時成像底片。也就是說，這台相機與經典的拍立得相機，甚至沒有技術上的關聯，不過粉絲很少關切這種相機和老拍立得只有合約上的關係。坤特表示：「年輕人從來沒擁有過這種相機，不過他們從父母或祖父母那聽過故事。他們會說：『噢，我的天，我需要一台那種東西。』那是一種極具傳統復古風的事物。」

拍立得在二〇一一年，也就是二度宣布破產三年後，依舊名列「核心品牌品牌力量排行榜」（CoreBrand Brand Power Rankings）第八十二名，打敗三星、威訊（Verizon）、萬豪（Marriott）、eBay。今日的拍立得擁有全球最強大的品牌名，光靠名字就屹立不搖。

粉絲未能拯救拍立得。熱情無法取代經營一間公司的必要條件——專業、產品知識、健全的商業模式。如果公司核心不再，粉絲的熱情不足以起死回生。不過，還是有可能以新形式延續下去，粉絲可以幫忙尋找新模式。卡普斯發起不可能計畫時解釋：「這再也不是大眾市場的產品，而是人們投入情感讚揚的事物。」

粉絲文化是一種商業活動

幾乎每一個粉絲文化的核心，都有可以轉換成金錢的東西：一個商業產品。可能是一部電影、一本書、一場互動、一種體驗、接近特殊事物的管道，或是一包即時成像底片，不過說到底，著迷對象會問世，幾乎都是爲了賣錢。著迷對象的所有人，一般會決定隱藏或遮掩自家活動的商業意涵——他們希望自己花了非常多力氣凝聚的好感，具備能幫他們賺錢的功能。

二〇一三年三月，可口可樂在印度與巴基斯坦兩國的購物中心，推出「小小世界販賣機」（Small World Machines）——販賣機的使用者，可以與千里之外另一位喝汽水的人士互動。公司表示，此舉是爲了促成印巴這兩個相處不融洽的鄰居溝通。參與者可以透過互動螢幕「手碰手」，獎品是一罐免費可樂。除了爲了促進世界和平與兩國間的善意，所有人心知肚明，可口可樂公司的行銷部門，幾乎絕對評估過活動推出後，公司會贏得多少品牌知名度與公眾認可度，以及最重要的是，可口可樂將賣出多少瓶。

就算粉絲的著迷對象是用眞心打造、目的不是營利（或許特別是在這種時候），也依舊需要靠成功來支撐。不可能計畫的發起人熱愛——眞心熱愛——即時成像底片。他們對於細節的專注程度、替社群付出的心力，以及他們願意冒的財務風險，在在顯示出他們的熱愛。然而，儘管他們眞心投入自己的任務，他們承認如果不可能計畫要成功，必須有辦法靠這個計畫賺到錢。

粉絲文化包羅萬象，只談無靈魂的商業面向，太過無趣。只談商業，絕對會讓個人熱情消失，而個人熱情是粉絲眞正能享受到的好處。儘管如此，一旦拿掉所有善良出發點與內在獎勵，我們將得到十分科學的粉絲文化公式：

成功的粉絲文化＝關鍵多數＋情緒反應＋平台

成功的粉絲文化需要一定的參與人數，那群人提供足夠的情緒反應給著迷對象，而且有管道參與溝通平台，在平台上表達自己的情緒。或是換句話說：如果夠多人找到一個地方，向彼此說出自己多愛一樣東西，自然會產生粉絲文化。

即時成像底片的粉絲，輕鬆就能參與基本的商業活動：購買底片、拍照，接著再多買一些。然而，他們要是想和自己熱愛的東西，產生更個人的連結，可以選擇各式各樣的粉絲活動，在photo.net論壇討論自己拍的照片，用新底片做實驗，邀請朋友一起嘗試，彼此炫耀自己收藏的古董相機。

一旦有夠多人認定，光是與著迷對象有原始設定的互動，還不足以完整表達出自己的愛意有多深、有多廣，粉絲文化就會誕生。

大量粉絲活動的目的是什麼？它們很容易被當成原始商業活動的附屬品，有趣但沒必要，只不過是一群太入迷的瘋子所做的消遣。然而會有粉絲活動，不是因爲人們閒閒沒事做。

營造粉絲情境

拍立得是成功的「著迷對象」：大量人士感到自己有熱情，也找到可以展現熱情的平台。粉絲促成的論壇、評論文章、實驗、博物館、轉售市場，給了這個品牌第二次機會。粉絲拯救拍立得的方法，不是走進公司總部，自請擔任事業經理，而是創造出品牌可以繼續存在的「情境」（context）。

「情境」是指著迷對象周遭的所有額外元素，著迷對象因此不只是一個商業實體。繞著著迷對象打轉的謠言、討論、社群媒體文章，以著迷對象爲基礎與靈感所創造出的內容、相關儀式與新創詞彙、朝聖、每場朝聖過後的對話與紀錄，都屬於情境的一環。情境是凝聚粉絲文化的黏著劑。身爲人類的我們，在參與商業活動時，只有「一己之力」；一個人需要的襯衫、假期、mp3、汽水，就只有那麼多。然而有了情境後，就算我們沒積極參與購物活動，相關的消費者產品依舊有意義。就算粉絲把每一分錢的收入，都拿去買拍立得產品，能花的薪水也就那麼多而已，然而成功粉絲情境的價值，龐大到無法計算。

拍下可愛小狗的照片，只需要一秒鐘。當你按下按鈕，感受到實體的「喀嚓」觸感，那是一種享受。看到最後顯影出來的照片，也會帶來滿足感。然而，除了你身旁那幾個人，出了那個小圈子之後，很少人能分享那種喜悅（小狗不算）。在拍立得論壇上放上那張照片，則可以大幅增加照片的觸及範圍，不過更重要的是，每篇文章都是在引誘其他人一起談論、提供建議和分享自己的可愛小狗照。除了拍照者本人希望重複享受那個受關注的美好歷程，其他人看到他們做的事之後，也會想仿效。

有時，情境甚至比著迷對象本身還吸引人。舉例來說，名人是眞人嗎？有些是，但許多名人其實是歷史學家丹尼爾．布爾斯廷（Daniel J. Boorstin）所說的「人類僞事件」（human pseudo-events）。名人把大部分的人生，用在吸引媒體報導。他們眞正的力量來源，不在於唱歌、體育活動、走秀等才藝；對許多民衆來講，這一類的才能就算是專家級的，也無關緊要。名人的力量來自他們的情境：他們的個人故事、他們的氣質、他們給人的感受。多數名人是複雜的謠言、時尚建議、社會與政治看法，以及授權合約的集合體。

在一切的情境之中，眞的需要有眞人在裡頭嗎？可能不需要！街頭藝術家班克斯（Banksy）在匿名情況下闖出一片天。他可能是一個人，但背後也可能是一群藝術家、一組團隊或一個委員會。卡洛琳．基恩（Carolyn Keene）被列爲南西．茱兒（Nancy Drew）懸疑系列小說的作者，但那個名字其實是十幾位作家共同的筆名。男孩團體的製作人，很久以前就知道要挑選自家歌手團體的情境——舞蹈風格、品牌周邊商品、每一位團員代表的性格——一切在尚未徵選歌手之前，老早就設定好。

行銷的軍備競賽

拍立得再也無法擔任製造商（以及以品牌授權者身分復活也失敗後），人們檢視失敗原因，認爲問題出在公司不曾花時間營造出活躍的情境。約翰・赫加蒂爵士（Sir John Hegarty）表示：「拍立得的問題在於一直認爲自己是一台相機，但從『〔品牌〕願景』的塑造過程來看，不是這樣的；拍立得不是一台相機，而是社交潤滑劑。」赫加蒂爵士是拍立得聘請的行銷公司百比赫（Bartle Bogle Hegarty, BBH）行銷主管。拍立得雖然專注於自己最著名的單一產品，日漸複雜的媒體觀眾卻有了新發展。

歐仕派（Old Spice）是老牌的男士體香產品，公司一九五七年的電視廣告旁白告訴觀眾：「歐仕派就是品質保證！」廣告中，一名鬍子刮理乾淨的白人男性，站在浴室洗手台旁，往臉上拍打鬚後水，看起來心情很好。接下來的畫面，是一瓶鬚後水出現在滔滔白浪前方，旁白向我們保證：「您眞的會愛上歐仕派的鹽香氣味！」海浪退去，背景轉成黑色，旁白問：「這麼奢侈的享受要多少錢？只要一塊錢！只要一塊錢，就能帶來至高無上的享受！」鏡頭拉近，觀眾最後一次看到瓶身LOGO，旁白明白點出這支廣告的重點：「想增添生活情趣，就買歐仕派鬚後水」。

這種直接了當說出「我們有好產品，您應該買」的廣告，在今日已是過去式。歐仕派二〇一〇年的「男人就該有男人味」（Smell Like a Man, Man）系列宣傳，由一支電視廣告揭開序幕，歐仕派的官方YouTube頻道也同步放上廣告。展現胸肌的前國家美式足球聯盟（NFL）練習隊外接員以賽亞・穆斯塔法（Isaiah Mustafa），在一間浴室登場：「哈囉，女士們，看看妳們的男人，再看看我，再看看妳們的男人，再看看我。很可惜，他們不是我。」接著畫面一瞬間跳到穆斯塔法人在一艘遊艇上。「妳人在船上，妳的男人要是聞起來像身邊這個人就好了。」穆斯塔法抬起手掌上一顆牡蠣。「這是一顆有兩張票的牡蠣，能帶來妳愛的東西。再看一遍，票現在變鑽石。」

在廣告的尾聲，穆斯塔法騎在海灘一匹白馬上，手拿一罐歐仕派沐浴乳，向觀眾強調：「我人在馬上。」接著畫面變成產品 LOGO。

「男人就該有男人味」系列廣告大獲全勝，打頭陣的第一支廣告，榮獲坎城國際廣告創意節（Cannes Lions International Advertising Festival）電影大獎賽（Grand Prix），還拿下黃金時段艾美獎（Primetime Emmy Award）最佳廣告（Outstanding Commercial），YouTube 觀賞次數超過五千萬次。此外，許多民眾原本看到歐仕派，就想起自己的祖父，品牌這下子成功變年輕。不過，如同一位評論家指出：「那明年呢？」

今日的消費者愈來愈聰明，一呼百應，他們要求廣告要跟他們本人一樣，引人入勝，娛樂性十足，還要有深度。不夠機智風趣的廣告，人們一下子就沒興趣。每次廣告商想出新手法、新平台、新策略，消費者很快就免疫。比較不吸睛的廣告方式，例如網頁橫幅廣告或社群媒體文章，通常會被無視。影片廣告等較爲積極的手法，也可能被跳過。電視廣告的話，同樣靠 Tivo 數位錄影機就能略過。只有眞正令人會心一笑與激動人心的訊息，才有機會脫穎而出，而就算成功引發關注，相同的策略通常用個幾次就會失靈。

行銷的世界因此不斷推陳出新。有的廣告訊息似乎反璞歸眞過了頭，不玩機智反諷，讓人弄不清它們究竟想說什麼，不知該如何回應。當影片內容是喜劇演員威爾．法洛（Will Ferrell）慢慢走進一片原野，一走就是三十秒，那支影片究竟想要觀眾做什麼？（答案：那是啤酒廣告。）那樣的廣告，的確不是「歐仕派聞起來很棒，又很便宜，你應該買一罐」的廣告。然而，即便小心翼翼設計廣告想傳達的訊息，突破觀眾的心理防衛，依舊很難找出最好的訊息傳達方式。實體報紙與雜誌的讀者群不斷萎縮，觀衆從收看電視聯播網，出走到隨選隨看服務，大幅改變參與模式。

當然，大家還是繼續買沐浴用品……或啤酒，然而消費者改變自己做決定的方式。相較於先前的世代，千禧世代與其他數位原住民，尤其可能在買東西之前先查資訊。他們找的資料，通常來自心得評論網、社群媒體上的文章、朋友的說法、新聞、八卦謠言，以及前幾天派對上碰到的人說了什麼。三四%的千禧世代喜歡選擇在社群網站上分享資訊的品牌，老一輩則僅一六%有這樣的習慣。換句話說，傳統廣告的效果正在減少，消費者改成依據品牌的情境，決定腋下要搽什麼產品。

傳統的品牌打造是一種由上而下的過程，由品牌的官方行銷團隊發起與控管行銷，小心抓準時機。萬一某支廣告誤判觀衆的反應，會被收回。

由於任何有意見的人都可能發言，情境相對而言是一種難以掌控的東西。比起公司的行銷，情境的影響範圍廣，力量也更強大，不過官方無力引導情境，只能盡人事聽天命：「我們就試試看這個點子，然後祈禱大衆會出現我們想見到的反應。」然而不管公司怎麼努力，情境依舊會賦予產品一種說法，影響力勝過品牌本身努力塑造的廣告效果。

粉絲文化是**外部**的品牌打造。粉絲將心中自我表達、與人交流的渴望，用於打造最重要的情境。某種層面上，粉絲文化是在將個人意義，投射至原本沒有靈魂的商品。

大浪汽水重現江湖

一九九六年，拍立得推出旗下第一台數位相機「PDC-2000」，外型長得像軍機：扁平長方形，帶有未來感的流線，鏡頭突出於前方與後方。以一台售價超過兩千美元的相機來講，功能並未獨特到足以挽回公司五年前營收一路下滑的頹勢。

同一年，可口可樂公司推出新品牌「大浪汽水」（Surge）。萊姆綠瓶身上，印著一團團炸開的紅色塗鴉風 LOGO。Surge 問世是爲了迎戰百事公司（PepsiCo）大受歡迎的激浪汽水（Mountain Dew），罐內鮮豔的草綠色液體，帶有微酸檸檬味，行銷標語配合不尋常的高糖成分：「威力十足的柑橘汽水……有糖！讓你 HIGH 翻天！」

在那個能量飲料尚未問世的年代，大浪汽水提供以「極限」風格行銷的完美機會（在一九九○年代中期，不論是調味玉米片或電腦程式設計技巧，幾乎每一樣東西都會標上「極限！」〔*Extreme!*〕）。大浪汽水的廣告給觀衆看賽車、滑板運動、軍事演習，以及其他需要大量精力的活動。十年後，咖啡因能量飲料也會以相同手法大打廣告。

在蕭恩・薛里登（Sean Sheridan）心中，大浪汽水喝起來是高中的滋味。「我和朋友沒事做的時候，大家跳上兩、三部車，浩浩蕩蕩跑到外頭闖蕩。我們開同一條路到鎭上，靠在車窗旁，對著彼此鬼吼鬼叫。中途停在附近加油站，加好油，順便買一罐大浪。」

如同許多人在成長期迷上的東西，與咖啡、酒或汽水有關的飲料，很容易讓人聯想起自己轉大人的故事，以及年輕時建立的友誼。在薛里登以及當時許多青少年心中，大浪汽水和長大帶來的獨立、自由和社群接納一樣，帶有令人陶醉的新鮮感。薛里登表示：「大浪讓我聯想到拓展個人極限、冒險與死黨文化。每當你和一群朋友在一起，總少不了一罐或一瓶大浪，看是兩公升或十瓶兩公升裝的汽水都有可能。」

大浪汽水強打喝了會 HIGH 的官方廣告，引發料想不到的結果：許多老師與家長組成的團體，很快就在校園內及其他親子地點禁止大浪汽水。孩子上課時超 HIGH 過動的報導，對行銷來講是好事，但對公關來講是災難。一九九七年一篇美聯社（Associated Press）的報導提醒：「大浪汽水瞄準尋求刺激的年輕人，造成學生愛講話又不聽話。」可口可樂抗議，大浪的咖啡因含量，其實還比市場上其他許多汽水還少，後來的研究也證實糖和過動無關。儘管如此，大浪的安慰劑效果依舊過於強大。

二〇〇二年時，大浪開始走下坡。雖然官方並未發表聲明，粉絲很快就發現，地方上的貨架與冰桶，再也見不到大浪的蹤影，掀起一陣恐慌。薛里登表示：「我盡一切所能留住大浪，盡量讓大浪賺錢。主要方法是走到哪，買到哪，還讓大家知道我到店裡是爲了買什麼。」薛里登不是唯一這麼做的人——店內存貨開始減少後，許多人開始囤貨，接著市面上就再也沒有大浪汽水的蹤影。

可口可樂推出其他品牌，薛里登改喝 Dr Pepper，以及二〇〇五年新上市的 Vault 汽水。Vault 喝起來味道和大浪差不多，可以彌補市場缺口。不過，薛里登依舊忘不了自己的汽水初戀，十年後開始在網路上尋找同好。

「大浪運動」（Surge Movement）的臉書專頁成立於二〇一一年，發起人是加州二十歲出頭的艾文．卡爾（Evan Carr）。當時 Vault 汽水剛停止生產，時機似乎已經成熟，可以要求 Vault 的前輩大浪汽水重出江湖。「大浪運動」的目標很簡單：讓可口可樂重新生產大浪。薛里登發現這個運動時，已經有其他大量的九〇年代文化粉絲關注這個臉書頁面。很快的，薛里登，再加上第三位粉絲麥特．韋納斯（Matt Winans）開始擔任管理員。

「大浪運動」社群給人的感覺，不同於網路上其他討論大浪的網頁與聊天室，薛里登回憶：「其他很多頁面沒有團結一致的氣氛，只是『你好，這是我的個人頁面，我希望大浪回來。』沒有衆人來來回回熱烈討論的感覺。我們的目標是讓每個人把大浪當成自己的事，不是：『嗨，我們是喜歡大浪的一群人，請助我們一臂之力。』比較像是：『嘿，這是你的戰役。讓我們團結起來，一起合作。』臉書頁面就是我們的基地，所有按讚的人，我們都當成隊友，他們的付出，跟我們的付出一樣重要。如果你讓每一個人覺得，這是自己的戰爭，他們的表現會超乎你一切想像。」

薛里登幾個人的做法帶來的第一個明顯成效，可稱爲「粉絲發起的客服」。每當有粉絲詢問，怎麼樣可以一起呼籲，或是弄不清楚某個策略，其他粉絲就會在官方管理員還沒來得及出現之前，就幫忙解決疑難雜症。如果外人想引戰，發文要社團成員不要浪費生命，同一群粉絲會彼此告誡不要加入口水戰，回覆：「這裡不歡迎老媽子」或「既然是浪費時間，就不要來這裡！」超級粉絲在社群的資歷夠久，知道各種問題的答案，內化粉絲群精神，齊心協力。大浪粉絲要團結的訊息，一下子就轟轟烈烈傳出去。

同一批糾察隊也讓「大浪運動」的訊息，得以傳到其他討論大浪汽水與一九九〇年代事物的論壇，說服其他粉絲一起加入「大浪運動」。有的人製作可供分享的內容，像是手拿經典大浪汽水罐的照片、手繪 LOGO、大浪的萬聖節服飾、適合搭配的食物推薦，以及當然少不了貓咪圖片。此外，大家還提供能讓大浪回來的點子。薛里登回憶：「有一天，某個人說：『我們應該集資買下一面路邊的廣告看板，寫上：「嗨，可口可樂，請把大浪還給我們。」』我心想：『還不錯的點子』。接著我們又看了其他則留言，另一個不知道前面已經有推文的人，也說：『嘿，我們應該買一面廣告看板。』又看到其他類似的回應後，我們想：『或許真的該來做。』」

當時「大浪運動」社團只有一萬三千人，買廣告看板的目標有點大，不過二〇一三年年初時，社團在群眾募資網站 Indiegogo 發起集資，支持者從社團網頁跑過去，粉絲告訴朋友這個消息，其中一位支持者捐了五百美元。一月時，集資活動募到買廣告需要的三七四五美元，下個月就在可口可樂的喬治亞州亞特蘭大總部外道路上，立起一面新廣告看板，上頭寫著：「親愛的可口可樂，我們買不到大浪，所以買了這面牌子。」

另一位粉絲的建議最後變成「大浪日」（Surging days）。粉絲原本平日就鼓勵大家打電話給可口可樂客服專線，要求公司重新製造大浪，但「大浪日」一起打的話，一個月、每個月都會有海嘯般的請求湧入可口可樂。「大家打了一陣子後，後來我打電話進去時，會碰到〔可口可樂的客服人員〕說：『噢，已經是每個月最後一個星期五啦？』」人們用自己的時間，花數百小時哀求可口可樂，好說歹說，有時甚至還放狠話，不過通常不鼓勵粉絲用威脅的手法。

薛里登表示：「有時我們會碰上酸民，例如：『你們做這種事是在浪費時間。要是把這麼多力氣，都用在維護世界和平，大家都會過著幸福快樂的日子。』我覺得那是什麼都不做的藉口。如果不把精力集中在心有同感的事，你根本不可能集中精力。」

二〇一四年九月，大浪汽水重出江湖，亞馬遜一夕之間買得到一罐罐微帶柑橘味、冒著汽泡、散發甜味的翠綠飲料。這次的上市很低調，只靠口耳相傳、簡訊與私訊，不像十五年前有電視廣告與大肆宣傳。當時「大浪運動」的臉書頁面成員達十五萬人，創始人卡爾由於收到可口可樂北美區總裁寫來的個人電子郵件，第一個得知消息。他和其他兩位主持社團的同伴，受邀至可口可樂總部參加官方發表活動。

「大浪運動」社群樂翻天。薛里登回憶當時的情景：「很多人不敢相信自己的眼睛：『一定要是真的，如果只是開玩笑，我會追殺你。』」大家貼出一張張亞馬遜購物籃放著大量大浪汽水的截圖，最初上市的那批貨，瞬間搶購一空。幾天內，全球的大浪粉絲自豪地貼出買到大浪的照片。儘管很難搶，許多張照片上，粉絲和朋友、配偶、孩子、寵物一起打開大浪汽水。那種友好開心的分享氣氛，讓薛里登憶起自己的高中時代。一篇報導宣布：「超級懷念往日時光的人士，可以在星期四那天（或是其他任何一天），一起重溫舊夢。」

回到過去

大浪與拍立得都因爲讓自家粉絲在年輕歲月時，擁有美好回憶，產品與粉絲的人生重要時刻密不可分，最後得以重現江湖。一九八〇年代與一九九〇年代是今日成年人士重要的懷舊感來源，而背後的原因不是祕密。美國的嬰兒潮世代終於開始重現一九八〇年代初的事物時，受到年輕人口熱烈歡迎。「回聲潮世代」（echo boom，譯注：嬰兒潮世代的下一代）足足占了美國今日二七%的人口，這群人是新新人類，充滿好奇心，獨立自主，搭上景氣繁榮的最後一波。對行銷人員來講，回聲潮世代是充滿有趣機會的金礦。

舉個例來說，固定在星期六早晨播出的卡通，自一九六〇年代起，就替廣告商集中孩子的收視時間，不過一直要等到這個新世代出現，行銷人員才開始火力全開，產品得到空前的曝光率。好幾個產品類別主攻兒童觀眾，包括含糖的早餐穀片及其他零食、速食連鎖店，以及兒童玩具，很多、很多、很多的玩具。

一九八三年時，雷根總統（Ronald Reagan）任命馬克．福勒（Mark Fowler）爲聯邦通訊委員會（Federal Communications Commission）主席。福勒支持解除管制，深信市場力量的神聖性。在他任職期間，商業化的兒童電視節目大行其道，例如：《太空超人》（*He-Man*）、《彩虹小馬》（*My Little Pony*）、《大英雄》（*G. I. Joe*）、《變形金剛》（*Transformers*）、《妙妙熊歷險記》（*Gummi Bears*）。突然間，許多兒童節目都有某種類型的商業周邊商品。近日一部紀錄片中，改編自漫畫的熱門忍者龜（Teenage Mutant Ninja Turtles）創作者回憶，他們被鼓勵創作搭配電視節目的公仔，讓忍者龜得到最大曝光率。嚴格來講，這不算串通手法——電視製作公司與玩具商密切合作並未違法，不過的確帶來極爲強大的心理暗示。孩子可以看到忍者龜中的多納太羅（Donatello），在卡通節目裡拯救紐約市，接著又立刻發現多納太羅的塑膠公仔需要自己幫忙。電視節目與廣告之間的界限變得相當模糊。

今日星期六早晨卡通的全盛期已過。管制增加，隨選隨看媒體服務興起，抵制兒童肥胖的運動，再加上兒童行銷產業自律，星期六早晨卡通因而逐漸沒落。不過，看著那些卡通長大的整個世代——X世代（Generation X），以及早期的千禧世代——在高度商業化的環境成長。今日許多二十歲至四十歲人士的童年回憶，通常是快樂兒童餐（Happy Meal）玩具、早餐穀片與汽水，以及塑膠英雄公仔拯救宇宙。

這一類的回憶，和先前沒那麼商業化的世代回憶一樣珍貴——粉絲文化的核心就算充滿市場傾向，也不會減少它們在文化上的重要性。不過，商業化的童年回憶，的確讓吹懷舊風的媒體欣欣向榮。隨著看星期六早晨卡通長大的世代開始步入中年，消費能力抵達高峰，也難怪主流文化今日充斥回憶中的「孩子玩意」。從前的星期六早晨熱門卡通，許多以眞人電影形式重現江湖，目標觀眾是懷舊的父母以及他們的下一代，例如史酷比（Scooby Doo）、鼠來寶（Alvin and the Chipmunks）、藍色小精靈（the Smurfs）、駭速快手（Speed Racer）、芙蓉仙子（Jem and the Holograms）。其他電影則直接源自童年玩具：樂高（LEGO）、海戰棋（Battleship，電影《超級戰艦》）、特種部隊（G.I. Joe）。變形金剛至少四度重現江湖，電視節目《彩虹小馬》重新隆重推出，大受歡迎，其中最熱情的粉絲是成年男性（他們稱自己爲「小馬迷」〔Bronies〕）。

當然，高度商業化不是懷舊粉絲文化興起的唯一原因。一世紀前的人們在家人需要用錢時，就得變大人，現代人的青春期則不斷延伸，從小一路念書到十六歲、甚至是十八歲，接受目的是把美國人訓練成勤奮守時工作者的義務教育。附帶的效應，就是人們的實驗期與自我發現期，一路延長至不得不開始工作爲止。

今日念大學的人數增加，接著念研究所的人數也增加，年輕人做臨時性質的工作，四處旅行，過間隔年，以及從事其他就業前的活動，安心四處探索，帶來更具玩性、更愛社交、更敢冒險，還可能是有史以來最具創意的世代。這群人更晚才成家，有更多閒錢花在娛樂與非必要的事物上。同一時間，近年來的景氣興衰循環，讓今日的年輕人在大學畢業後，相較於先前的世代，不得不一直當個賴家王老五。剛出爐的成年人回到自己小時候睡的房間與作息後，不小心就落入童年時期的權力關係與習慣。

網路搞定了一切，勉強算是吧

粉絲讓品牌起死回生時，網路不是原因，而是契機。數位連結無法自什麼都沒有之中激發出熱情，但原本就有熱情的粉絲如果想發起運動，有網路就方便多了。此外，網路還帶來出乎意料的粉絲活動形式與結果。

大浪汽水能夠重返市場，原因在於網路改變了團體共襄盛舉的方式。數位網路降低粉絲找到團體參加的成本：滑鼠點一點，就能隨時通知各地所有人，公告成爲會員的機會，不需要仰賴口耳相傳或傳統的廣告行銷。如果說人類的天性是加入其他擁有相同興趣的人，網路減少了參加需要耗費的力氣。

不過，網路也擴大了「加入」的意義。「大浪運動」的成員，可以靠維持留言秩序、跑到廣告看板前拍照，以及創作內容，感受到自己是團體的一員。不過，成員也可以簡單在臉書上按一下「讚」，就能開心知道自己讓頁面成員多加一人，朝目標人數邁進，可口可樂真的可能讓大浪汽水復活。數位世界尚未出現之前，很難如此輕鬆就發揮粉絲力量，尤其是連最一開始的找到其他迷弟迷妹都難。

網路大串連也消除了地理障礙。「大浪運動」的三名管理者，一起合作多年，但他們在大浪汽水重返市場的產品發表會上握手前，不曾見過面。網路發明前，社群通常必須聯合舉辦大型活動，才有辦法聚集粉絲，不讓粉絲四散各處，或是必須舉行地方上的大會，在家鄉支持自己喜好的事物。不管用哪一種方法，要號召眾人的話，就得有大量的組織動員，還得有人出來領導。虛擬的粉絲聚集空間則可以在這些地方省下許多力氣。

有了網路後，就算沒有強而有力、由上而下的單一管理組織，也能聯合分散各地的社群。此外，網路減少了單一團體要能運作維持的最低人數。有時可能高達數百人，但也可能只要兩個人就夠了。如果不需要耗費太多力氣，就能凝聚團體，那麼不需要先有大量人士參加，就能讓團體欣欣向榮到足以吸引其他粉絲不斷回流。

汙名與阿宅

汽水一般不會有汙名，多數攝影形式也沒有，但許多粉絲團體就不一樣了——一個人如果被貼上粉絲標籤，說你迷戀言情小說、死亡金屬音樂或電視節目《彩虹小馬：友情就是魔法》（*My Little Pony: Friendship Is Magic*），那帶有非常特定的言外之意。看每個人所屬的社群團體而定，深櫃漫畫迷可能不想讓別人看到自己出入地方上的漫畫店。如果迷的事物被視爲傷風敗俗，更是會低調，例如喜愛非主流的性愛形式，或是迷戀被視爲不符合性別、年齡的事物。粉絲本人可能不覺得有什麼好羞恥的，但依舊感受到必須隱藏嗜好的壓力。

網路的匿名性在許多層面上讓粉絲感到安全。私底下的生活與專業生活之間，不再有太多重疊之處，帶來更多探索與實驗的自由。工作上的同事，可能無意間看見我們走進漫畫店，但要是想挖出我們定期造訪漫畫平台 comixology.com，就沒那麼容易。此外，匿名性也減少了許多不假思索的汙名化，比較難認定「凡是喜歡某某東西的人，就是怎樣怎樣」。粉絲成員變得更兼容並蓄，而成員愈多元，就愈難對單一個人貼標籤。不過，網路除了提供躲避汙名的安全避風港，還以另一種方式造成深遠影響，讓現代社會開始接受傳統粉絲文化。

一九八〇年代的美國電腦阿宅，在大眾文化裡扮演著反映刻板印象的定型角色。他——電腦阿宅幾乎清一色都是年輕男性——笨手笨腳，穿高腰到胸前的格子褲，有衣領的白襯衫，打蝴蝶領結，胸前口袋放著防漏水的筆袋，有時還穿吊帶。頭髮油膩中分，滿臉粉刺，戴粗框黑眼鏡，結結巴巴扯著嗓子講話。許多網路時代來臨前的情境喜劇，都有典型的「書呆子」人物，例如電視劇《救命下課鈴》（*Saved by the Bell*）中的阿尖（Screech），《凡人瑣事》（*Family Matters*）中的史蒂夫．厄凱爾（Steve Urkel），那種人喜歡漫畫（超噁！）和電動（媽啊！）。有的電影甚至完全建立在這類刻板印象上——一九八四年的溫馨喜劇片《菜鳥大反攻》（*Revenge of the Nerds*），講一群倒楣書呆子試圖理解大學的社交生活，想辦法找人上床。

阿宅角色其實是二十年前刻板印象遺留的產物。在從前的年代，科技高手通常是書呆子，或是替政府實驗室工作。到了一九九〇年代初，許多公司開始設立負責管理電腦的科技部門，然而技術人員的社會地位，通常和光輝的工友差不多：會電腦的人只是支援人員。每間公司都需要幾個這種人，但除了航太工程等少數非常專精的產業，他們不是企業使命的核心人物。科技部門通常被放在公司總部深處的地下室、小房間，或是老舊的廢棄防空洞，空氣聞起來像是融化的電線加上不新鮮的洋芋片。很少有小學生在下課時間，假裝自己是電腦工程師。

接下來在一九九〇年代尾聲，主流文化開始接受網路，市場上一下子冒出成千上萬令人興奮不已的高薪科技工作。那樣的工作是公司的核心業務，公司創辦人自己就是電腦工程師，率先招募與最重要的職位，也是電腦工程師與技術人員。任職於這類新公司基本上風險相當高，「Fuckedcompany.com」等網站追蹤新創公司的失敗率，只見高樓起，又見高樓塌。

高風險工作特別適合年輕工作者。他們不怕接受明天就可能消失的職位。刻板印象中的電腦阿宅平均年齡下降的速度，勝過手中股票選擇權的上漲速度，阿宅一夕之間大變身。他──人們心中的新阿宅，依舊通常是男性──絕不是書呆子，而且大概大學輟學後，就賺到人生第一個百萬美元。此外，新型科技人士有文化、穿衣有型，髮型比誰都潮。如果年紀輕輕，就和舊金山與西雅圖的科技中心合作，八成是政治上的自由主義者與都市雅痞，年少得志，充滿不過頭的自信，休閒時間大概在攀岩或溜滑板。

網路興起，相關科技欣欣向榮，科技宅突然從事著舒服的中高階工作，也就是高薪與絕對算白領的工作。在科技業工作，變成令人高度嚮往的職業生涯，也是最佳的另一半人選。

許多傳統上與阿宅文化沾上邊的娛樂，跟著科技新貴一起魚躍龍門。背後的原因除了這群特定人士如今成爲新興富裕階級，有能力大手筆從事喜愛的活動，也反映出科技宅的社會地位普遍提升，一下子從工友變搖滾明星。科技宅如今被社會接受，他們的傳統粉絲文化也一併被接受，例如電玩、漫畫、科幻小說。

值得留意的是，傳統上令人聯想到「宅男宅女」、但整體而言與科技新貴無關的粉絲文化，地位少有提升。觀眾一般較爲年輕的日本動畫，以及主要吸引女性寫手的同人小說創作，這一類的粉絲文化受益於網路帶來的低進入門檻，同一時期成員數量的確增加，然而社會接受度卻沒有太大變化。承認自己在寫影集《超自然檔案》（*Supernatural*）或《超時空奇俠》的同人故事，依舊可能引起主流社會訕笑。然而，今日要是你承認自己昨天晚上在看復仇者的最新電影，人們卻比較不會有類似反應。

粉絲的熱情讓拍立得家喻戶曉，不過拍立得今日的重要性，不在於公司的製造商身分。拍立得能夠重生，原因是一個玩心十足與社交網路大串連的富裕世代，心中懷舊。大浪汽水也是受種種相關現象影響，才得以起死回生。那個世代的人們懷念自己的童年，如今也長大了，經濟上能夠自主，再加上網路讓串連與匿名方便起來，宅文化興起——史上與高糖「能量」汽水關係最密切的一群人，推動著一切。

可口可樂在二〇一五年九月，宣布大浪汽水重返實體店面，萊姆綠汽水罐將在全美上架。明尼蘇達州聖克勞德（St. Cloud）一家裝瓶商表示，自己全年的供貨，兩週內就銷售一空。銷售主管出面道歉：「我得爲缺貨負責。」他接受訪問時表示：「我做出預測，以爲四千瓶就夠撐一年，低估了大浪粉絲的數量。他們無所不在。」

3 從反傳統大集合到成爲傳統

「這裡有你的一席之地」

第一天，我極度害羞，把小錢包塞在緊身胸衣裡，唱起：「蘋果，新鮮蘋果，來買呦！試試清涼多汁的蘋果，從自家果樹上摘採下來的！來買蘋果喔！」一個男人走過來，我因爲太害羞，眼睛沒直視他，收下兩角五分硬幣，放進錢包，塞回胸部，遞一顆蘋果過去，眼睛依舊看著旁邊，但那個人說：「我不要蘋果。」我猛然抬頭：「什麼？」他說：「我只是想看妳找錢。」我把蘋果放回去，腦袋被敲醒，從此之後，大大方方看著每一個人。

——茱蒂・寇瑞（Judy Kory）

談扮演市長太太，紀錄片《嘉年華：美國的文藝復興》（*Fair, An American Renaissance*）

一九六三年夏天，洛杉磯好萊塢山（Hollywood Hills）的居民，跑到住家附近山丘上，釘木板，縫彩布，迎接嬉皮風露營車大集合。哈斯克爾牧場（Oliver Haskell's Ranch）北方幾英里處大興土木，一個大建築開始成形，工人似乎是五顏六色的波希米亞人。

現場才華洋溢的年輕人，平日在附近的電影產業認眞工作，然而一九五〇年代的紅色恐慌（Red Scare）仍在襲捲美國，保守政客大肆利用冷戰時期歇斯底里的共產恐懼，擬出可能同情共產黨的黑名單，大量電影人士不得不突然終止或退出事業。到了一九六〇年代初，洛杉磯演員、布景師、服裝師，以及其他創意人員大量失業。

許多人感到既然無事可做，不如幫地方兒童劇團老師費莉斯・派特森（Phyllis Patterson）推動她的新鮮計畫。派特森平日提供團體即興、笑鬧喜劇、機動橋段等不尋常的課程。不遠處的西好萊塢（West Hollywood）衛星城月桂谷（Laurel Canyon），同樣也受最新一波反共產主義解聘潮影響，派特森的兒童工作坊多出生力軍，熱鬧起來，利用課程表達政治宣言的點子開始成形。

春天時，派特森利用學生在課堂上做出的道具與培養的演技，發想出「中世紀嘉年華」（Medieval Faire）概念，和先生一起請地方上的KPFK電台推銷募款。由於電台律師評論，中世紀不以人權著稱，立即改成「文藝復興慶典」，以彰顯自由價值的「重生」。

KPFK電台發布消息，招募到地方上五百名義工。派特森的學生家長以及失業同事，一起打造出六十個攤位與數百套戲服。地方藝術家社區的工匠，受邀販售陶器與手工毯。數百張迷幻風海報出爐：「探索好玩又有趣的文藝復興嘉年華與五月市場！」（Jog Your Deep and Mery Way to the Renaissance Pleasure Faire and May Market!）

雜耍團！肚皮舞！姑娘！騎士！小丑！伊麗莎白女王！嘉年華開幕的第一個週末，三千人造訪。到了第二年，規模擴大一倍，找到更大的場地。KPFK的非官方口號變成「電台的文藝復興」。很快的，全國其他城鎭也開始舉辦類似活動。

「文藝復興嘉年華」（Renaissance faire）是美國特有的現象，與十五世紀的歐洲文藝復興沒有太大關聯。騎士的長矛比武、手工藝攤販、豎琴與魯特琴音樂、林間的活動場地，或許令人聯想起快活的英格蘭村莊慶典，不過相似處僅止於此。現場說的語言，雖然偶爾帶點披頭四（Beatles）腔調，百分之百是美語，用語有點像是在模仿欽定版聖經中的英語，「你」變成「汝」，「請」變成「盼」。四處即興創作的表演者身上穿著「變裝」，而不是古代服飾——用來彰顯身材，或以象徵性手法讓觀衆明白角色的戲服，而非文藝復興時代眞的在公衆場合穿的衣服。還有，半世紀以來成爲文藝復興嘉年華同義詞的「煙燻火雞腿」，老實講來自新世界的家禽。

早期文藝復興嘉年華的目的，不是唯妙唯肖重現歷史上的文藝復興時期。派特森的夥伴不曾將這個概念，拓展至原始的政治目的之外。最受早期慶典吸引的人士不是學者，而是反抗者。

如果號稱文藝復興嘉年華塑造了一九六〇年代，有點太過頭，不過文藝復興嘉年華的確大力提倡一九六〇年代的精神。對地方上不遵守傳統規範的社群來講，文藝復興嘉年華是一個可以躲進的世界，他們在那裡受到歡迎。進了嘉年華入口後，可以隱身於同類之中，穿著解放身體的有趣衣服，嘗試新型的性愛實驗、表演方式與藥物。繽紛顏色，熱鬧音樂，性感舞者，聲名狼藉的閉園時間派對，都是反主流文化的避風港。在外頭的世界，長髮與鬍鬚是可疑人物，甚至可能被捕。在這裡則是羅賓漢。

男嬉皮在嘉年華上，首度嘗試窄版天鵝絨內搭褲、鮮豔飄逸花上衣。很快的，吉米．罕醉克斯（Jimi Hendrix）等藝人穿上金錦緞外套、紅絲綢、飾帶與蝴蝶結。至於女士的話，穿上文藝復興嘉年華風的服飾，代表擺脫胸罩，展現性感風，體驗前所未有的身體解放。文藝復興打扮的修身與飄逸布料，遠比一九六〇年代《*Vogue*》時尚雜誌刊載的東西，更適合各式各樣的身材。珍娜．戴溫（Jenna Dawn）接受文藝復興嘉年華編年史學家瑞秋．李．魯賓（Rachel Lee Rubin）的訪問時表示：「那是令人暈頭轉向的體驗——生平第一次有男人注意我！……那是很重要的覺醒，救了我一命。」《*Spin*》雜誌一九九六年的報導（執筆者是人氣作家伊莉莎白．吉兒伯特〔Elizabeth Gilbert〕）講得更明白。一名參加者表示：「我很胖，生活中有很多自信問題，但當我這樣打扮，我美極了。」在嘉年華的早期歲月，裸露算不了什麼大事。

整體而言，性在早期的嘉年華，似乎遠遠更爲自由奔放。爲了參加嘉年華而換上的各種裝扮，讓人們有機會進行一般被視爲禁忌的嘗試。在那個同性戀依舊可能被扔進牢裡的年代，在「只不過是角色扮演」的掩護之下，嘉年華上發生許多第一次的同性體驗。聲勢浩大的BDSM性虐社群，趁著嘉年華對體罰與大量皮革攤販無傷大雅的戲謔，跑了出來。

從個人事業角度來看，文藝復興嘉年華是表演事業的搖籃。除了失業演員再度有戲演，雙人組魔術師「潘恩與泰勒」（Magicians Penn and Teller）最初在「明尼蘇達文藝復興嘉年華」（Minnesota Renaissance Festival）一起表演。「飛躍的卡拉瑪佐夫兄弟四人組」（Flying Karamazov Brothers）在「北加州文藝復興樂趣嘉年華」（Northern California Renaissance Pleasure Faire）起家，最終登上百老匯。今日大蘋果馬戲團（Big Apple circus）、太陽劇團（Cirque du Soleil）及其他現代雜耍團的大量成員，一開始都在文藝復興嘉年華表演。

文藝復興嘉年華開始擴張到新地點，不斷演進，號召有志一同的藝術家。不論是陶瓷、涼鞋或木刻，文藝復興嘉年華的匠人復興了正在衰退的美國工藝運動。經典反主流文化刊物《洛杉磯自由新聞》(*Los Angeles Free Press*)最初的名稱是《嘉年華自由新聞》(*Faire Free Press*)，創辦人亞特．庫金（Art Kunkin）讓兩個年幼女兒穿上戲服，帶著第一期刊物走進會場。映入眼簾的先是嘉年華新聞（「莎士比亞因猥褻被逮捕」），再來是介紹另類電影製作人與激進團體的真實世界新聞。

文藝復興嘉年華的粉絲回憶早期歲月時，普遍提到「自我發現」與「心理釋放」等主題，還想起歸屬感——有時是第一次被人群接受。嘉年華校友蕭恩．朗寧（Sean Laughlin）在近日的紀錄片回憶早期歲月：「對我們來講，星期日晚上來臨時就像是：哇，離開家鄉的時間到了，得到外頭的世界打拚掙錢，才能再度回到村莊。」

對許多人來講，文藝復興嘉年華提供有如家一樣的地方。被外頭世界拋棄的人，聚集在一起。嘉年華成員辭去工作，在村莊展開新生命，與在嘉年華工作的人結爲連理，生下以後也變成工作人員的嘉年華孩子。「公雞與羽毛表演團」(Cock and Feathers)的威廉．巴瑞特（William Barrett）回憶：「在這裡你可以當你不是的人，你在外頭害怕當的人。」

多年記錄文藝復興嘉年華的電影製作人道格．亞寇布森（Doug Jacobson）表示：「文藝復興嘉年華的信條是你格格不入，你被遺棄，你令人尷尬，你被社會拋棄，但我們接受你。這裡有你的位置。」

烏托邦粉絲文化

學者經常重新評估自己對於社會現象的詮釋，以求保住飯碗。自一九五〇年代起，每隔一、二十年，就會出現粉絲文化現象意義的新詮釋，掀起新一波粉絲研究，得出應該如何看待與支持粉絲的結論。

研究粉絲文化的學者，一開始便將粉絲文化的研究，大致分為三個歷史時期，畫分依據是每個時期的思想，以及當時觀察到的粉絲文化行為。三個時期被稱為第一波詮釋、第二波詮釋、第三波詮釋。若要各給一個名字，可稱為「烏托邦粉絲文化」（fandom as utopia）、「社會階級再造粉絲文化」（fandom as societal re-creation）、「身分認同粉絲文化」（fandom as identity）。

「烏托邦粉絲文化研究」最早嘗試理解粉絲行為，依據理想主義動機解釋粉絲團體及其成員，指出粉絲文化是社會邊緣人可以遠離批判者、體驗愛與友誼的空間。常見的論述是我們這個粉絲團體不同於其他粉絲團體。這個粉絲團體是安全的地方，大家以更好的方式對待彼此。比起外頭的人，這個團體的成員人比較好、比較和善、比較寬容，也更有趣、更聰明、更具創意。這個粉絲團體的成員或許被主流社會誤解，但我們在這裡打造出更好的地方。

一九七三年時，超過六千人聚集在紐約艦長飯店（Commodore Hotel），參加最早期的電視節目粉絲大會「星際爭霸戰 Lives！」（Star Trek Lives!）。一位女粉絲接受訪問時解釋自己的團體抱持的哲學：「我們試著依據瓦肯的寬容思想立身處世，所有人可以和平共存，而且不只是消極容忍。以不同方式生活的人們要是彼此互動，就能創造出比單打獨鬥還好的東西。」

科幻小說的粉絲經常提到這個文類抱持樂觀主義，對未來充滿希望……要是世界上其他人能聽他們說話就好了。所有的次文化都有這樣的現象。流行歌手女神卡卡的粉絲，認爲自己是民權擁護者。瑜伽服飾品牌露露檸檬（Lululemon）的粉絲，抱持各種健康信念，包括正向思考、工作與人生平衡、友誼、簡單過生活、孩子，以及瑜伽。

不同凡想

跨國科技公司蘋果（Apple）二〇〇一年推出可攜式媒體播放器 iPod，白色耳塞式耳機立刻成爲果迷認出彼此的方法。如同部落客所言：「一旦你開始注意到它們，就會發現它們無所不在，那是一種戴在身上的榮譽徽章。iPod 的主人會在公車上、在郵局排隊時，給彼此一個你知我知的眼神——『啊，另一個教徒』。」蘋果的標誌性白色耳機，就像一種祕密握手禮，一種看得見的標記：「我們是志同道合。外面的世界不懂我們，但我們獨特又另類。」

近一世紀以來，「思考」（Think）是ＩＢＭ官方座右銘。一九九七年時，蘋果新任執行長賈伯斯（Steve Jobs）接下挽救公司的重責大任，推出今日成爲傳奇的行銷口號「不同凡想」（Think Different），讓蘋果孤身一人對抗主流電腦公司。

「不同凡想」不強調品牌的技術優越性，主打高人一等的理想性。平面廣告、廣告看板、電視廣告上，視線重點是一系列簡單黑白照，照片上是從古至今的英雄：科學家愛因斯坦（Albert

Einstein）、芝麻街木偶師吉姆．亨森（Jim Henson）、聖雄甘地（Mahatma Gandhi）、民權領袖金恩博士（Martin Luther King Jr.）、美國職棒大聯盟第一位黑人球員傑基．羅賓森（Jackie Robinson）。爲了不顯得蘋果是在利用那些肖像牟利，公司捐贈設備金錢給相關人士指定的慈善團體。在其中一支廣告，旁白在放出照片的同時說出：「他們特立獨行，他們桀驁不馴，他們惹是生非。」娓娓道出這群人「不人云亦云」，你無法無視於他們，「他們改變事物，推動人類向前」。

當時許多蘋果的主要使用者考慮換到 Windows 或 Linux 系統，「不同凡想」系列廣告帶給蘋果新動力。不過，這支廣告所做的事不僅於此——「不同凡想」成功建立了蘋果使用者優於其他電腦使用者的概念，他們更具創意，頭腦高人一等。他們是被誤解的少數，一群驚人的天才，這個世界很快就會認識他們。更重要的是，你可以透過購買產品，選擇加入這群傑出人士。

「不同凡想」的廣告宣傳結束多年後，**我們的使用者很特別依舊是蘋果的重要主題**。

烏托邦派理論家的確說到重點。「感到自己不被外面的世界接受」是許多粉絲文化不可或缺的元素。喜歡的東西愈另類，愈難被同好以外的人接受，也因此更需要同好團體提供的安全世界。

文藝復興嘉年華的愛好者稱自己爲「文迷」（Rennies）。文迷的確感受到主流文化的反對，以及主流文化帶來的汙名。早在一九六七年，派特森就面臨重大政治挑戰。她的主流鄰居開始抗議文藝復興嘉年華，說那是嗑藥與雜交的藏汙納垢之地。地方當局要求強制採集所有嘉年華匠人的指紋。地方上的基本教義派牧師團體，阻撓發放嘉年華場地的「特殊用途許可證」（special use permit），發表激烈演說，懇求地方商會保護奉公守法的公民，否則「怪人」（weirdies）與「不受歡迎的人」（undesirables）一定會威脅到人民的身家財產。嘉年華參與者的逮捕率，高到引發地方法官關切。警方直升機沒事就在嘉年華上方盤旋，演員學會用手一指，大喊「有龍！」，接著即興脫稿演出。

文迷主張一切的嘲弄非難，是在批判他們的理想主義與反主流文化傾向，然而實情可能更簡單：和他們所屬的社會階級有關。

上流粉絲文化與上流粉

所謂的「上流社會品味」常是一種委婉說法，說穿了與金錢或社會資本有關。前衛法國電影（Avant-garde）比迷幻喜劇（stoner comedy）有品位，因爲要接受過昂貴教育，或至少要有空自學，才能弄懂前衛藝術是怎麼一回事。不經意之間提起自己在托斯卡尼村莊住過一個月，比在迪士尼世界（Disney World）度過週末有品位。香港有一間隱祕的老饕餐廳，要穿正式禮服才能入座，而且不接生客，不過我的助理可以把你弄進去。在那種餐廳吃廣東菜……比外帶地方購物中心美食街的中國菜有品位，就算購物中心其實比較好吃也一樣（美味很重要）。

粉絲迷的東西所承受的汙名，與那樣東西本身的價值無關，重點是粉絲的社會地位如何。粉絲愈藍領，外面的社會愈不覺得他們迷的東西有什麼價值。

純粹從商業角度來看，恐怖音樂（horrorcore music）二人組「瘋狂小丑團」（Insane Clown Posse）帶來的營收，或許還勝過知名的「塔卡許弦樂四重奏」（Takács Quartet），然而前者在文化上的地位低了許多。如果要以職業摔角手身分，在世界摔角娛樂（WWE）出人頭地，就跟成爲莎士比亞演員一樣，需要技巧與訓練才辦得到，不過除非是爲了嘗鮮，上流社會的雞尾酒會八成不會歡迎摔角手。

「烏托邦粉絲文化」的世界觀認爲，擁抱廉價的大眾文化有失身分，但可以帶來個人力量。由於缺乏社會資本、文化資本或財務資本而被正規文化驅逐壓迫的邊緣人，在唯一剩下的出口中奮力找到價值。這樣的粉絲文化是一種反抗。粉絲說：「上流社會說，我不配參加他們高級時髦的歌劇，但我半夜跑到地方上的電影院，看打破性別藩籬的經典科幻電影《洛基恐怖秀》（*Rocky Horror Picture Show*），一樣好玩。我可以利用你們不屑的工具，在這裡自創烏托邦。」

這樣的世界觀說出多少實情？很難講。文藝復興嘉年華的確明顯存在階級議題。一直到了今日，文藝復興嘉年華的工作人員，經常依舊是四處流浪的工作者與藝術家，依循季節的更替，從北跑到南，從南跑到北。他們和今日其他慶典員工一樣，手中通常沒有多少財務資源；沒工作時居無定所。很多人是沒領薪水的工作人員，缺乏財務安全網。換句話說，他們無法把上流社會的部落標誌放身上——高等教育、外在的地位象徵、保養得宜的身材外表，以及美學方面的薰陶。

「紐約文藝復興嘉年華」（New York Renaissance Faire）提供了一個明顯例子：體重過重的女粉絲，有時被稱爲「史洛特蕩婦」（Sloat）。「史洛特蕩婦」除了是雙關語，嘲笑這群女性擠出胸部的暴露衣著，也順便取笑了地方村莊「史洛特堡」（Sloatsburg）。史洛特堡是小型中產階級聚落，活在一旁外人莫入的富裕社區「泰科斯托公園」（Tuxedo Park）的陰影底下，平日是階級笑話的主要取笑對象。

離開主流社會生活得付出代價。如同史蒂芬・吉利恩（Steven Gillian）在紀錄片《嘉年華：美國的文藝復興》所言：「〔你〕中斷大學學業，放下身段，加入馬戲團。本來想待六個月就好，但哎呀，你開始替人端茶倒酒送冰塊，突然間你六十七歲了，沒有健康保險，但也許這種事就是管他的，我活得很開心，我不在乎。」當然，既然世上其他人都已經在你頭上貼次文化標籤（如同一位評論家所言：「一群穿著怪衣作怪的肥胖中年人」），「管他的」或許是相當合理的哲學。

社會階級再造粉絲文化

文藝復興嘉年華在一九七〇年代晚期與一九八〇年代，試圖擴大吸引力。數百種嘉年華如雨後春筍出現在全美各地，有的只在地方上找場地表演一個週末，有的則是一連舉辦數月的龐然大物，有固定場地與永久設備。不過，儘管處處是嘉年華，許多私人舉辦的嘉年華財務困難，漸漸整併至企業底下，企業很快就到全美各地經營嘉年華。此外，嘉年華人口老化，吸毒問題嚴重，標準化與商業化的時機似乎到了。

新興的嘉年華經過嚴格控管，有組織，有保險，也有營利能力，很快就拓展到更多觀眾面前。許多嘉年華依舊請地方匠人加入，不過有的則改靠大量廉價中國進口品。老江湖的攤子被趕走，取而代之的是拉斯維加斯風格的塑膠試管飲料，以及印上伏特加廣告的中古世紀風T恤。百事可樂與達美航空（Delta Airlines）等企業成爲常見贊助商。家庭折扣與主題週末引來更多精打細算的主流文化客群，這群人沒興趣付高價買獨一無二的手工藝品。如同演員比利・史庫德（Billy Scudder）所言：「嘉年華以前是嬉皮散播愛的活動，現在是一門生意。」

具備自由精神的義工網絡，早先讓嘉年華大放異彩，然而那個人才庫逐漸凋零。此外，只要演員、歌手、藝人願意奉獻時間就能參加的開放政策也消失。電影製作人亞寇布森表示：「原先的參與者說：『你知道嗎，我爲了共襄盛舉，就算錢少得可憐，甚至沒錢，也跳下來做。然後你現在告訴我，我已經沒有利用價值了。』如果你創造出屬於每個人的身分認同，然後事情有搞頭之後，開始跑出其他人，那種不可信賴，也完全不在乎過去的精神是怎麼一回事的人，原先的人會開始反抗，還會非常沮喪。」

烏托邦式的粉絲文化通常反抗權威主義。二〇〇四年時，「北加州文藝復興嘉年華」（Northern California Renaissance Faire）主辦人「文藝復興娛樂公司」（Renaissance Entertainment Corporation）由於獲利考量，宣布關閉嘉年華。社群成員麗莎・史戴豪（Lisa Stehl）想趁這個機會，讓嘉年華回到工匠師傅與表演人員手中，設法挽救，讓嘉年華再度成爲參與者主導的活動。然而先前對抗企業的憤怒，很快就移轉到史戴豪身上。亞寇布森表示：「這群人想殺掉救命恩人。他們主觀意見很強，也非常戲劇化，碰上什麼事立刻就很激動，反正只要是主事者，管你是誰，先攻擊再說。」他們的文化傳統是打倒權威，他們不在乎自己現在就是權威。許多粉絲文化不論起源多不商業，最後都走上類似道路。

沙漠和以前不一樣了

黑石沙漠（Black Rock Desert）每年舉辦著名的創意露營活動「火人祭」（Burning Man），半是藝術表演，半是荒野求生。每年近七萬名的參加者，湧進飛沙走石的北內華達州，待上一星期，和其他「火人」（Burner）交朋友，開派對，炫耀通常需要耗費一年工夫製作的龐大藝術計畫。

火人祭的起源是一個十分小型的活動——朋友間的夏至營火，後來逐漸發展成自由思考者的臨時城市。營地除了不准帶槍，早期唯一的官方規定只有：「不可干擾其他人的直接經驗（immediate experience）＊。」火人祭抱持仁愛、開放、分享的態度。事實上，火人祭具備大量文藝復興嘉年華所有早期特點：輕鬆看待性、裸體、嗑藥、個人創意，大家享受美好時光，掙脫社會傳統規範。

動漫展等許多和火人祭規模差不多的慶典活動，後來被指控成爲貧瘠的大衆文化不毛之地。火人祭爲了不步上後塵，黑石市（Black Rock City）附近的露營空間，表面上完全沒有商業活動，只賣咖啡和水——狂歡一整夜後不可或缺的物資。許多參加者自己帶食物與手工藝品，可以送人或以物易物，但不能有金錢交易。被抓到賣東西會被逐出活動。露營設備上的商標不管再小都要蓋住。此外，雖然許多參加者是矽谷人，出了呼朋引伴的小圈子後，很難看出身分。不過，即便

＊譯注：透過親身實踐獲得體驗。

「反商業化」是火人祭至高無上的規定，事情還是正在改變。

《紐約時報》二〇一四年的夏日報導，副標題大大寫著：「科技精英在火人祭上炫富廝殺。」近年來，現成營地成為火人祭的新潮流。領薪水的工作人員在有錢主人抵達前，搭建好豪華露營空間。這種舒服的私人沙漠綠洲，通常提供私人空調、私人衛浴設備，還有娛樂中心。住在裡頭的人，搭乘私人飛機抵達，有時還帶上管家、廚師、按摩師，以及付費娛樂。有的方案甚至事先幫忙做好藝術作品，方便參加者炫耀。一趟量身訂造的奢華火人祭體驗，一個人兩萬五千美元起跳。

豪華營地被指控違反火人祭精神，享受了營地之旅所有的樂趣，卻沒對活動的自助、生態保育、分享等基本原則盡一份心力。有時，參加者會開著休旅車巡邏，驅趕路過人士，甚至聘請保鏢，處理看起來不屬於那裡的人。此外，不少營地被指控工作條件嚴苛，不過很難判斷究竟工作人員是否真的被剝削，也或者只是相較於活動原本的精神，他們感到自己被剝削。

火人祭平日在沙漠舉辦。狂風呼嘯、寸草不生的沙漠之中，溫度通常達華氏一百度（攝氏三十七．七度），危險沙塵暴是家常便飯。抵達那樣的地方不便宜，要在裡頭生存一星期，更是需要規畫，還得有耐力，口袋不能太淺。從附近雷諾市（Reno）租好一點的休旅車，慶典期間價格會飆升至八千美元。就連最簡陋的營地也是昂貴貧民窟，通常需要仔細準備。參加者必須有錢有閒，還要能取得在偏遠嚴苛環境生存的專業露營設備補給。普通門票一張三九〇美元。

除了以上種種條件，想參加這個活動的話，還得有財力拋下或外包家庭與社會責任一段時間，也因此能參加的人更是少之又少。整整一週的假期（還要加上往返時間）對一般人來講是奢侈品。有這種福氣的人，只有可以休有薪假的員工，或是技術珍貴到負擔得起一年辭職一次的人士。很少有當服務生、要值三天晚班才能勉強養家的單親媽媽，能見到火人祭的帳篷。這個體驗主要只開放給財務穩定者，或是身處富裕社會團體、有財力參加活動的人士。

二〇一四年的火人祭人口普查發現，超過三五％的「火人」年薪超過十萬美元，但僅八．五％的美國人口賺到那個數字。不成比例的大量火人祭參加者是百萬富翁。

收錢幫人蓋營地的「雪帕人」（Sherpa）泰勒．漢森（Tyler Hanson）表示：「科技新創公司開始跑去火人祭，嗑藥後尋找下一個最優秀的ＡＰＰ。火人祭再也不是反主流文化的革命，而是呈現社會百態的鏡子。」二〇一六年夏天，甚至有一座現成營地被不滿的「火人」搗毀，趁有錢的主人參加跳舞派對時剪斷電線、丟棄飲用水、封住休旅車車門。

粉絲文化不是烏托邦，或不只是烏托邦，不是每一個人都能享受。就算真是烏托邦，也無法維持太久。每一個理想世界成功後都會碰上危機。邊緣文化空間被成功占領後，接下來永遠不可避免會出現原來的粉絲反而被排擠的現象。

一九八〇年代與一九九〇年代時，粉絲現象的學術思考出現轉向，「第二波」的粉絲研究重新思考粉絲團體是如何形成。顯然粉絲的動機比無私的替烏托邦理想犧牲奉獻，還要多元與複雜，需要較爲厚黑學的解釋。

這一派的思考被稱爲「社會階級再造粉絲文化」。新版的詮釋認爲，粉絲團體不是收容被冰冷主流排擠的邊緣人士庇護所，而是依據不同標準重建主流體系的機會：一個新的階級制度。這一次，創造者有機會當上層階級。一個高中生如果因爲重頭腦勝過重肌肉，遭受排擠，沒人想跟他交朋友，也沒人要和他談戀愛，他可能加入西洋棋社。刻板印象中的書呆子待在西洋棋社時，心中盤算著：「由我來挑選這年頭還會學西洋棋的新成員，或許這下子就會有人覺得我很厲害，想跟我約會。」

次文化很少拒絕依據自己認定的地位與勢力，把成員畫分成各種階級的機會。火人祭是社會平等主義的堡壘，然而沒準備好面對沙漠嚴苛環境的新手，有時被稱爲「閃亮小馬」（Sparkle Ponies），那可不是什麼好話。在遊戲與科技的世界，新面孔會被稱爲「小白」（Newbies）。文藝復興嘉年華也一樣，沒先做好功課，全身裝扮都靠買的、砸錢買階級的人，將慘遭唾棄。

粉絲的世界不難發現精英主義的蹤影，有的粉絲被當成比別人更有經驗、更懂、更有心、更「厲害」。每有一個爲了烏托邦理由加入運動的粉絲，就會有其他爲了更世俗的理由加入的人。有時想當一個粉絲，兩種理由都有。蘋果電腦的使用者，可能是或不是新創意貴族的一分子，然而拿出最多人認識、最貴的科技品牌所帶來的社交好處，讓人無法無視。蘋果電腦經常比規格最接近的競爭機型，硬是貴上數百美元。戴爾（Dell）、惠普（HP）、聯想、華碩全都提供遠遠更爲便宜、處理器速度更快的筆電。蘋果的軟體介面雖然以容易上手著稱，它們引發的狂熱似乎與技術不成比例。不過，蘋果產品的外形不同於戴爾或聯想，讓人一眼就能辨認，全世界一看就知道那是高價品。蘋果手機或筆電的白色耳機、發光外殼、經典顏色與標誌，讓手機筆電不再只是一個配備，而是地位的象徵。科技廠牌很少全心投入這種程度的視覺品牌打造，但卻是蘋果產品設計的核心元素，很難完全無視於購買蘋果產品所象徵的經濟地位。

早期參加文藝復興嘉年華的部分粉絲，動機可能單純許多：他們出了嘉年華大門後，要獲得社會地位，吸引自己喜歡的性別，可能很困難，嘉年華裡競爭少很多。如同「濃縮莎士比亞劇團」（Reduced Shakespeare Company）的潔斯・溫菲爾德（Jess Winfield）所言：「在那個地方，怪咖、邊緣人、在日常生活中找不到位置的人，都能找到人上床。」

以上的詮釋，的確相當不同於理想主義的「文藝復興」說法——這是讓一九六〇年代與一九七〇年代的美國文化與衆不同的原因。

紫色頭髮帶來的革命

「曾經有一個年代，穿迷你裙會被當成妓女，而且找不到細跟高跟鞋，那種東西要到二手商店才有，或是跟我們一樣，到舊鞋店地下室挖，它們有那種一九六〇年代忘記扔掉的貨。」蒂什・貝洛莫（Tish Bellomo）看起來年約五十多歲，不過實在很難判斷眞實年齡。幾張她和妹妹艾琳（Eileen，暱稱史努姬〔Snooky〕）過去四十年的照片，兩人頂著狂野的螢光色頭髮。一九八〇年代的照片是有層次的蓬頭，往後梳成狂野鬃毛。目前則是整頭亮粉紅色，前面有綠色挑染。

史努姬表示：「我們以前都去脫衣舞孃的店，挖出沒人有的時髦披頭四尖頭靴，還挖到一大堆黑色牛仔褲。大家聽說後，統統搶著要。接著我們又找到好大一批高跟鞋。」

蒂什回憶：「還有整個地下室的搖擺靴（go-go boots）。我們等於是在那裡挖到金礦。」

在一九七〇年代中，也就是文藝復興嘉年華正要躋身主流時，蒂什和史努姬住在紐約市東村。雷蒙斯合唱團（The Ramones）與派蒂・史密斯（Patti Smith）等藝人正在美國掀起龐克熱潮，

CBGB音樂俱樂部被視爲龐克運動發源地。「臉部特寫合唱團」（The Talking Heads）、「水土不服合唱團」（The Misfits）、「警察合唱團」（The Police）都曾在位於包厘街（Bowery）與布里克街角的CBGB表演。一九七四年年初，蒂什和史努姬晚上擔任「金髮美女樂團」（Blondie）的和音天使。

龐克運動與十年前的嬉皮有許多共通元素——年輕人的叛逆、誇張服飾、招搖過市的髮型、DIY的音樂創作、輕鬆看待嗑藥文化的態度，以及喜愛BDSM風。

令人眼花繚亂的大量樂團冒了出來，多到叫不出名字。要多少音樂作品，就有多少音樂作品。然而，如果想打扮成冷酷都市龐克風，可就有點困難。皮革、尖刺、高跟——當時美國少有這類風格的大眾製造商。龐克人士詢問蒂什和史努姬，哪裡才買得到她們的招牌風格，姐妹倆決定自己供應，向家人借了兩百五十美元，從史努姬的積蓄也挖了兩百五十美元，和朋友吉娜·富蘭克林（Gina Franklyn）在聖馬克坊（St. Marks Place）租下小店面，開了一間龐克服飾店，可能是全美第一家。姊妹倆依據母親的提議，店名取爲「瘋狂恐懼」（Manic Panic）。

三人以前都沒有做生意的經驗，只能仰賴自己的品味。史努姬回憶：「人們會跑來推銷東西，說一定會暢銷，也許會吧，但我們不喜歡，所以不賣。我們只賣自己會用的東西。龐克藝人強尼·桑德斯（Johnny Thunders）跑來，他需要錢，想賣我們一個馬鞍。我們不肯收，因爲我們不想賣馬鞍。當初要是收了就好了。」

瘋狂恐懼最初販售的商品，包括一批從英格蘭進口的半永久染髮劑，顏色閃亮。東村注意到那批貨，接著媒體也跟進報導。沒多久，人們從各地跑去朝聖，先是紐約上城，再來是紐澤西，後來日本人和荷蘭人也來了。史努姬表示：「一堆人全部跑來，但當時我們資金不足，幾乎沒東西可賣。當時我只覺得，天啊，發生什麼事？為什麼這些人統統跑來？」

到了一九八〇年代初，「瘋狂恐懼」成為「瘋狂髮色」的同義詞，也是動詞：如同今日「Google一下」的意思是上網搜尋，「瘋狂恐懼一下你的頭髮」，意思是把頭髮染成鬼火紅或原子綠。瘋狂恐懼的店面躍升為經典傳奇，出現在《週六夜現場》（Saturday Night Live）一九八〇年至一九八一年那一季的片頭。幾年後，MTV問世，任何想把自己弄成像是從音樂錄影帶走出來的人，去瘋狂恐懼就對了。

瘋狂恐懼的聖馬克店面成為龐克文化的中心。B-52s樂團的成員回憶自己固定前往朝聖。辛蒂．羅波（Cyndi Lauper）與雷蒙斯合唱團也是常客，那裡感覺就像一個大家庭。蒂什表示：「我們的店不只是一間店，而是一間俱樂部會所，人們聚集在這裡，這是一個社交場合。大家跑來這，這裡很酷，這是樂團和粉絲聚會的地方。」耶誕夜那天，瘋狂恐懼會開到很晚，一大群朋友與樂手帶熱紅酒與杯子蛋糕過來。史努姬回憶：「每個人情緒激動，淚眼汪汪。」

瘋狂恐懼帶來嬉皮所說的正能量（good vibe），或是如同蒂什所言：「這是讓人心情好的染髮劑。」接下來的歲月，蒂什姐妹依舊和自己的樂團「Sic Fucks」一起登台演出，她們的品牌也依舊大力從事慈善活動。

今日，姐妹倆一起經營的瘋狂恐懼母公司「蒂什和史努姬紐約市公司」（Tish & Snooky's N.Y.C. Inc.），主要經營染髮事業，辦公室位於長島市（Long Island City）。原本位於紐約市的服飾店面，因為曼哈頓租金高漲，加上需要倉儲空間，早已隨風而逝，不過要是願意千里迢迢跑到皇后區朝聖，依舊有一個小小的零售店面，裡頭滿滿一面牆上，陳列著感激的粉絲獻上的敬意與禮物。一名顧客幫蒂什姊妹刻了一個巨大的瘋狂恐懼瓶子，粉絲製作手工飾品送給她們，還有人畫畫，很多是畫她們的肖像。蒂什坦承「它們有點嚇人」，不過依舊貼在牆上。

此外，許多人寫信分享個人心得。蒂什表示：「一個女孩寫信告訴我們，她本來想自殺，但染髮後心情好起來，暫時不去想人生的問題。新髮色讓她心情超棒。」蒂什還回憶，一名年長的加拿大女士把頭髮染成紫色之前，感到自己是隱形人，孤單寂寞：「她說染髮改變了她的人生。突然之間，人們想跟她講話，還想和她合照。每個人對她都很友善，她很開心。這眞是太溫馨的故事。」

史努姬表示：「改變髮色，心情眞的會變。我喜歡把自己的頭髮弄成粉紅色，我就是愛粉紅色。我來上班時，我會看看四周。在這裡工作的人，至少五成都有美麗的染色頭髮，讓我每天早上心情超好，臉上浮現笑容。我看到漂亮顏色時，心中充滿快樂自豪。」

靠粉絲文化表達自我

瘋狂恐懼的故事聽起來的確像烏托邦粉絲文化，但其實不然，不完全是。龐克運動早期有自己的哲學，也有歸屬感與避風港等個人故事，然而到了一九八〇年代晚期，毒品、愛滋病傳染、心理健康議題，重重打擊第一代的龐克。那不是什麼美好的理想主義景象。

或許是因爲如此，瘋狂恐懼的產品所代表的意義，在一九九〇年代開始產生極大轉變。模特兒與運動員帶頭也把頭髮染成閃亮顏色，染髮變得沒什麼大不了，一般人也能染。早期的龐克回憶或許還在，不過瘋狂恐懼今日的粉絲，以很不一樣的方式詮釋染髮經驗。首先，瘋狂髮色的意義變得更為多元。在今日，要是看到頂著亮綠色頭髮的人，不可能歸類那個人。他可能是標準的都市年輕人，也可能只是那天是慶祝綠色的聖派翠克節（St. Patrick's Day）。把頭髮染成橘色與藍色的人，可能是為了昭告自己是效忠另類社會規範的樂團成員，但也可能只是佛羅里達大學（University of Florida）美式足球隊的球迷。

儘管如此，這不太算是重新打造社交位階，雖然的確有一些相關元素——龐克讓「poser」（冒牌貨）這個詞彙在英文流行起來（源自法文的「poseur」，意思是假裝成自己不是的人）。說某個人是冒牌貨，是在說他虛有其表，看上去有那麼一回事，但不是真正的粉絲。這是壓下「底層」的典型手法，尤其是性別、種族、階級錯誤的人，然而在髮型的世界，多數人已經接受不尋常的髮色進入主流文化，就連許多最初的龐克世代也一樣。

已經熱門數十年的東西，通常會有歷史包袱，不過瘋狂恐懼似乎沒碰上相關問題。今日的瘋狂恐懼，甚至連過去的實體都沒了——原始店面已不再續租——但沒人控訴它不是當年的瘋狂恐懼，少有粉絲激烈抵制它的產品。

此外，高度商業化也沒能擊垮瘋狂恐懼。曼哈頓幾乎沒有傳統購物中心，也因此當「斯賓賽禮品」（Spencer's Gifts）等小禮品連鎖店，以及青少年服飾「熱門話題公司」（Hot Topic），也開始訂購瘋狂恐懼，起初沒人發現這個品牌正在打入主流，接著突然間幾乎全美每一間郊區購物中心，都買得到瘋狂恐懼的產品。有時甚至還有酒商、日本髮廊、數個化妝品的授權合作，偶爾再來件T恤。不過整體而言，瘋狂恐懼依舊與蒂什和史努姬掀起風潮的染髮劑同義。

瘋狂恐懼比較不算大衆收編（mass co-option）的故事，比較接近一段密集個人化（personalization）的歷史。現代粉絲利用瘋狂恐懼的產品，做和龐克前輩一樣的事——炫耀自己的獨特風格。只不過誰被允許獨特，以及獨特風格所代表的意涵，範圍皆擴大。

這種現象屬於第三波粉絲文化，也就是「用於自我表達的粉絲文化」（fandom as self-expression）。此一最接近現代的理論，不接受先前數十年的粉絲文化定義——粉絲文化不是完美烏托邦的美好世界，也不是低下階層的綠洲。加入粉絲團體，不是爲了擺脫自己在現實世界的低下位階，以老鳥身分高人一等。事實上，許多現代粉絲要是聽到自己的興趣與嗜好，居然與階級或社會地位有關，他們會嚇一跳。依舊還是會有現代粉絲感到自己與主流文化格格不入，或是靠著以老鳥自居獲得自信，不過目前的粉絲文化的定義——學界稱爲「第三波」——主要從粉絲靠粉絲文化滿足個人需求的角度著手。粉絲文化會存在，從原本的人們渴望有一個可以躲避外頭世界的安全避風港，如今則主要是爲了獲得個人表達空間。至於別人怎麼看，不重要。

今日要把粉絲歸類進某種生活方式、階級或動機，不再像從前那麼容易。我們現在知道，每個人通常在同一時間，參與一個以上的次文化。單一的部落標誌，再也無法用來形容單一團體的成員。或是換句話說，階級依舊是強大的社會力量，但不太可能確認哪個符號代表著哪個階級。一條破爛牛仔褲，可能是爲了批判東西用完就扔的現代潮流，但也可能是象徵奢侈品魅力的 Gucci Genius 復古牛仔褲（零售價可能達三千一百三十四美元）。

近日一篇標題十分有趣的研究，很能說明這樣的現象：〈男性面部毛髮的常見偏好與風格帶來的負面頻率效應〉（Negative frequency-dependent preferences and variation in male facial hair）：社會上愈少人留鬍子，潛在的伴侶愈覺得留鬍子的人具有魅力。鬍子顯示鬍子的主人不遵守社會常規。風格與多數人不同，象徵著另類的哲學觀與生活方式，鬍子讓人有辦法把那樣的象徵放身上。然而，太多人都留鬍子時則反過來。這下子刮乾淨的下巴象徵著叛逆。社會甚至會來回擺盪，一陣子流行留鬍子，一陣子不流行——也因此有所謂的「鬍子高峰」（peak beard）——留鬍子一下子代表叛逆，一下子代表服從社會規範，然後又代表叛逆。如果想靠一個人有沒有留鬍子，判斷某個人是否另類，將被搞得頭昏腦脹。

更麻煩的是，社會上要是每個人都選擇在某方面叛逆，某方面從衆，更難判斷誰算主流，誰又不算。很少有粉絲文化嚴格符合所謂的『我們』VS.『他們』」，因爲網路讓定義「我們」變得很簡單，誰是「他們」則很難講。用一九六〇年代的話來講，現在要對抗「權威」（The Man）是一件複雜的事。以前很容易畫分這群人是反抗主流的「嬉皮」，那群人是循規蹈矩「乖乖牌」，但現代人的話，每個人對「主流」的定義都不同，很難找到完全符合定義的個人。

每個人VS.權威

羅琳的哈利波特作品，講一個沒人疼的小孤兒，突然發現自己是人人歡迎又法力強大的巫師，註定拯救這個世界。蘇珊．柯林斯（Suzanne Collins）的飢餓遊戲（Hunger Games）三部曲，講貧窮的青少年突然發現自己天賦異稟，適合領導反抗軍拯救全世界，或至少拯救自己的國家。在史蒂芬妮．梅爾（Stephenie Meyer）的暮光之城（Twilight）系列，害羞壁花突然發現身上的美好氣味，讓自己得以和一群強大吸血鬼與狼人交朋友，影響他們，還拯救了世界（至少拯救了自己）。電視節目《孟漢娜》（*Hannah Montana*）講一個笨拙高中生的祕密身分，其實是風靡全國、人見人愛的超級大明星。她雖然沒拯救世界，但想的話大概可以。

近日大受歡迎的青少年美夢成眞故事，特點是「神選之人」（Exceptionalism），情節通常是一個沒人愛或是遭受霸凌排擠的年輕孩子，發現自己的眞實身分其實是公主、巫師、名人、救世主、女巫、神、超級英雄、外星人，或是因爲擁有意想不到的能力，與衆不同。他們掉進令人興奮的全新世界，人人愛，人人仰慕，通常還會碰上三角戀情，最後拯救宇宙，被族人接受，結交眞正了解自己的一群新朋友。

「神選之人」的概念，在我們度過人人都對自己的社交生活、未來、甚至是自己的身體，有一種無力感的人生階段時，傳遞了一切操之在我、被社群接受，以及個人力量等重要訊息。多數的「神選之人」情節，還會幻想報復那些膽敢低估我們的人。這樣的情節是科幻小說與奇幻作品的熱門橋段，可以回溯至蘇珊・庫珀（Susan Cooper）的《光明追捕手》（*The Dark Is Rising*），以及歐森・史考特・卡德（Orson Scott Card）的《戰爭遊戲》（*Ender's Game*），不過它們突然在年輕成人小說中大受歡迎，讓許多觀察家嚇一跳。有人說這種現象和迷戀名人的新文化有關，也有人說是因爲實境電視節目興起、社群媒體帶來自戀效應（navel-gazing effects），或是以上種種因素的綜合效應。

不管原因是什麼，「反抗」——講主角成功反抗主流文化的故事——如今成爲熱門大生意。以迪士尼電影的演進爲例：早期的迪士尼動畫電影，例如《仙履奇緣》（*Cinderella*）、《白雪公主》

（*Snow White*）、《木偶奇遇記》（*Pinocchio*），每部電影都強調友善、耐心、勇敢、忠誠帶來的好處。然而到了一九八〇年代晚期與一九九〇年代迪士尼重振江山的時期，《小美人魚》（*The Little Mermaid*）、《阿拉丁》（*Aladdin*）、《美女與野獸》（*Beauty and the Beast*）、《花木蘭》（*Mulan*）中的主角，有一套不同的價值觀：即使得反抗權威，也要獨立自主，勇敢追夢。迪士尼超賣座電影《冰雪奇緣》（*Frozen*）的重要主題曲〈Let It Go〉，今日人人會唱。歌詞開心宣布叫這個世界滾遠一點的好處（這裡的用語要委婉一點，畢竟還是迪士尼）。那個訊息讓個人獲得力量，還讓迪士尼發了大財。二〇一六年時，《冰雪奇緣》成爲史上最賣座的動畫電影。家有兩歲至十二歲孩子的父母，很少不曾被迫至少觀賞一次。

一九六七年時，好萊塢山的市民向商會請願，懇求商會從嬉皮手中將他們拯救出來。那個年代的人無法想像在未來，反抗將成爲非常中產階級的事，甚至好處多多。挑戰權威底線是現代非常重要的成年論述。「另類」（alternative）這個詞彙，再也不代表「危險與顛覆」，反而通常代表著「強大與獨立」。

同一時間，販售反抗標誌成爲一門大生意。任何一間維多利亞的祕密（Victoria's Secret）內衣店，都買得到文藝復興風格的緊身胸衣。高跟鞋與鉚釘黑皮衣定期出現在米蘭時裝秀。地方藥房的貨架上，顯眼的亮藍、亮紫、亮粉紅色染髮劑，和「銀白金」與「含蓄棕」當好鄰居。

看不起粉絲文化的人得自負風險。誰知道目前被踐踏的運動，會不會變成下一個重要的經濟產業？

文藝復興嘉年華的創始人派特森努力保護自己的心血，最終突破政治封鎖，嘉年華欣欣向榮，不過還要再過很久，地方上的居民才會承認，文藝復興嘉年華對於旅遊業、土地價格、劇團表演、工藝運動，以及整體現代文化，都帶來商業方面的巨大利益。

短短一、二十年後，美國的經濟物換星移。二〇〇七年時，在美國的另一頭，瘋狂恐懼的企業總部收到一封信：

親愛的朋友：

恭喜成立三十週年！紐約是全球最令人興奮的城市，我們是美國龐克搖滾的搖籃，也是各色精彩人物的家鄉。此外，這裡還是生活有時有點瘋狂、有點令人恐懼的地方（凡是在尖峰時刻看過紐約繁忙街道的人都知道），也難怪我們的居民如此熱愛你們的染髮劑、服飾與化妝品。你們對於地方經濟的巨大貢獻，更是不必多提！……我知道在未來的歲月，你們將讓我們的偉大城市更加感到自豪。本人謹代表紐約市，祝福你們事業長長久久。

市長麥克・彭博（Michael R. Bloomberg）敬上

4 把粉絲身分穿在身上

芙烈達的瑪格麗特

芙烈達．卡蘿（Frida Kahlo）的攤位正在贈送瑪格麗特，冰沙機奮力攪拌，蘭姆綠凍飲在塑膠杯裡晃動，嘗起來……老實講挺不錯的。清爽，帶有柑橘味，如果今天是墨西哥五月五日節（Cinco de Mayo），地點再換成高級一點的大學酒吧，那就完美了。芙烈達．卡蘿龍舌蘭：「百分之百藍色龍舌蘭，超優質白色龍舌蘭，加上黃色龍舌蘭與陳年龍舌蘭，完美捕捉芙烈達對於生命的熱情，以純正墨西哥文化滿足您的味蕾。」官網附和：「您已經享受芙烈達的經典畫作，現在享受她對於生命的熱情：龍舌蘭！」

藝術家芙烈達．卡蘿本人經典的反偶像凝視，從海報中反射出來。超強聚光燈在上方打著炙熱燈光，照出她五彩繽紛的服飾，錯不了的黑色一字眉。展示台上放著芙烈達塑膠玩偶，牛仔靴上印著芙烈達的簽名。閃閃發亮的小冊子展示了芙烈達啤酒、芙烈達磁鐵、芙烈達滑鼠墊與日曆、La Perla 內衣公司的芙烈達緊身衣、芙烈達萬事達卡（Mastercard）。她的臉印在流行服飾品牌 Zara 的上衣。無所不在的官方口號寫著：「芙烈達・卡蘿：對生命的熱情！（Pasión por la vida!）」

芙烈達・卡蘿本人是一個複雜個體，融合了女性主義者、政治行動主義者、墨西哥愛國者，以及當然，她還是一生受盡折磨的傑出藝術家，幼年罹患小兒麻痺，年輕時又出過嚴重車禍，一輩子病痛不斷。她和同樣是超級藝術家的迪亞哥・里維拉（Diego Rivera）有過混亂婚姻，雙方皆不斷出軌——女方有無數情人，男女通吃，男方也同樣風流史不斷，連小姨子都不放過。芙烈達是忠誠共產主義者，積極支持史達林（Joseph Stalin），但情人卻是史達林的對手、馬克思主義革命黨員托洛斯基（Leon Trotsky）。芙烈達在一切的混亂之中畫畫，主要透過自畫像，描繪自己一生的悲劇與寂寞：頭部是一顆微笑骷髏頭的年輕女孩芙烈達；腿與腳上撕裂傷在流血的芙烈達；戴著荊棘項鍊的芙烈達；小產後渾身是血、躺在醫院病床上的芙烈達。她四十七歲過世時——官方死亡原因是肺栓塞，不過眾說紛紜，也有人認爲是藥物過量——留下數十幅痛苦自畫像。

芙烈達・卡蘿的「百分百天然護膚」（100% Natural Skin Care）官方新聞稿寫著：「她很迷芳香療法。」公司的 Omega-3 防皺抗老臉霜等招牌產品，成分包括迷迭香精油與日本綠茶。二〇〇七年時，天然護膚公司（Naturals Skin Care, Inc.）取得官方品牌名所有人「芙烈達・卡蘿公司」（Frida Kahlo Corporation）授權，得以使用芙烈達的名字，以及「對生命的熱情」標語。

今天是內華達州拉斯維加斯曼德勒海灣會議中心（Mandalay Bay Convention Center）舉辦的「授

權展」（Licensing Expo）＊第二天，芙烈達．卡蘿公司希望吸引其他製造商追隨天然護膚公司的腳步。芙烈達．卡蘿的攤位位於展場的「人物角色與娛樂區」（Characters and Entertainment），五彩繽紛的顏色與影像直接取材自卡蘿的墨西哥背景。銷售代表分發小冊子與冰沙給現場群眾，群眾從金剛戰士（Power Rangers）的攤位，閒晃至海洋世界（Sea World）的高聳舞台。銷售代表說：「各位聽說過芙烈達．卡蘿嗎？她在年輕一代之間大受歡迎，在推特掀起熱潮，十八歲至二十五歲之間的族群很愛我們。」

販售粉絲文化

拉斯維加斯的授權展場地，占滿整座會議中心，一旁是水量達一百六十萬加侖的賭場鯊魚礁水族館（Shark Reef）。賭城大道上，熱浪讓空氣閃著微光，孩子衝進入口吹冷氣，搭上自動手扶梯，對著魚兒讚嘆。轉到另一個方向後，成千上萬的製造商、品牌擁有者、媒體分析師，將走過湯瑪士小火車（Thomas & Friends）與邦喬飛（Bon Jovi）的海報雕像，進入會議中心南廳的巨大空間，裡頭看上去是品味超高級的跳蚤市場，不過這裡的商業交易不需要存貨。儘管表面上看起來，這裡很像「聖地牙哥動漫展」（San Diego Comic-Con）等大眾流行文化的展覽，這裡出售的商品十分

＊原書注：本章提及的授權展細節，主要取自二〇一四年活動，不過部分對話與特定事件發生於二〇一三年的展覽。

不同。

這是粉絲文化可以買賣的地方。

授權讓粉絲文化商品化（commercialization）。對衆多品牌、名人與媒體資產來說，自己最寶貴的資產通常不是產品，而是觀衆。觀衆人數夠多時，製造商與其他品牌擁有者將財源滾滾。授權讓其他企業得以購買財產權，運用在其他用途。

授權在日常生活過於普遍，我們習以爲常。把芝加哥熊（Chicago Bears）或米老鼠的臉放在上衣或棒球帽上，對所有人來說都是雙贏。授權者幾乎什麼事都不用做，就能拿到錢，一般可以抽產品批發價的三％至一二％。製造商得到熱賣搶手服飾，以及現成的粉絲顧客。消費者則得到潮T。

一部電影要是有一大群有錢沒處花的熱情粉絲，進帳遠遠不只是票房而已。動畫片《神偷奶爸》（*Despicable Me*）十分賣座，全球總票房達五．四三億美元。然而在授權展上，《神偷奶爸》再度化身爲授權資產。消費者搶購電影裡出現的兩樣東西：毛茸茸的獨角獸玩偶（電影裡小娣娣〔Agnes〕忍不住驚呼：「好軟好鬆受不了了！」〔It's so fluffy I'm gonna die!〕），以及一群口齒不清講著小小兵語的小小兵。這兩樣東西化身爲各式各樣的商品，包括萬聖節服飾、膠帶、摺疊椅、背包、Tic-Tac 薄荷糖，以及不能免俗要有T恤。

史泰克娛樂（Striker Entertainment）的耶西．狄史塔西歐（Jesse DeStasio）表示：「感覺全世界每一個人都有一件蜘蛛人（Spider-Man）T恤。以前中學的時候，要是被人看到穿〔漫畫或卡通圖案的〕T恤，那像是死亡之吻，你完蛋了，但現在沒這種事。一九九〇年以後出生的人，完全不覺得穿那種衣服很丟臉，一點都不尷尬，還愛死了。這年頭你要是沒有美國隊長（Captain America）的T恤，你會被排擠。大家都愛那種衣服，也接受那種衣服，你要是穿沒圖案的 POLO 衫，反而才是怪咖。要是穿什麼正經八百的西裝外套——更是天理難容。」狄史塔西歐是事業發展部副總裁，他的工作是撮合被授權人（著迷對象擁有者）與潛在授權人，看看可以讓產品放上什麼品牌。

狄史塔西歐表示：「在我事業的早期，我合作過最大的品牌是暮光之城系列電影。沒人知道會那麼紅。以前業界都說：『女生不會買產品，女生去購物中心是爲了見男生，不會買T恤。』接著暮光之城紅遍全球，什麼商品都大賣。〔暮光之城的作者〕梅爾的確打中所有人的心：暮光之城是在講你第一次愛上一個人，一切的感覺都好新鮮，你充滿渴望——通常是進入青春期的時候。你很困惑，很沮喪，很執著。女主角貝拉（Bella）對於男主角愛德華（Edward）的渴望，對於男二雅各（Jacob）的混亂感覺，不管是男生還是女生，大家都有過那樣的經歷。」

「女生最後把自己當成貝拉。我認爲她們想擁有一點小東西，那種可以表達她們在平凡生活中看暮光之城的小說電影得到的感受。你可以把消費者產品想成一種『圖騰』，那個小圖騰代表著你愛的品牌或人物。看到那個圖騰，就想起自己心愛的東西。」

在授權的世界，《暮光之城二：新月》（*The Twilight Saga: New Moon*）或《神偷奶爸》（Despicable Me）是一種廣告，一種吸引消費者走向相關消費者商品這個吸金機器的誘餌。以前的粉絲商品只有T恤與海報，現在無所不包。暮光之城有鑰匙圈、戒指、項鍊、午餐盒、首飾盒、拼圖、水瓶、錢包、皮夾、公仔、蠟燭、皮帶、收藏卡、靠枕、雨傘、手錶、托特包、羽絨被、吹風機、化妝品，以及官方版的暮光之城婚紗。

神偷奶爸第三集《小小兵》二〇一五年七月上映時，電影系列周邊產品的銷售已達二十五億美元，環球（Universal）雖然只能抽權利金，依舊是驚人數字。

當然，對授權雙方來講，歷久彌新的授權資產是聖盃——一個不需要介紹的品牌。狄史塔西歐解釋：「說到歷久彌新的事物，星際大戰顯然是一例。Hello Kitty 和樂高，我覺得也蠻點石成金，不管什麼產品都賣得很好，人們永遠熱愛它們，它們永遠在商店貨架上，不會退流行，不只是一時的熱度。品牌可能有高低起伏，不過最終永遠能引起買家的興趣。」

曼德勒海灣會議中心的授權展上，有四百七十家授權廠商參加，他們代表著五千種以上的品牌名稱、名人、媒體資產、藝術品，以及任何製造商可能想變成午餐盒的東西。每一個攤位（有的耗資數萬美元搭建）誇耀得到授權的好處，牆面上展示著藝術作品、粉絲群人數與熱情程度的統計數字、未來的擴張與廣告計畫。相較於其他只擺出優雅 LOGO、白牆與警衛的許多攤位，芙烈達・卡蘿的攤位和藹可親。炙手可熱的攤位通常需要預約才進得去，例如卡通頻道（Cartoon Network）、BBC Worldwide、不爽貓（Grumpy Cat）、寶可夢（Pokémon）。

「人物角色與娛樂區」還有其他大量名人、媒體資產與人物。恩德莫公司（Endemol）的授權攤位負責的電視節目包括《老大哥》(*Big Brother*)、《一擲千金》(*Deal or No Deal*)、《誰敢來挑戰》(*Fear Factor*)，以及電視主持名人史蒂夫・哈維（Steve Harvey）。核心媒體集團（Core Media Group）試圖授權貓王與貓王博物館雅園（Graceland）、《舞林爭霸》（*So You Think You Can Dance*），以及拳擊界的傳奇拳王阿里（Muhammad Ali）。位於角落的理想國商品（Live Nation Merchandise）提供超脫樂團

（Nirvana）、酷玩樂團（Coldplay）、林納・史金納（Lynyrd Skynyrd）、武當幫（Wu-Tang Clan）。

玩具製造商孩之寶（Hasbro）的巨型兩層樓攤位，有水晶吊燈與特別訂製的木頭地板。牆面上滿滿都是卡通節目《彩虹小馬》的巨大圖片。前方，兩名身穿優雅洋裝的淑女正在示範《彩虹小馬》的美容用品。六名穿套裝的中年女士排在隊伍之中，等著讓自己的端莊捲髮或俐落短髮裝上粉紫接髮。

石原有機公司（Stonyfield Organic）讓需要打進「媽媽」這個重要市場的食品，有機會掛上它們的名字。石原有機聘請的品牌授權代理商「眞品牌公司」（Brandgenuity，「今日我們可以把您的品牌帶到哪？」），還提供倍兒樂（Playtex）女性產品、歷史頻道（History Channel）、茱莉亞學院（Juilliard School）的授權。每年授權產品銷售達十三億美元的可口可樂雄霸一方，被展覽參觀者團團包圍，大家拿起手機，拍下現場的無伴奏合唱表演，可口可樂的廣告歌迴盪在空中。電玩俄羅斯方塊（Tetris）展示成功的授權，有內衣、馬克杯、壓力球、刮刮樂彩券。美國童軍組織（Boy Scouts）希望新客戶加入其他一百五十個被授權人，目前已經在製造的產品包括燕麥、鍋具、登山杖。「貿易行銷資源」（Trademarketing Resources）粗獷的攤位（旗下有吉普〔Jeep〕、山野飲料〔HillBilly Beverages〕、美國全國步槍協會〔National Rifle Association, NRA〕），請兩位秀腹肌的展場女模，在一系列產品前方擺姿勢以供拍照，包括以槍枝爲主題的寵物產品、太陽眼鏡、打火機，以及步槍協會的小胖槍櫃（NRA Fatboy Junior）。

踏在走道地毯上，從展場一頭走到另一頭，就得花上三十分鐘。這裡和其他產業展一樣，參觀群衆是公事公辦的安靜中年人，通常腰線寬鬆，戴著時髦眼鏡，不斷低頭查看記事本或目錄，一場攤位談完後，前往下一個攤位，健步如飛。其他人則蹲在插頭附近的地毯上，爲了替平板或手機插電，不惜弄皺西裝。對話片段從竊竊私語之中傳出來：「盡量講不是威脅、但聽起來像是威脅的話，例如：『我們會考慮美國以外的管道』或『都市服飾〔Urban Outfitters〕那邊，我們要再次出擊。』」

若想知道一旁的私人會議室裡究竟發生什麼事，就得讀每天的展場新聞。花生家族（Peanuts）與運動品牌茵寶（Umbro）將合作推出史努比（Snoopy）足球衣。歐洲 Sega（Sega Europe）希望掀起音速小子（Sonic the Hedgehog）的懷舊風。一九二八珠寶公司（1928 Jewelry）簽下《唐頓莊園》（*Downton Abbey*）的項鍊耳環產品線。美國愛護動物協會（ASPCA）的動物福利運動人士，希望將自家標誌放在各式玩具、家庭用品、首飾上。女演員葛妮絲・派特洛（Gwyneth Paltrow）在演講中，談到把品牌推廣至全球的重要性。報導的引文方塊寫著：「我希望我們將持續把自己熱愛與樂於分享的事物，帶給更多地方的更多人。」

狄史塔西歐表示：「產品獲得授權，有如銷量會變十倍的保證。一切光靠民眾認得品牌就搞定了，只要有辦法被擺到零售店消費者面前。」「每一樣產品，每一個包裝，每一個被擺到貨架上的東西，都是你的品牌的小小廣告招牌。光是有人走過熱門話題服飾店的貨架，看見你的 LOGO，那個面對面的互動，極度具有價值，尤其是在這個愈來愈數位化的世界。」

誰是贏家很少出乎意料。二〇一五年時，第一名的授權者是迪士尼，銷售達四百五十億美元。前十名的排行榜包括美泰兒（Mattel）、三麗鷗（Sanrio）、華納兄弟（Warner Brothers）、美國職棒大聯盟（Major League Baseball）。通用汽車（General Motors）與法拉利也表現亮眼，兩家車廠與健康權威安德魯・威爾醫生（Dr. Andrew Weil）的威爾生活（Weil Lifestyle），也各自有數億美元進帳。

對授權者來講，授權展是幫自己買下新特色的最佳機會，必須小心選擇要和哪些產品扯上關聯，在接下來數年，它們的品牌將得靠那些產品的表現。雖然每一張合約都是在借用它們的粉絲，品牌代表的意義可能改變。阿宅糖（Nerds candy）是外層包裹酸味糖衣的糖粒，但也簽下服飾合約。宅文化也是一種很潮的宣誓。

會議中心北方一隅是一個寬敞白色攤位，一整面牆上是教宗方濟各（Pope Francis）的照片與標語：「最後的教宗」（End of the World Pope）。幾位魅力十足的義大利女士，穿著一模一樣的裙子高跟鞋，熱心協助參展人士。其中一人表示：「這是我們的重大神啓。我認爲這讓原本不感興趣的人們聯合起來。」教宗被列在展場的「人物角色與娛樂區」，把自己的名字、簽名、照片與官方口號（「爲我祈禱」〔Pray for me〕），授權給恰巧適合的聖羅倫素足球隊（San Lorenzo。也是一種贊助。聖羅倫素是教宗最愛的球隊）。教宗的肖像裝飾著背包、上衣、運動服、筆記本、橡膠手環。

我們看見自己喜愛的東西、回憶、擁護的事物、甚至是精神信仰和金錢扯上關係時，或許會感到有點不安。這一類的事物以及它們代表的意義，對許多人來講十分個人，例如第一次看星際大戰的回憶、那年春假去迪士尼世界的回憶、第一次和祖母一起烤托爾之家巧克力脆片餅乾（Toll House）的回憶。我們喜愛的東西代表著我們的社群與精神寄託。想到這些個人回憶的商業價值由出價最高者得標，令人感到反烏托邦。我們的腦海浮現幕後黑手在董事會議室裡密會，由他們決定我們明年要喜歡與珍惜什麼事物，然而事情不完全是這樣。

狄史塔西歐表示：「我最近在 Instagram 上買了一雙拖鞋，這輩子沒穿過那麼舒服的鞋。要是它們是潛龍諜影（Metal Gear Solid）的拖鞋，我會不會更想買？絕對會，一定要搶購。」

狄史塔西歐說出富有哲理的話：「我們生活在混亂的世界，碰上各式各樣的變數，生死由不得自己。這種集體欲望，這種想要展示事物的衝動，為的是在一個沒有秩序的宇宙裡擁有秩序。看到周邊商品，我們會想起那個品牌帶來的感覺。」

從某方面來講，我們心愛的粉絲文化的主要功能，就是提供正面的情感聯想。要不然的話，其實那些產品我們平日不會多看兩眼。不管怎麼說，粉絲體驗，以及自己是其中一員的身分認同感十分真實。就算粉絲體驗有時是生意人握手之後的產物，幾乎不影響粉絲得到的感受。粉絲是「自行其是」的專家，愛怎麼詮釋自己喜歡的東西，就怎麼詮釋，不是廠商說了算。粉絲文化在人們心中的意義，以及粉絲文化協助人們表達自我的重要功能，非常個人、非常真實，就算背後的源頭沒那麼單純也一樣。

拯救大英帝國

粉絲會配合自己不同人生階段的需求進粉絲圈與退圈。學者麥特・希爾斯（Matt Hills）甚至提出「粉絲文化生命歷程」（fandom autobiography）——一張顯示在個人轉變、衝突與成長的各階段，人們何時會最迷粉絲文化的圖表。我們可能在十幾歲時，由於體內出現第一波荷爾蒙，開始迷戀重金屬音樂。第一個孩子出生時，可能因為需要新手爸媽指南，變成兒童玩具品牌 Skip Hop

的粉絲。此外，我們退休後，可能開始迷「哈里遜黃」（Harison's Yellow）這種早期的美國品種玫瑰。

粉絲文化可能是暫時的，也可能是永久的，不過永遠配合著人生階段。從這個角度來看，粉絲文化其實是一種人生自助（self-help），帶著我們走過或體驗人生新階段，一種「變成更好的你」的方式。

大英帝國與二戰回憶之間的關係錯綜複雜。大英帝國雖然並未輸掉戰爭，但對原本就在走下坡的國勢，已然雪上加霜。英國原本憑藉文化上的優勢，高高在上，卻輸給裝備、訓練、組織都明顯更勝一籌的敵人，最後獲救還得感謝自己粗鄙無文的暴發戶前殖民地美國。大英帝國心靈受創，人民不再擁有陽光燦爛的附屬地，在化爲瓦礫的家中搶救物品，連食物都得依靠外援。

接下來，突然發生好事：一九五〇年代的苦澀英國文學，突然冒出詹姆士．龐德（James Bond）這號人物。超級情報人員的原型龐德，周遊列國的龐德，超先進致命武器高手龐德。龐德這位衣冠楚楚、懂得美酒美食、任何女人都能手到擒來、受過高超訓練、戰無不勝的策略大師，永遠化險爲夷。龐德系列首部曲《皇家夜總會》（*Casino Royale*）發生在法國——一個對多數英國民眾來講，不可能有錢一遊的國度。龐德參加一場撲克賭局，美國人因爲折服於他的高超牌技，自願塞給他一包鼓鼓的現金。龐德甚至在一個鋪張奢華的場景吃下一顆酪梨。

歷史學家賽門．溫德（Simon Winder）在《英國的救命恩人》（*The Man Who Saved Britain*）一書中主張：「《皇家夜總會》撫慰了英國這個內外交困的國家。」那不是在逃避現實；詹姆士．龐德提供了另一種版本的英國力量。步調緊湊、令人血脈賁張又精神高貴的情報工作，完全不同於靠悲慘消耗戰贏得第二次世界大戰。這個新版本的超級英國，國土雖小，依舊在無人知曉的情況下，做出衆多精彩貢獻。龐德不同於美國超人或約翰・韋恩（John Wayne）的牛仔性格。像他這樣的英雄，在暗地裡完成任務，不會有人替他舉辦遊行慶祝，也得不到民衆的掌聲。威廉・庫克（William Cook）在《新政治家》（*New Statesman*）中寫道：「龐德或許是單槍匹馬，但當他走遍英國如今割讓給美國的殖民地，家鄉的讀者安下心來，知道自己至少還保住了優雅格調。龐德象徵著就算英國的盎格魯美洲盟友獨大也不用怕。美國人或許已經成爲這個世界的新主人，但英國人具備高貴格調。」

龐德作者伊恩・佛萊明（Ian Fleming）創作的人物功不可沒，龐德重振了英國文化，在正確時機出現，也絕對是在正確地方出現，提供了繼續奮發向上的理由。

人類永遠在問問題，想知道這個世界是如何運作，怎麼樣才能在世上活下去，出人頭地。自己該有什麼樣的行爲舉止？我們屬於哪裡？我們發生什麼事？這一類的問題傳統上由神話解答：宗教、地方社群與家庭提供的故事與勸誡。神話是傳承文化規範的速成法。靠敲木頭驅趕身旁嫉妒仙子的民間故事，是在提醒我們：「不要把好運當成理所當然！」

這樣的答案無法滿足現代人。今日交通四通八達，人們四處遷徙。相較於先前的世代，家族的庇蔭，傳統的地方社群關係與宗教，影響力不如從前。人們現在知道，沒有任何資訊絕對可靠。對許多人來說，從自己的家庭、家鄉或童年信仰出走，是重要的「成年」必經之路。傳統神話不再占據重要地位，我們必須到其他地方找答案，回答人類會問的問題。

一九八六年的奇幻電影《魔王迷宮》（*Labyrinth*）是許多 X 世代心中的經典，講一個年輕女子從邪惡地精王（Goblin King）的魔掌之中救出弟弟，故事簡單又迷人。女主角莎拉（Sarah）是許多人的初戀。線上同人小說庫 fanfiction.net 收錄近一萬篇的《魔王迷宮》專門同人與混合同人故事（crossover）——莎拉以及一群勇敢的邊緣人朋友日後的冒險。《魔王迷宮》的同人很好找出模式。每有一篇講主角對抗新壞人的故事，就有五篇講莎拉如何與日常碰到的問題奮戰：搬到新地精城鎮、對付小精靈流氓、性慾、沮喪、焦慮、被人利用。等我們讀到莎拉因爲第一次懷了地精的孩子，擔心出現併發症，以及她對於地精醫生堅持她臥床休息的感受，就知道顯然不管同人故事裡發生什麼事，絕對是在探討非常個人的議題，不只是冒險故事而已。

佛萊明爲什麼會創造出龐德這樣的人物，不難解釋；佛萊明本人在戰時十分活躍，而戰後前途茫茫的新世界，實在很難稱得上戰勝國的獎品。《新政治家》作者庫克寫道：「如果說佛萊明出生時，大英帝國處於最強盛的時期，龐德問世時，帝國正在走向沒落。」正當英國的國家精神需要一個順應新時勢的英雄，龐德出現了。

龐德大受歡迎，成爲英國重要出口品——龐德電影，再加上風靡各國的披頭四，很快就重寫英國對於這個世界的意義。此外，龐德也重寫了身爲英國人對於英國的意義。溫德寫道：「如果要探討讓英國從帝國化身爲歐洲國家的重要力量，不論是作者或作者的創作，無人能出其右。佛萊明透過從英雄角度書寫自己戰時的工作，讓每一個人得以向前走。」

一樣東西會變成大家著迷的對象，是因爲那樣東西滿足了粉絲生活中的內心重要需求。粉絲可能正在尋找新的人生哲學或觀點、新的朋友群，也或者只是需要打發時間的新方法。從這個角度來看，粉絲文化與粉絲目前的人生狀態和感受密切相關。隨著粉絲的人生不斷演變，他們迷的程度也會產生變化。粉絲著迷的東西提供了現代神話，那些故事讓我們知道，在自己目前這個人生階段，應該如何面對今日的世界。

迷東西，很健康

我們在選擇自己的粉絲團體時，多有自主性？我們選擇自己要喜歡什麼東西的時候，我們有多理智？多數人大概不在乎自身的迷戀是怎麼一回事，就像我們大概不曾特別思考當粉絲所帶來的身心或社交好處。如果是在迷惘的人生時期，選擇加入新的粉絲文化，很容易就能解讀出目的，然而在現實生活中，「迷上」的過程通常發生在潛意識。我們的大腦知道我們需要什麼，大腦自己替我們找到。

二〇〇〇年代中期，丹尼爾・旺恩（Daniel L. Wann）與同仁做了一系列研究，探討當運動迷的好處。旺恩的研究調查肯塔基州一百五十五名大學生（五十九位男性，九十六位女性），請他們說出自己對於某個地方運動隊伍粉絲團的投入程度，接著又請他們回答幾個問題，評估自己的社交自信程度與人生整體滿意度。爲了對照，學生也被問到對於某支外地運動隊伍的看法。學生同樣也關心那支球隊的表現，但由於地緣因素，無法全心投入那支球隊的粉絲團。

結論很明顯。「球隊認同」（team identification，「球迷視該球隊爲自身延伸的程度」）程度高，帶來社交、個人自信與幸福等方面的高滿意度，並體驗到高度的正面情緒。身爲球迷的人，整體而言比較不會感到孤立與憤怒，也比較不容易寂寞、沮喪或疲憊。相關結果並非只是整體而言對運動感興趣的附帶作用。關心球隊的粉絲，以及有辦法加入同好的人士，的確活得比較快樂，人生也較爲平衡。如果自己支持的球隊戰功彪炳，效果更是顯著。

旺恩提出複雜的回饋互動假說，稱之爲「球隊認同—社交心理健康模型」（Team Identification–Social Psychological Health Model）。運動迷可以靠著投入運動，甚至不需要刻意努力，就過著更快樂、更圓滿的人生，因爲他們感受到追隨地方球隊帶來的歸屬感與同志情誼。巴爾的摩市是美式足球烏鴉隊的根據地。要在巴爾的摩找到同爲烏鴉隊球迷的其他人很簡單。許多人上街會穿有烏鴉隊標誌的運動衫與帽子，聊天時也常提到烏鴉隊的活動。許多地方習慣都和烏鴉隊的儀式有關，例如到現場看球、開球賽派對，或舉辦大家一起看比賽的活動。旺恩解釋：「在這樣的環境下，地方球隊的球迷感受到自己是大團體的一分子，得以與社群內其他人產生重要連結，感受到溫暖情誼。」

球隊會輸，教練會出走，醜聞會發生，也因此球迷能在團體之中，學到重要的「心理補償」（psychological compensation）技巧，例如讓自己遠離壓力源、「回溯性悲觀」（retroactive pessimism，失望過後，修正自己當初多有信心的記憶），以及貶抑外團體（outgroup derogation，把沮喪情緒發洩在敵人身上，而不是怪罪自己或彼此內鬥）。球迷身處團體時，學會在球隊戰績好的時候開心，不好時控制自己的情緒。

我們人類是猿類動物的後裔。這類生物能延續到今日，是因爲願意把自己當成具備共同目標的大團體一分子。我們成熟後，這類原始衝動並未消失。個人會因爲認同某個社群組織，得以形成人際連結，心理因而更健康。雖然今日世上，已經少有人類需要借助宗教力量號召部落，要大家一起交配或獵長毛象，不過，有共通點而形成的緊密朋友社群——社會學家所說的「自主選擇家庭」（families of choice）——依舊帶來戰略優勢。

本書第一章提過，社交是最基本的粉絲活動。利用次文化的現成架構，一下子就能快速建立信任、被人接受、傳遞重要資訊，還能在安全環境中學習新技能。任何去過粉絲大會的人都能作證，粉絲團體的確提供重要交配機會。

伯納德・柯維（Bernard Cova）、羅伯特・寇滋納滋（Robert Kozinets）、艾維・薛尼卡（Avi Shankar）等行銷教授稱這種現象爲「昇華的從眾」（transcendence in conformity）：令人感覺自己身爲優秀團體的一員。你感到興奮，但也感到心安。不論是加入新宗教或新政治運動、熱情參與地方運動隊伍，或是加入「柯基國」（Corgi Nation，威爾斯短腿牧羊犬的粉絲），同樣都能帶來這樣的感覺。此類團體利用了我們猿人祖先的大腦回饋迴路，也難怪能帶來類似的正面心理效益。

我們全是齊聚一堂的個人

某集的電視卡通《南方四賤客》（*South Park*），小學生屎蛋（Stan）問一群哥特族，怎麼樣才能跟他們一樣不從衆，反抗主流社會。搖晃著黑色染髮的哥特族回答：「如果想當不從衆的人，首先你得穿像我們這樣的衣服，聽我們聽的音樂。」這段對話雖然是爲了引發笑聲，但也說出實情。如果想表達出個人主義，最激烈的手法就是選擇加入出乎意料的團體。如果有一大群人支持著我們，讓我們知道自己在社交上不受排擠，就能安心展現出自己的獨特個性。

粉絲圈源自兩種非常不一樣的動機——個人層面上，我們想認同自己著迷的對象。然而，我們也想當大團體的一分子，跟大家一樣，擁有相同的特質與目標。我們既想感到自己非常獨特，又想獲得歸屬感，而粉絲圈同時照顧到這兩種矛盾需求。既能夠展現自己的獨特個性，又感到有一個支持自己的大團體保護著我們。

嘗試不同個性，以求找到最合適的身分，這種過程叫「身分休閒」（identity leisure）。人在一生之中，通常會經歷無數次的次文化身分認同：哥特時期、嬉皮時期、獨立音樂時期，以及大概還會走過其他十幾種時期，性格才會終於固定下來（至少在又出現下一個變動時期之前）。

入圈是在認同不同的著迷對象，每一種著迷對象都會帶來新社交團體、新活動，以及一套新的行爲標準、社會規範與價值觀。實驗不同粉絲圈是在試圖回答一個問題：「我屬於哪裡？」粉絲圈讓我們有辦法從一種自我概念很快跳到下一個，在一連串支持我們的環境之中，實驗新的人生哲學、政治觀點、愛、友誼與叛逆。

讓社群裡其他成員看見我們是他們的一員，是建立身分認同的重要環節。我們選擇自我的概念要與哪一個粉絲文化產生連結時，就算只是暫時的，也是在向外界表達我們忠誠於誰。死忠粉絲表達粉絲敬意時，可能親手做東西——衣服、配件、藝術作品——不過大部分的傳統消費者想展現部落標誌時則偏好用買的。

授權展提供了可以購買的部落標誌。粉絲文化供應商靠著粉絲對於團體的忠誠，賣出T恤、海報、耳環、皮夾、腰帶、玩具與冷凍食品。粉絲則靠供應商提供的貼心產品，秀出自己是團體一員。

哈利波特與公平貿易巧克力

粉絲在粉絲圈中找到身分認同時，很自然會開始實驗自己所屬的團體的意義與目標，想找出那個身分認同究竟代表什麼。共同的身分認同帶來強大的力量。

我們可以說那是烏托邦粉絲的連帶作用——許多粉絲團體擁有自己的理想主義神話，很自然地想要做好事。聖地兄弟會（Shriners）、同濟會（Kiwanis）、甚至是共濟會（Freemasons）等社群團體，通常會為了社會理念齊聚一堂，支持整體來講與自己的主要活動無關的事物。粉絲團體也一樣，粉絲可能團結起來，支持看似與他們風馬牛不相及的社會理念。

社會正義的議題若是對著迷對象的形象有好處，粉絲支持社會運動不是壞事。流行歌手女神卡卡和前輩瑪丹娜（Madonna）一樣，她支持ＬＧＢＴＱ（同性、雙性、跨性、酷兒／疑性）民權運動的偶像地位，顯然至少帶來部分觀眾。從此類例子來看，粉絲群的範圍超過原先的品牌認同時，會帶來正面的潛在效益。

巧克力奴隸制度——逼迫童工生產與收成可可豆——是異常惡劣的行徑。可能才五歲的孩子，就被綁架或賣到西非可可豆農場做工，滿足全世界對於巧克力棒的渴望。巧克力是價值千億美元的產業，試圖報導奴隸現象的行動人士與記者，有時遭受恐嚇或暴力攻擊。不過，二〇一四年時，有一個組織的努力得到進展——「哈利波特聯盟」（Harry Potter Alliance, HPA）推行的「哈利不允許運動」（Not in Harry's Name）成功了。

乍看之下，可可豆農場與哈利波特媒體帝國實在扯不上邊。擁有哈利波特系列電影授權的華納兄弟，在部分旗下商店與主題樂園販售哈利波特故事提到的「巧克力蛙」。哈利波特的粉絲平日造訪主題樂園，有時還吃巧克力，但依舊聽起來沒有明顯關聯。儘管如此，有近五年的時間，哈利波特聯盟一直不屈不撓，希望促成華納兄弟製造公平貿易版本的巧克力蛙，以及其他哈利波特巧克力產品。

對衆多千禧世代人士而言，人生第一次閱讀哈利波特是決定性的一刻。哈利波特是源自眞實世界的粉絲文化，影響力無遠弗屆。不管是弱者、強者、服飾商、廚師、工匠、演員、學者、運動員、叛逆人士、浪漫人士、害羞壁花，幾乎每一個人都能在哈利波特中找到心有同感的東西。這個粉絲文化甚至在二〇〇〇年代中期，有兩年時間帶來崇拜書中人物石內卜（Severus Snape）的宗教，一般宗教會有的元素一應俱全，包括宗教幻象、卜卦、性儀式，以及有如修女全心修行的信徒。其他粉絲稱他們爲「石內卜太太」（Snapewives）。

哈利波特聯盟成立於二〇〇五年，創始者是一群哈利波特的超級粉絲，包括喜劇演員安德魯・斯萊克（Andrew Slack），以及向哈利波特致敬的樂團「哈利與波特」（Harry and the Potters）的成員（他們的成名曲包括〈佛地魔阻擋不了搖滾樂〉〔Voldemort can’t stop the rock〕與〈巫師世界的經濟不合理〉〔The economics of the wizarding world don’t make sense〕）。哈利波特聯盟的目標，是推廣哈利波特小說中提到的道德理念與理想，平日舉辦「格蘭傑領導學院」（Granger Leadership Academy）會議。學院的命名依據是書中循規蹈矩、爲了正確之事多管閒事的女主角妙麗・格蘭傑（Hermione Granger）。哈利波特聯盟的網站說：「你一生都在聽偉大英雄的故事——現在該換成你當英雄了」。

哈利波特聯盟的元老保羅・狄喬治（Paul DeGeorge）表示：「我們並未特別投身單一議題。哈利波特聯盟不是一個專門只支持ＬＧＢＴＱ或其他權利的組織。我們專注於各式各樣的議題，並且尋找各種議題與哈利波特之間的關聯，以及粉絲團應該關切的理由。」

哈利波特聯盟與哈利波特系列之間的關係，很難一言以蔽之。粉絲希望造成影響，但不一定會以消費者身分抵制品牌，例如拒買。在外人眼裡，這是魚與熊掌想要兼得，不過其實不然。對消費者來講，讓自己的聲音被聽見的意思，可能是「你必須做到我的要求，要不然我就改買別家產品」，然而粉絲通常無法那麼做。

哈利波特聯盟鼓勵華納兄弟檢視自己的勞工待遇。華納兄弟回應，他們手上有報告可以證明勞工待遇沒問題，於是聯盟要求看到那份報告。華納兄弟可能是感到風波將愈演愈烈，便拒絕出示報告。各地粉絲提出請願，製作抗議影片。請願書上要求：「鄧不利多（Albus Dumbledore）要我們在『做對的事』與『做容易的事』之中選擇一樣。我們也對你們提出相同要求。給我們看報告。」律師介入這件事，就連作者羅琳都捲入這場紛爭。

十二月二十二日，華納兄弟寫讓步信給哈利波特聯盟。那封信簡明扼要：「感謝各位與我們一起討論這個重要議題，我們重視與感謝哈利波特聯盟成員與全球哈利波特迷的集體聲音，謝謝大家對於哈利波特的熱愛。」未來的巧克力全部都會取得ＵＴＺ永續農業認證或公平貿易認證。

「我們贏了！」哈利波特聯盟的部落格文章宣布自己獲勝。

華納兄弟是每年賺進數十億美元的巨型企業，在它們成千上萬的變現活動清單上，哈利波特巧克力微不足道。回應粉絲要求，改變一小部分商業模式，對華納來講是小事一樁。為了留住數百萬衝進主題樂園的哈利波特忠誠瘋狂粉絲，讓他們繼續用鑰匙圈、戴項鍊手環、穿T恤、揮舞複製魔杖、看電影、還有當然，吃巧克力，做這點小事很値得。

你喜歡史密斯樂團？我也是！

「你喜歡史密斯樂團（the Smiths）與歌手莫里西（Steven Morrissey），還想來一點人與人之間的親密接觸嗎？如果以上問題有任何一個答案是「yes」，快來參加『天知道我很悲慘活動』（Heaven Knows I'm Miserable），享受神奇夜晚，在史密斯樂團與莫里西的音樂之中，來一場極速約會（speed dating）……」

這則廣告以紐約布魯克林區特有的現象開頭（結尾則是：「你給我過來，不然我捅你」）。極速約會是美國浪漫喜劇與情境喜劇常見的橋段，參加者與大量的潛在交往對象，輪流單獨相處幾分鐘。有猶太極速約會、運動員極速約會、國標舞極速約會、廚師極速約會，還至少有一種主題樂園極速約會，讓人一邊坐雲霄飛車，一邊約會。現場的約會長度就和一趟雲霄飛車一樣長：四十九秒。

號召憂鬱搖滾歌手莫里西粉絲的極速約會活動，眞的算不上不尋常，而且其實蠻有道理。雖然不難想像，坐雲霄飛車會讓人掉進愛河，是因爲雙方都喜歡增加的G力，同樣都是自發性喜歡史密斯樂團的人，至少理論上有一定的相同特質。

這場特別約會活動的參加者，身上有刺青、不善社交，並以身爲文青自豪。換句話說，這是一群相當害羞，要是沒藉口，大概不會湊在一起的人。現場尋找約會對象的參加者，有的遠渡兩條河，從遙遠的紐澤西跑來，大家妙語如珠，憤世嫉俗，至少有一對組合交換了探討哭泣的故事。

以音樂爲主題的約會極度小衆，不過利用粉絲圈概念預先篩選約會人選，找出志同道合的另一半，卻是相當常見的做法。

OkCupid 是全球最大與最活躍的約會網站。共同創始人克里斯汀・魯德（Christian Rudder）在設計 OkCupid 配對工具時，和另一位創始人刻意設計出不同於標準自我介紹的交友介面，使用者得以透露不明顯但重要的個人特質。網站會問一連串關於你的個性問題，引導每位使用者說出自己在乎什麼事。

在自我介紹區，網站鼓勵約會人士塡答「最喜歡的書籍、電影、節目、音樂與食物」、「我擅長的事物」、「少了哪六樣東西，我活不下去」，方便其他人了解他們的個性。再來是約會檔案區，有輕鬆的一般自我介紹（「我很和善、我幽默風趣、我喜歡旅遊」），也有較爲正經的證明時間（「我在賑濟機構當義工、我是業餘的單人脫口秀喜劇演員、我剛從蒙古徒步旅行回來」）。這是小學作文老師諄諄教誨的「要描述出來，不能只是寫流水帳」。

OkCupid 的網站用戶 Engine42 是正在尋找女性約會對象的男性＊，他想讓這個世界知道，他有多愛克林・伊斯威特（Clint Eastwood）的電影，還對梭羅（Thoreau）、凱魯亞克（Kerouac）、亨特・

＊原書注：爲保護使用者隱私，本章提到的名字與帳號經過修改。

湯普森（Hunter S. Thompson）幾位作家都有所涉獵。另一位用戶 Circuiter 說自己花很多時間思考蝙蝠俠的政治觀點。Unicornlvr 平日舉辦電玩遊戲大會，還戴 Google 眼鏡，不過也立刻說明自己支持女性主義。THEDOCTORW 的檔案照片穿著《超時空奇俠》T 恤，Watcher75 的照片是在洋基隊（Yankee）球賽拍的，IDeeJay 是 DJ。使用者 Hightek34 說：「如果你到現在依舊看不膩《駭客任務》（*Matrix*），好奇這輩子能不能遇到懂《駭客任務》哲學的人，我是你的眞命天女：）。」

魯德表示，一切都不是巧合：「放上祕魯馬丘比丘或站在埃及金字塔前方的照片，是在以最快的方式告訴潛在約會對象：『我喜歡旅遊』或『我熱愛冒險』。人們分享自己的熱情所在時，很容易找到同類。」

二〇一二年一項小型調查發現，男性瀏覽約會檔案的時間，還不到一分鐘。女性久一點，接近一分半鐘。不管男女，都比雲霄飛車極速約會長不了多少。

社群網站的興起，大幅增加我們每天接觸到的陌生人數量。一世紀以前，除非是人口密集的都市地區，鎮上要是來了個陌生人，就夠大家茶餘飯後閒聊個幾星期。然而，在 OkCupid 網站上隨便一點，就可能在一小時內「遇見」數百名陌生人。不過，雖然見到陌生人的次數激增，我們和每個新陌生人相處的時間也銳減。

在珍・奧斯汀（Jane Austen）的小說《傲慢與偏見》（*Pride and Prejudice*）中，女主角伊莉莎白・班奈特（Elizabeth Bennet）花了好幾個月，試圖弄清附近搬來的年輕紳士的眞實本性，引發一連串的八卦、信件、耳語、嘲諷、求婚，以及長篇大論的優雅對話，最後在舅舅舅媽、四個姊妹、幾個好友、得力僕人與父母的協助下，找出答案。現代版的浪漫故事則有幾張照片、幾行字，以及如果剛才提到的二〇一二年研究屬實，你大約有六十秒時間。在這麼短的時間，就得說出足夠吸引人的細節，你需要一點幫助。

粉絲身分成爲快速自我介紹的方法

打獵季期間，橘色外套可以讓人分辨登山客與小鹿。世界上許多地方爲了保暖或防摩擦，必須以某種方式蓋住腿部。棒球帽可以防曬；即使是最時尚的手錶，也能讓戴錶的人知道時間。拋物線形的雪橇比直線形雪橇好滑，直線形雪橇又比綁在腳上的木板好滑（木板又比直接摔下山好）。

產品的顏色與設計有實際的作用，然而個人品味的用途，主要是昭告與維護自己在團體中的地位。我們依據產品告訴世界的故事，選擇自己身邊要出現哪些產品。任何上衣都能幫助我們免於失溫，有NASA圖案的上衣則讓我們成爲科學探索的支持者，或是愛嘲諷的復古文青。東西的價值不在於東西本身，而在於它傳遞給這個世界的故事。頭巾、眉心紅點、六芒星垂飾，昭告著自己屬於哪個團體。黑色口紅、綠灣包裝工隊（Green Bay Packers）運動衣、愛馬仕柏金包（Hermès Birkin）也一樣。

除去所有可能用途之後（T恤必須先變得極端走偏鋒，才會失去覆蓋衣服主人胸部的基本功能），購買決定其實是一種重要的自我表達。曉得該在身上擺出什麼品牌、LOGO與風格，除了是一種重要文化通貨，也是在出示非常重要的會員標誌，好告訴自己與全世界「我們是誰」。

打上品牌的周邊商品是眾多粉絲文化的商業基礎，它們是身分認同與會員身分的象徵。那是一種入場券，可以證明擁有者足夠了解某個次文化，知道把什麼標誌放身上可以代表那個文化。這種「功能性物品」（functional artifacts）是部落標誌，群體可以靠那個標誌認出自己人。此外，功能性物品不同於傳統刺青與其他部落成員身分標記，不需要舉辦傳承儀式才能獲得，用買的就好。

「速成身分」（identity shorthand）是指以快速有效的方式，告訴外界我們是誰。速成身分不是什麼新概念，不過網路讓這種事普及起來。網路上，傳統的年齡、階級、財富、教育、政治、地理位置標誌統統消失。我們喜歡的東西構成了我們希望塑造的形象。列出自己喜歡哪些書籍電視電影，除了讓別人知道可以找哪些話來聊，也是在靠寥寥幾個字，就說出我們如何看待自己，或至少說出我們希望自己是誰。

珍・奧斯汀用大量篇幅描寫勇敢的女主角伊莉莎白・班奈特是怎麼樣的一個人：「她個性活潑大方，任何荒謬之事都能使她發笑。」此外，伊莉莎白還是「地方上公認的美女」，有著「一雙美麗的眼睛」與「賞心悅目的苗條身材」。今日的我們有字數限制，可能只能寫：「她喜歡《風流〇〇七》（*Archer*）、美容部落格與瑜伽」。說出自己喜歡哪本書時，要是講《傲慢與偏見》，非常不同於喜歡《阿特拉斯聳聳肩》（*Atlas Shrugged*）或聖經。

社群媒體的功勞是帶來學者克雷・薛基（Clay Shirky）所說的「樂此不疲的擺設娃娃屋的樂趣」（obsessive dollhouse pleasure）。我們和班奈特小姐一樣，為了在令人心跳加速的年輕追求者面前，表現出最好的一面，想盡辦法讓網路上的自我介紹看起來魅力十足，耗費大量心力打造出數位版的自己，精心挑選要給別人看什麼。臉書等網站是最明顯的例子：完全依據我們「按讚／喜愛的事物」（likes），告訴這個世界我們是誰。

我們花很多力氣打破刻板印象，也因此很諷刺的是，許多次文化的主要功能是告訴一群潛在的朋友，我們大概是什麼樣的人。換句話說，粉絲利用自己的興趣，事先篩選自己想認識的人，畢竟如果大家已經有相同興趣，說不定對於其他事物的看法，以及選擇的生活方式，也是一樣的。

當然，「速成身分」還能幫忙排除浪費時間的人。如同魯德所言：「要是魔獸世界（*World of Warcraft*）對你來講真的很重要，你不應該隱瞞這個事實。那只會有反效果。很多人不喜歡魔獸，真相揭曉時就糟了。想找人約會的人很多，也因此不管你喜歡舉重、經常旅遊、愛魔獸，或是喜歡BDSM，你提供的細節愈多愈好。」

不管你想告訴別人自己迷什麼，過與不及都不好。不告訴別人自己有被汙名化的嗜好（例如你至死不渝熱愛珍．奧斯汀），可以盡量吸引潛在約會對象。要是說出去，是在讓自己頭上頂著怪咖標誌。太大眾的喜好，等於什麼都沒說，但要是喜好太明確，又是在冒被貼標籤的風險，想和你約會的人可能跑光光。不過換個角度來講，要是某個人知道你迷那樣東西，依舊想跟你約會，你們速配的機率較大。這種事各有利弊。魯德表示：「你應該盡量給別人好印象，但不能是虛構出來的你。」

近日有一個著名的約會軼事。奇幻卡片遊戲《魔法風雲會》（*Magic: The Gathering*）的世界冠軍，犯下約會的滔天大罪：居然沒把自己的遊戲嗜好，寫在 OkCupid 網站的自我介紹上。雖然這位世界冠軍魅力十足，事業成功，社交活躍，某位跟他約過會的女士又驚又恐，在科技部落格 Gizmodo 上，憤慨地詳細寫下那次恐怖的約會經歷。那就像是在民權運動尚在萌芽的年代，愕然發現自己居然「被騙去」共進晚餐，約會對方來自你無法接受的種族、宗教或階級。不管背後原因是什麼，顯然最好在進展到真的出去約會之前，就先排除會批判你的嗜好的多數約會人選。

粉絲會挑選的品牌產品，通常反映自己想當的刻板印象。自我介紹放的照片，如果是一個穿著星際大戰主角韓・蘇洛背心的女性，人們會有一套固定假設。這個女生喜歡科幻小說，但有點不好惹，大概蠻懂高科技的東西，重視獨立精神。女生如果穿《星際爭霸戰》（*Star Trek*）畢凱艦長（Captain Picard）的上衣，則可能是在給外界有點不同的暗示。她所屬的粉絲文化比較沒那麼主流，也因此她雖然也是科幻小說迷，大概是比較宅女型的人，沒那麼跟得上流行，也比較理想主義。她可能喜歡科學，也或者如同授權經紀人狄史塔西歐所言：「看到穿達拉斯小牛隊（Dallas Mavericks）T 恤的女孩，跟看到穿蝙蝠俠 T 恤的女孩，你大概會有不同假設。」

在網路上化名爲「追心者」（The Heartographer）的維吉妮亞・羅伯斯（Virginia Roberts）表示：「你放在約會自我介紹上的資訊，是在傳遞一種密碼。」維吉妮亞向來是「實話實說派」的支持者，不管有什麼尷尬小祕密，還是講出來比較好。她的公司專門協助不會談戀愛的人，寫有效的線上自我介紹，釣到想釣的約會對象。

其中一種方法是「復活節彩蛋法」（Easter egg method）——在自我介紹上，寫上暗示自己迷什麼的隱晦介紹，讓同一個圈子的人一看就懂，外人則可能不懂，例如死忠的純素主義者，可能提到自己有多愛麵筋。狂熱果粉會不小心提到自己收到藍色 iPhone 簡訊，讓人知道他是蘋果一族，但又不會聽起來像是無聊的科技部落客。小衆電視節目《發展受阻》(*Arrested Development*)的影迷，可能說出劇中的著名台詞：「香蕉攤上永遠有錢。」（There's always money in the banana stand.）拋出只有粉絲才知道的事是在暗示：「我們可能有共通點。」

只要人們還在研究什麼東西能引發愛意，想約會的人就會繼續調整給世人看自己哪一面。「OkTrends 數據部落格」專門分析 OkCupid 使用者的約會行為統計資料，而最新研究結果是自我介紹放的照片，影響力遠大過先前的認知。研究結果說：「結論是一張照片勝過千言萬語，但自我介紹的文字……幾乎沒差。」也難怪許多使用者想把對自己來說很重要的粉絲身分，直接放進介紹主頁的照片，也就是潛在約會對象看到的第一張照片。

約會網站用戶 Cosmic-space 的自我介紹，放上自己穿 NASA T 恤的照片。他想找一個支持自由主義與熱愛知識的左派女友。

粉絲文化很値錢

約會——以及社交——是終極版的「粉絲文化是一種身分認同」。買自己感到幽默的衣服，不同於買「希望穿在身上後，別人會覺得我很幽默」的衣服。

不是所有的粉絲文化都擁有足夠的「一切盡在不言中的魅力特質」（je ne sais quoi），可以讓支持者當成身分標誌，就連人人愛的那種也一樣。有效的粉絲文化被小心展示，只透露剛剛好的資訊，讓同一國的人能靠 T 恤、名言、LOGO 等有限媒介認出彼此。粉絲資產擁有者的最終目標是抵達這個階段。粉絲團體必須夠投入到帶入自己的情境，畢竟要是少了灰頭土臉、亟需鼓舞的英國民衆，龐德只不過是一個手段厲害的官僚。

擁有大量栩栩如生的角色與生動故事的媒體資產，很容易被當成投射自我的對象。它們講述的反抗故事，以及天生我材必有用的精神，讓我們彷彿看見自己遇上的挑戰。不論是具備反抗精神的駕駛員，或是盡忠職守的隊長，各種特色鮮明的典型人物，讓我們得以選擇最受吸引的人格特質。球隊的粉絲文化通常提供說出地方社群特色的著名歷史。每一位名人都有我們能感到認同的個人故事。我們所做的每一個選擇，都包含著我們希望向這個世界展現的人格特質。

要有詳細的情境，才打造得出能當成身分標誌的粉絲文化。品牌就和最佳的約會網站自我介紹一樣，如果太大衆，將失去意義。然而，如果代表著過於特定的特質，又會除了本人，沒人知道那是什麼意思，必須採取中庸之道。此外，品牌欣然接受粉絲賦予它們的情境。粉絲因爲感受到品牌帶來的意義，才會買T恤。

拉斯維加斯的授權展上，穿著西裝套裝的男男女女，討論著要把哪些標誌，放上明年的T恤、帽子、項鍊、手錶、午餐盒。草原上的小木屋（Little House on the Prairie）已經同意讓自己的名字出現在拼布上。寶可夢皮卡丘（Pokémon's Pikachu）將出現在熊熊工作室（Build-a-Bear）的工作坊。滑板傳奇東尼・霍克（Tony Hawk）的名字，將出現在沃爾瑪（Walmart）的男童服飾、鞋子、配件。大家靜靜忙著簽下合約與付款，LOGO 滿天飛，從一個買主手上，轉到另一個買主手上。三百五十萬名 OkCupid 的用戶，正等著他們幫忙挑選出正確品牌。

5 世上最快樂地方的會籍與位階

掉下兔子洞

白兔先生（White Rabbits）跑出來了。一群穿著摩托背心與黑色T恤的人，從派對裡傾巢而出，朝博偉街（Buena Vista Street）前進，說說笑笑，打打鬧鬧。他們身上大都有刺青，穿著很多洞，留著大鬍子。有的光頭，有的髮型狂野，有的頭髮染成白色。二十幾個人一下子擠到路中央。三三兩兩的晚間遊客，不得不把身體貼在打烊的店門口，讓路給他們。

那群人之中，一個人開玩笑：「這些人顯然很怕我們。」

孔武有力的金髮女郎說：「怕我們？你是說怕我們這個社團？我本人超友善的好不好！」她的脖子上刺著一顆巨大的科迪亞克（Kodiak）棕熊頭。

他們一群人擠過出口，在彼此耳邊叫囂，通過旋轉門。先出去的人，摸索著香菸打火機，等著剩下的同伴出來。一個人彎腰撿起別人扔在地上的糖果紙，遵守公民道德，丟進垃圾桶。

前頭的人大喊：「大家都出來了嗎？好，出發！」香菸被捏熄，一群人轉身朝迪士尼樂園前進。他們有二十三張快速通行券，不用排隊就能坐「飛越太空山」（Space Mountain）的雲霄飛車。

加州安納罕迪士尼樂園有數百個社團，白兔先生是其中一個。社員聚集在迪士尼加州冒險樂園（Disney's California Adventure）的酒吧與吸菸區。樂園上演《阿拉丁音樂劇》（*Aladdin—A Musical Spectacular*）等表演時，他們會占去好幾排位置。此外，遊樂設施「幽靈公館」（Haunted Mansion）整排車都會被他們包下。他們知道「迪士尼樂園鐵路」（Disneyland Railroad）的莉蓮．貝爾（Lilly Belle）專車歷史，還知道傳說中的馬特洪峰（Matterhorn Mountain）籃球場，也知道灰姑娘城堡裡很難找的空調室。此外，一天之中各個時段最乾淨、最空的廁所是哪一間，也難不倒他們。他們像小蝦米之中的海豚，成群結隊穿梭於迪士尼揮汗如雨的週末人群，帶著老鳥的自信，在商店與餐廳捷徑進進出出。

雖然外表很像，這群人不是美國的摩托車幫派，甚至要是提到跟「派」有關的字，很快就會有人糾正你。儘管如此，他們的確和傳統摩托車幫派一樣，講著別人聽不懂的行話，例如：「勘察」（prospecting）、「入會」（patched-in）、「侍衛長」（sergeant-at-arms）。還有當然，他們穿相同的背心：無袖的丹寧布夾克上，裝飾著摩托車幫派風格的標誌，告訴全世界他們是「白兔先生」、「安納金之子」（Sons of Anakin）、「米奇小怪獸」（Mickey's Little Monsters）、「星際大奇航」（The Hitchhikers）、「米老鼠一族」（The Mousefits）、「迪士尼羅賓漢」（Robin Hoods of Disney）、「海龍王的小美人魚」（Triton's Mermaids）的官方成員。

迪士尼密切關注著每一個社團。「要是有新社團進來樂園，就會有迪士尼的ＦＢＩ／ＣＩＡ

便衣跑來，裝成一副沒事的樣子，跟你搭訕：『嘿，你是社團的人啊，眞是酷斃了。我弟也參加了一個社團。你可不可以轉過來一下，讓我拍下你們的標誌？』然後他們就會拍照，把你歸檔。」

以上的話出自傑克・費特（Jake Fite）。費特年約四十，實際年齡大概要加減個十歲。這位滿臉笑容、留著金色鬍子的壯漢，看起來像一隻友善大豪豬。費特從小造訪迪士尼樂園，大部分的南加州人跟他有著類似的童年回憶，但大部分的人長大後，並未統領著一百五十個人。費特是「白兔先生」的領袖，也就是迪士尼最大型的社團。他會在週末抵達迪士尼樂園，指揮自己的刺青部落：規畫社團活動、維持秩序，以及出問題時主持公道。費特表示：「每一件事都經過詳細規畫。有的社團成員還以爲一切就這樣神奇發生。我在社團的任務就是讓事情發生。其他人什麼都不用做，來就能開開心心享受快樂時光。」

白兔先生一群人穿越等著「迪士尼光影匯遊行」（Paint the Night）經過面前的家庭，費特如數家珍介紹樂園各角落：這是一個歷史景點、那裡的人行道藏著一隻米奇、這個遊樂設施老是壞掉、那裡一向沒人排隊。「傑克！等等！」有人在後頭大喊。

「這就是我的人生。」費特說：「走個十步，就會有人喊我的名字：『嘿，傑克！』」

在明日世界，飛越太空山的服務人員被他們一大群人嚇到，用學校操場報數的方式，要每個人舉手，在他們一一走過柵欄時，數好人頭，還開玩笑：「我能不能也加入你們？」

白兔先生閒聊自己的迪士尼周邊商品收藏，也講遊樂設施的事。「我的指甲要掉下來了。」「我不能喝伏特加。」「我告訴他，等你毛長齊了再來。」「她眞是輕量級的。」他們站在隊伍前方，等候區滿是單寧背心與沒惡意的垃圾話。一共來了三台雲霄飛車，才把他們整群人送進軌道，消失在黑暗之中。

迪士尼幫派

安納罕迪士尼是都市型的主題樂園。不塞車的話，從洛杉磯市區開車只要半小時就能輕鬆抵達——以南加州的標準來看，等同出家門就到了。數百萬人就住附近，也因此這裡的迪士尼遊客，相當不同於奧蘭多（Orlando）迪士尼或巴黎迪士尼。此外，迪士尼社團也幾乎是安納罕迪士尼專屬的現象。這裡的遊客大多不是一生只造訪一次的觀光客，而是比例高到不尋常的持有季票的地方人士。常有人進去看場秀，吃頓午餐就離開。

相較於奧蘭多迪士尼，安納罕迪士尼十分迷你。新的迪士尼加州冒險樂園蓋好之前，據說奧蘭多迪士尼光是停車場就能放進整個安納罕園區，還綽綽有餘。立在奧蘭多迪士尼正中央的睡美人城堡十分袖珍，比附近許多旅館還小，遊樂設施和藹可親，而非神奇夢幻，不過整座園區不顯得老舊，依舊散發著華特·迪士尼（Walt Disney）當初希望營造的復古溫馨氣氛。

以上種種帶來了忠貞樂園粉絲，就連以迪士尼狂熱粉絲的標準來講，安納罕迪士尼粉絲的忠誠度，依舊數一數二。這座迪士尼樂園帶來「復古日」（Dapper Day）這個一年兩次的粉絲傳統，當天大家會換穿古裝跑進迪士尼。此外還有「嘉里日」（Galliday）——非官方的《超時空奇俠》裝扮日。再加上「圖騰日」（Tiki Day）、「哈利波特日」（Harry Potter Day）、「狂歡日」（Raver Day）。打扮成不同人物是遊樂園文化的一環——每有一個穿灰姑娘洋裝的小女孩，就會有一對穿星際大戰情侶裝的青少年，T恤上寫著：「他是我的安納金」與「她是我的佩咪（Padme）」。也或者會有打扮成《超人特攻隊》（The Incredibles）的一家人。

樂園是穿摩托車幫派背心等奇裝異服的好地點。要是出了迪士尼樂園的牆還穿那種衣服，就有點危險。但是要穿哪一種背心？一共有數百種選擇。雖然有的社團已經停止運作，有的成員屈指可數，上次計算的時候，迪士尼一共有三百多個社團。迪士尼宇宙十分龐大，不得不分衆。「星際大奇航社團」最初是北加州人社團。「皮樂園社團」（Pix Pak Social Club）的成員特別愛皮克斯（Pixar）。「黑暗原力社團」（The Darkside Social Club）與「安納金之子」都是星際大戰迷。「米奇帝國社團」（The Mickey's Empire Social Club）走海盜風。「巫毒分子」（VooDoo Crew）號稱適合家庭。「白兔先生」的成員則大多是服務業員工。

社團標識會放在背心後方，前方則別可以辨認階級、職位與暱稱的徽章。此外，當然還要放自己蒐集的迪士尼徽章。徽章好多好多，有的成員背心上別著密密麻麻的金屬，簡直可以防彈。樂園裡幾乎每間店都有賣徽章，還固定推出限量版，eBay上很多人轉賣。徽章除了代表金錢交易，也傳遞複雜訊息，說出成員的自我形象、投入程度與歷史。與活動有關的徽章，例如迪士尼樂園的六十週年鑽石慶典（Diamond Celebration），是在告訴世人：沒錯，那件事發生時，我人在現場。

此外，還有比較不花錢的胸針——用小型的個人機器自己手工壓製的簡單圓形——社團之間會彼此交換那種胸針，還會分給好奇的遊客。有的幾乎和官方的迪士尼徽章一樣，具備收藏價值。先前一個大團體開心利用心理戰術，用寫著「IDRYBSSC」黑武士胸針，騙別人和他們交換。

「IDRYBSSC」的意思是「我不認得你的爛社團」（I don’t recognize your bullshit social club）。

社團背心上密密麻麻的符號，可以媲美掛滿勳章的軍服，既說出入社的浪漫故事，還具備令人興奮的自我表達功能，靠實物展現出粉絲身分。此外，嘿，看起來酷斃了好嗎。如同某位安納金之子社員所言：「人們跑來告訴我：『我們很喜歡你的衣服，哪裡才買得到？』令人受寵若驚。要不然你以爲在攝氏三十八·八度的高溫底下，我還穿著背心是爲了什麼？」

社團規則

眼前高大的年輕人，八個月前才加入米奇帝國社團，二頭肌上有《小美人魚》主角愛麗兒（Ariel）的大型刺青。講得更明確一點，那其實是一個胸針的刺青：他心目中最至高無上的胸針，非常稀有又昂貴，總有一天他會得到那個胸針。目前的話，他的背心上別著其他《小美人魚》的標誌。「我喜歡《小美人魚》的叛逆精神，愛麗兒讓我心有同感。」

小美人魚年輕人的社團和安納金之子，一起待在陰涼處，對面是華特·迪士尼的雕像。兩群人身上的刺青與穿洞比較少，但髮型同樣亮眼——藍色、紫色、螢光紅。天氣實在太熱，有人脫下背心。塑膠光劍是安納金之子的固定裝扮——他們的官網表示，幹部必須佩戴標準的黑武士紅色光劍——不時會有人拿劍指著某樣東西：「我要喝柳橙冰茶！」咻咻一聲，光劍出鞘，指著賣飲料的地方。

一名安納金之子抱怨：「我在南瓜前面拍照，一個路人居然說：『這群混幫派的人！』我告訴他：『這是一個社交團體！』」城堡前方的觀光客，自拍曬到通紅的臉，融化的防曬油不停流下。

「大家到齊了嗎？好，見公主的時候到了！」光劍在空中揮舞，兩個社團朝皇家劇院（Royal Theater）前進。

先前有過傳言，據說社團之間在樂園發生過暴力事件與地盤之爭，不過社團成員極力否認。大家都很友善，但彼此之間幾乎沒有交集。據傳至少有一個團體（「美國小鎮大街精英社」〔Main Street Elite〕）勸阻自己的成員和其他社團的人來往。不過話又說回來，已經很久沒看到那個社團了。

艾蓮娜．薩賽多（Elena Salcedo）是米奇帝國社團的成員，身材嬌小，一頭紫髮，看起來比較像某個人可愛的妹妹，不像幫派成員嫌疑犯。艾蓮娜穿越園區的幻想世界（Fantasyland），和其他團員一同觀賞「米奇與魔法地圖」（Mickey and the Magical Map）現場表演。

艾蓮娜回憶：「我家多年購買年票，整天都在講迪士尼，什麼都是迪士尼、迪士尼、迪士尼。我長大後開始賺錢，有辦法自己買票，也開始迷迪士尼的電影、音樂與節目。迪士尼什麼東西都有賣，帽子，衣服，應有盡有。先是我家人很迷，接著我自己也開始迷。突然間，我注意到很多團體穿著後面有小圖案的背心，心想：那是什麼？」

大部分的社團都上 Instagram 這個平台，艾蓮娜最先注意到米奇帝國，偷偷觀察兩個月後終於出擊：「我跑到他們面前問：『我已經追蹤你們一段時間，非常感興趣，不曉得能不能和你們做朋友。我也想參加，我想加入和我一樣相信與熱愛迪士尼的團體。』」美國小鎮大街上，一個穿紗裙的小女孩水瓶滾了出去，在人行道上拚命追趕。艾蓮娜一個箭步衝上去，幫小女孩撿起。

「沒人會評斷你，你有很好的同伴，你會很開心。你懂那種感覺嗎？」

米奇帝國的成員必須遵守規定，在迪士尼樂園內永遠得穿著背心。每個星期日下午五點必須見面討論社團事務。玩遊樂設施時，必須禮讓觀光客家庭。還有當然，海盜是他們的最愛。艾蓮娜說：「我們樂此不疲地一直坐『加勒比海海盜』（Pirates of the Caribbean）這個遊樂設施。那是我們的儀式。」米奇帝國的組織模仿航海制度，有三個船長，一個大副。此外，他們的徽章圖案是佩戴海盜帽、眼罩與一把劍的米奇。

社團成員占滿圓形劇場第三排座位。前一排一個小男孩轉過頭，眼睛睜得大大的。他的母親不斷往後瞄後頭壯觀的整排背心，試著吸引兒子的注意力，但徒勞無功。米奇蹦蹦跳跳走上台，大致介紹接下來的音樂劇劇情，六個迪士尼電影人物即將登場。這場表演的目標觀眾似乎是五歲左右的孩童，但顯然對米奇帝國社團來講不是問題。社團船長隨著〈海底下〉（Under the Sea）的旋律搖頭晃腦。底下一個理平頭的壯漢，對著走上台的寶嘉康蒂（Pocahontas）喃喃自語：「妳是史上最棒的公主……」

表演結束後，米奇學到「做自己」的重要一課，可能還學到寬容精神。五彩繽紛的紙花從觀眾頭上撒落，船長拾起掉在自己身上的彩帶，交給興奮的小男孩，幫他繞在脖子上，做成一個大花環。今天絕對是小男孩一輩子最快樂的一天。

米奇自己的私人俱樂部

三三俱樂部（Club 33）是安納罕迪士尼樂園最初唯一提供酒精飲料的地點，隱祕不讓外人知道，除了藏在紐奧良廣場（New Orleans Square）上方，據說基本年費是一萬兩千美元，而且入會要排十年以上，如果迪士尼讓你排的話。謠傳一線明星都是會員，例如湯姆・漢克斯（Tom Hanks）與艾爾頓・強（Elton John）。最近有一名八十四歲的長年會員被驅逐出境，因爲他把這裡的晚餐入場劵拿去慈善拍賣。

要進三三俱樂部的話，得按下門旁的黃銅對講機。未嚴格遵守服裝規定的客人，可能拿到一條「遮羞披肩」，蓋住裸露肩膀。那就像一個大大的紅字，讓大家知道他們是無知外人。三三俱樂部和私人度假勝地一樣，雖不是梵蒂岡圖書館，依舊充滿神祕氣息。

酒吧主廳充滿優雅氣息，琳琅滿目的彩繪玻璃，閃著水晶金光的深色木頭，巨大古董有如舞台道具。隱祕的小角落掛著畫，等得夠久的話會移動。每一樣東西都令人目眩神迷，有如一座舒適攝影棚或劇場布景。然而，三三俱樂部很美沒錯，不過外頭大量的時髦酒吧也毫不遜色，而且不需要繳等同美國居民大學學費的會費就能進去。三三俱樂部的誘人之處，不在於壯觀水晶吊燈。

今天下午的客人是富裕中年人，髮型樸素，穿著兩件式毛衣，人人戴上端莊珍珠、高雅手錶，以及不可能看不見的超大鑽戒。空氣三不五時飄來濃郁甜美氣味，一聞就知道是要價驚人的純威士忌。某幾位會員身上的確有會員標誌，例如低調的迪士尼金手環、三三俱樂部棒球帽，不過很難想像這裡的人會穿眉環。

我們今天下午是受邀前往。白兔先生社團人數衆多，總有認識的人可以帶他們進來。費特表示：「我們最初過來的時候的確穿著社團背心，沒想太多，但據說有的俱樂部會員感到有點不舒服，所以我向社團每一個人公布：『嘿，如果剛好有人去那裡，別穿背心。看是擺在置物櫃，或是摺起來掛在手臂上，想辦法融入。』低調一點是爲了整個社團好。」

費特的太太蜜西・L・費特（Missie L. Fite），也是白兔先生的成員，她同意先生的看法：「一開始有一些誤會，或許最初人們有點怕我們。不過等大家終於認識我們，他們覺得：『哇，這群人蠻酷的！』」

我們入席前，走過外頭兩個女大生。她們戴著亮片米老鼠耳朵，和一個寫著「三三」的白色與金色大招牌合照。她們搞錯地方了；那塊牌子是圈套，眞正的入口是一扇沒有明顯特徵的門，藏在幾道門之外的天橋底下。那道門比較低調，不過上方的彩繪玻璃依舊有顯眼數字「三三」。三三俱樂部地點隱祕，不會被好奇人士窺視，不過依舊得保持大衆的好奇心，才不會失去誘人魅力。華特・迪士尼是營造神祕色彩的大師。蜜西表示：「三三俱樂部是與衆不同的世界，和其他遊客看到的不同，不是每個人都進得來。這裡有一股特殊氛圍，來這裡會讓你感到自己很特殊，你會感激涕零。」

崔特・凡內嘉思（Trent Vanegas）是安納金之子侍衛長，朋友平日受邀至三三俱樂部，他偶爾也會連帶被邀請，但目前爲止都拒絕。凡內嘉思表示：「我受寵若驚。三三俱樂部是我的聖盃，但我希望有一天正大光明走進去。」我們問起三三俱樂部時，好幾位迪士尼的帥哥美女粉絲裝出暈眩的樣子，還有人說自己曾試圖靠錢或香菸賄賂混進去。

凡內嘉思的社團，坐在「迪士尼樂園故事呈獻林肯先生的偉大時刻」（The Disneyland Story presenting Great Moments with Mr. Lincoln）地板上。這裡是園內除了遊樂設施外，少數有空調的大型空間。凡內嘉思在早期樂園設施概念圖旁晃來晃去。四十多歲的他頂著時髦髮型，脖子上有一個巨大星形刺青，平日是名人八卦部落客。

凡內嘉思與其他幹部緊張兮兮，即將和會長談「內部出現的議題」。副會長昨天發燒在家，雖然高燒不退，仍硬撐著身體出席對質。凡內嘉思不肯講會長做了什麼，反正不是好事就對了。

每個社團維持紀律的方式不同，導致懲處的規定也不一樣。有的有服裝規定，有的不允許喝酒，不過幾乎所有社團都要求嚴格遵守迪士尼樂園官方規定。

違規的後果不一。凡內嘉思解釋：「幾乎所有處罰都有緩刑。在那段期間，受罰的會員完全不能在園內穿背心。」如果是非常嚴重的違規，可能被逐出社團；所有的安納金之子入社時都得簽下合約，聲明自己知道社團徽章不屬於他們。如果被踢出社團，必須繳回，拿回五成退款。社團成員知道，迪士尼樂園隨時可能改變自由放任態度，沒人想惹麻煩，害大家被解散。凡內嘉思表示：「從來不曾發生打架或逮捕事件，沒有任何那一類的事。這裡是迪士尼樂園。如果你居然會想跟人在迪士尼樂園打架，你完全搞錯地方了。」

「每個人都是每個人的朋友」

今天下午，白兔先生占據「索諾瑪之家」（Sonoma Terrace），對面是迪士尼加州冒險樂園的太平洋碼頭（Pacific Wharf）。五張桌子併在一起，四面八方穿著背心的群眾互相打招呼：「嗨，哥們。」「眞高興見到你！」這是一個多元團體，不過多數人都走搖滾風。吧台後也有一位白兔先生，但沒穿背心——他在這間餐廳工作。

白兔先生的階層簡單粗暴。徽章上寫著撲克「A」的人是十二位創始成員。許多老社員背心上都有綽號，徽章上寫著「流氓」（Tramp）或「灰熊」（Grizzly）。不過除此之外，要分辨地位高低有點困難。費特嚴格來講是「紅心A」，不過他的四位副手分別是「梅花K」、「黑桃K」、「紅心K」、「方塊K」。花時間協辦慈善與團體活動的人是Q和J。

頭銜可以維持秩序。「如果隨便一個人跑出來，告訴另一個人：『嘿，不要那麼做。』被制止的人可能不甩，回嗆：『你誰啊，憑什麼命令我？』有階級的話，就會有人地位比你高。有人越界時，地位高的成員可以站出來說話：『聽著，你不能那麼做。』或『你喝太多了，這樣太難看。拿下徽章，你影響到整個社團的名譽。』」

三名新成員縮在桌子最遠處，小口小口喝著塑膠杯裡的啤酒。他們今天來入會。三人之中，打扮入時的年輕情侶似乎有點嚇破膽，不過剩下的黑髮男，臉上掛著笑容，和每一個靠過去的成員握手自我介紹。

入會還不到一年的亞倫．W（Aaron W.）講出自己的故事：「剛退伍的人很難交到朋友。」亞倫先前從喬治亞搬到聖地牙哥，找不到工作，陷入憂鬱。後來大約在去年萬聖節，兩個朋友邀他到迪士尼樂園。亞倫回想：「我目瞪口呆。當時是十一月，樂園剛把耶誕節裝飾擺出來。我感覺終於回到家。光是看到那裡的孩子那麼快樂，我就走出煩惱。」亞倫雖然沒工作，當天就掏出一百三十美元，把一日票升級成季票。

亞倫表示：「我想加入一個像大家庭、也願意幫助他人的團體。我就是那樣認識費特。這是一個好團體，那就是為什麼我選擇白兔先生。我的價值觀是我想要幫助人，也想要有一個家。沒家的人，不可能真正幸福。」

許多入會故事都強調「家」的概念。另一名白兔先生解釋：「加入後，你可以和一大群朋友在一起，每個人都是每個人的朋友。我從小到大沒有兄弟姐妹。這個社團的向心力，大家提供的友誼，把人吸進去。」社員一起打球，一起露營。要是有人病倒，或是碰上爆胎，大家會伸出援手。如果有成員無法經常出席，還會輪流直播玩遊樂設施的畫面。

三名新成員表現如何？一名老社員說：「目前看起來還好。」他對著三人友善點點頭，「只要不是爛人，我們都收。」

跟白兔先生比起來，有的社團加入儀式比較像共濟會，可能得花數月時間通過全套考驗。米奇奇兵（Mickey's Raiders）是印第安納瓊斯式社團，某位成員提到自己當初的入會儀式：「如果要正式加入，得找到三隻隱藏版的米奇。我在煙火裡找到一隻，一隻藏在一棟建築物裡。接著他們會給你一些小任務，例如坐你最不喜歡的遊樂設施。我最討厭驚魂古塔（Tower of Terror）。」米奇奇兵社團和社名一樣，充滿尋寶精神。社員解釋：「我們就是寶藏，我們是大家缺少的家人。如果接受寶藏，就會擁有無價之寶。」

遠方，皮克斯動畫大遊行（Pixar Play Parade）正在經過，魚兒遨遊四方，還有螞蟻、毛毛蟲、毛茸怪獸。酒吧內正在計畫晚上的活動。先在「庫卡蒙格廚房墨西哥燒烤餐廳」（Cocina Cucamonga Mexican Grill）吃晚餐，接著可以到「愛麗兒的海底冒險」（Ariel's Undersea Adventure），然後再到「瘋帽子茶派對」（Mad T party）。

一名白兔先生解釋：「為什麼我選白兔先生？因為其他社團都是偽君子和討厭鬼。」他喝了一口啤酒，「重點是跟著他們蒐集胸章。」

天雷勾動地火

成為粉絲是一種轉變的經歷，非常私人，還可能改變人生。我們是如何迷上一樣東西的故事，就跟當初是如何認識另一半或選擇職業生涯的故事一樣，組成我們的個人神話（personal mythology）。

一個人是如何變成粉絲的故事，通常有兩種。最常見的那一種，和許多迪士尼社團成員一樣，是「被帶入圈子」（social-first method）。先是認識了一群人——家人、朋友的朋友組成的團體、工作上認識的同事——接著熟起來之後，發現自己受那個團體喜歡的東西吸引，最後自己也享受那樣東西。社交是最基本的粉絲活動，我們和其他粉絲愈像，就會變成愈好的朋友。我們把那個團體的部落顏色與符號放在身上，向其他成員展示我們也是一員。

米奇帝國的艾蓮娜起初是因爲家人喜歡，才接觸到迪士尼，對迪士尼所知不多，但多年感染家人對於迪士尼的熱情之後，今日自己也喜歡上。堪薩斯大學（University of Kansas）的新生，可能變成母校傑鷹隊（Jayhawks）的球迷。朋友在玩精靈寶可夢GO（Pokémon Go）的人，可能也想跟著玩玩看。歌劇愛好團體的新成員，學會欣賞帕華洛帝（Pavarotti）。因爲這類原因成爲粉絲的人，雖然眞的對自己著迷的東西抱持深刻情感，最重要的是那樣東西讓粉絲能和自己的團體產生連結。

另一種粉絲故事則是機緣巧合之下，第一次體驗到日後會著迷的東西，例如亞倫是在孤單與「陷入憂鬱」之時，恰巧在佳節期間去了一趟迪士尼。碰！一時天雷勾動地火，他感覺到了，立刻有共鳴，心中湧出滿滿的情感。生平第一次看到蝙蝠俠漫畫的青少年，喜歡上叛逆與正義的硬漢情節。二戰期間駐紮法國的美國軍人，寫信回家描述人生第一次吃到美食後，突然對烹飪充滿熱情。一樣東西引發我們心中共鳴後，我們感覺對了，感到與那樣東西產生深刻連結。那個出乎意料的感受打中我們，我們突然明白自己是什麼樣的人。

由於「天雷勾動地火」的粉絲故事，一般不是發生在現成的社群，新出爐的粉絲會先度過一段孤單時期，接著才找到其他有志一同的同伴。當新粉絲發現，原來自己不是世上唯一如此著迷的人，通常會鬆了一口氣。自從網際網路問世，那段孤單期縮短。今日只要選擇正確的搜尋關鍵字，就能找到其他粉絲，不過依舊會有一段找到同類前的時期。

爲什麼我們會迷東西

如果想建立強大粉絲團體，首先要了解爲什麼潛在的粉絲會入圈。他們是怎麼進去的？雖然粉絲的愛是單向的，他們感受到的情感是眞實的。粉絲想親近自己著迷的對象是在尋找什麼？粉絲團體的成員，顯然因爲身爲團體一員得到好處，但不能忽略的是，那個好處的本質必須符合每位成員想加入的動機。沒人會無緣無故就突然參加粉絲活動。

任何一位迪士尼社團的成員都能告訴你，加入社團是如何幫助他們走出封閉的自我、打敗憂鬱，或是增進自信。對很多粉絲來講，找到自己的社群是改變一生的事件。他們找到自己，覺得自己成爲更好的人。「爲你好」的粉絲文化尤其鼓勵提升自我，例如聽新世紀（New Age）或宗教音樂、參加知性活動。喜愛跑步或跳舞的團體則能幫助成員維持身材。

粉絲經常提到部分學者所說的「奇蹟故事」（tales of the miraculous）——粉絲覺得自己熱愛的東西具備神奇正向的力量：聽某某樂團的音樂，讓我走過痛苦的分手。看見某某運動員那麼努力，幫助我撐過痛苦的病痛。某某漫畫書在我覺得人生無望時救了我。

有一派理論認爲，粉絲文化讓人培養出技能。內容創造、領導能力、傳福音三件事是粉絲文化的重要元素。許多能讓履歷好看的能力，是在爲著迷對象奉獻心力的過程中培養出來。此外不用說，粉絲知識與社交活動是建立自信與人脈的重要方式。大量白兔先生都在服務業工作，想找新工作的人，可以請其他白兔先生提供建議。

對某些人來講，粉絲文化的魅力在於有趣，暫時不必去管成人的規矩，可以停止假裝自己是成人，開心享受魔法、神祕與奇幻帶來的樂趣。迷東西讓我們得以遠離無聊的塵世，體驗到歡樂童趣。

此外，人們在尋找一個家。任何向心力強的粉絲團體，幾乎不可能不強調家的概念，成員在彼此的生命中扮演家人角色。當然，由於人們常在粉絲團體中譜出戀曲，有時變成貨真價實的「家人」。光是二〇一六年一年，白兔先生社團就預定舉辦五場婚禮，新人全是社員。

點燃熱情的溫情攻勢

費特能讓白兔先生有今日的規模並自行運作，靠的是不間斷的內容創造與互動。「我們替社員成立臉書社團，還密集轟炸 Instagram。我知道要成功的話，得讓人們感到有趣。我每天都登入。人們加入一個社團後，會上去看有什麼新鮮事，然後隔天又回去。如果沒看到新東西，就不會再造訪那個社團頁面。我們花了很長的時間，終於發展到今日的規模，就算我現在放手不管，大概也沒關係，自然會有人發文，大家會一直上去。」

借用科學術語來講，粉絲團的發展是一種「湧現行為」（emergent behavior），沒有單一公式。要等到團體成形後，才可能回顧究竟是哪些條件讓這個團體冒出來。提供基本元素——例如個人互動平台與粉絲社交平台——或許能帶來有凝聚力的團體，但不一定能成功。不過，不論一個團體是如何形成，任何新粉絲團體的第一個挑戰，就是達到團體能自行運作的最低人數。

粉絲文化是一種社交行爲；找不到人一起迷的粉絲，不會迷太久。高明的粉絲社群知道，要達到能自行運作的人數需要一段時間，會想辦法在尚未發生群聚效應之前嘉惠成員。早期的活動設立低進入門檻，而且就算是沒貢獻的成員，也能享受樂趣。

早期成員是非常重要的火種。鼓勵早期成員是非常重要的團體創辦技巧。借用邪教討論的詞彙來講，許多團體創辦人會利用「溫情攻勢」（love-bombing）的手法，不斷讚美關心早期成員，好讓他們持續參與。

讓粉絲能用各種方式以各種程度參與，將可加快粉絲團邁向自行運作的速度，還能提供更活躍的整體粉絲文化，除了不需要一直噓寒問暖，團體也比較能適應變化。高山滑雪的粉絲如果收入減少、買不起裝備，或是傷到膝蓋，搬到沒山的地方，就很難繼續當粉絲，但得了糖尿病的可口可樂粉絲就不一樣了！可口可樂的粉絲文化能夠抵擋健康、身分認同、收入、所在地、年齡、品味方面的變化。再也無法喝下可口可樂這種棕色氣泡飲料的粉絲，依舊可以蒐集可樂動物玩偶，用可樂瓶蓋拼成圖形、用可樂清理生鏽硬幣、軟化牛排，或是讓地板防滑。

如果想評估一個粉絲，最直接簡單的依據就是「時間」。想知道一個粉絲在團體中的社會地位多高，通常只需要看他們花多少時間參加相關活動。如果永遠都在創作、做事、互動，這種人大概是超級粉絲。如果能讓粉絲投入更多時間，粉絲會成爲更高階的粉絲。也難怪有的迪士尼社團明定出席要求，確保成員保持活躍向心力。

凝聚團體的活動

「美國小鎮大街精英社」究竟發生什麼事？似乎沒人說得清。大街精英是最早出現的社團，據傳活躍成員曾經一度多達一百多人，但突然就消失了——已經有好幾個月，沒人在樂園裡看見他們的招牌復古米奇標誌。

依據某位前社員的說法，大街精英的成員愈來愈雜，年輕幹部很難維持秩序。另一則謠言說，大街精英的入會儀式叫人在樂園偷東西，所以社團被禁。也或者成員就是沒興趣了？不管原因究竟是什麼，一切只是道聽塗說。

「有的社團，你看見他們在迪士尼樂園走來走去，看起來好像從大賣場的同一間店走出來，例如熱門話題服飾店什麼的。他們全都看起來一模一樣，調調都差不多，都留著超酷陽剛鬍子……」費特停了下來，「好吧，我自己也留著超酷陽剛鬍子，但他們的外型和給人的感覺，完全就像複製人。我認爲超級嚴格的那種社團，那種領導者是控制狂，每一件事都要發號施令，那種社團都不見了。」

增強粉絲團體向心力的技巧稱爲「團體凝聚力活動」（group cohesion activities）。相關活動讓人們在最初接觸團體後，還會持續參與。此外，此類活動可以定義粉絲團體，強化人際關係，留住每一個人。如果要讓團體長久，領導者少不了這一類的活動。

粉絲搶地位

人們參加團體時必須展現自己——展現知識、品味與能力。此外，還得比較自己和其他人，並被唯一重要的人士——其他粉絲——認可爲「好粉絲」。幾乎所有活躍的粉絲社群，都有某種公開或暗地裡的架構，好讓粉絲能夠在那個社交階級架構中搶地位。粉絲需要能把自己視爲一個團體的管道，占得一席之地，判斷自己是否遵從了團體文化。想獲得彼此認可的欲望，讓粉絲團體得以凝聚在一起，專注於團體目標。愈符合社群成功標準的粉絲，其他粉絲愈尊敬他們。

成年的迪士尼粉絲被大力鼓勵進入樂園時，最好不要穿全套的迪士尼打扮，以免被誤認成工作人員。迪士尼出名地不願意放棄對於自家智慧財產權的控制，也因此出現「類迪士尼打扮」（Disneybounding）現象，也就是穿具備迪士尼代表性的服裝，但不能完全照搬迪士尼人物的打扮。緊身綠色牛仔褲、淺綠色 POLO 衫，加上淡棕色靴子，讓人想起彼得潘（Peter Pan）。藍色毛衣、飄逸黃裙、外加閃亮紅心皮包，令人想起白雪公主。

選擇迪士尼世界的配角來做「類迪士尼打扮」（Disneybound 現在也變成英文動詞），例如扮成《小飛象》（*Dumbo*）中的老鼠提姆（Timothy Mouse），難度高過扮成熱門角色，例如《冰雪奇緣》的艾莎女王（Queen Elsa）。在外人眼中，只感覺那樣的打扮雖然顏色超級鮮豔，但又不失可愛。不過懂的人就知道是自己人。萊斯麗・凱（Leslie Kay）是最初讓這個概念在部落格上流行起來的粉絲，她本人有如迪士尼粉絲文化的偶像。時代雜誌網站（Time.com）近日一個標題，戲稱「類迪士尼打扮」爲「比原汁原味稍稍不尷尬的新型迪士尼角色扮演」（New Kind of Disney Cosplay Slightly Less Embarrassing Than Original）。

粉絲文化中，建立地位的活動五花八門，不過以迪士尼視覺性這麼強的粉絲文本來講，大家最喜歡的方式是展示自己。類迪士尼打扮可以展現出自己多投入迪士尼。迪士尼樂園的社團成員在背心上，放上特別罕見或具備特殊意涵的徽章與胸針，其實是在展示地位。此外，徽章圖案還能展示社團位階，例如撲克牌的A、J、Q。當然，如果是昂貴徽章，也能展現出非常實際的經濟地位，不過整體而言，此類物品主要象徵著粉絲有多全心投入自己著迷的東西，例如排隊苦候數小時、有門路搶到最後一個徽章。就算花的錢一樣，費盡苦心排出的徽章蒐藏，永遠勝過直接購買迪士尼的官方「徽章交換入門組」（pin trading starter set）。在一般人眼中，這些小東西沒價值，只有少數幾個能解碼的人會懂。

如同學者薛基所言，自己創造出來的東西，吸引力大過接受專業人士製作的東西，就算專業版的品質較好也一樣。玩手機遊戲時，我們認識的人或許能在兩小時內就破關，但我們不會因此想讓朋友代替我們玩，寧願自己花三星期想辦法。扮成各種人物時，不論是萬聖節或粉絲大會的出席者，自己縫製的衣服，勝過從店裡買來的現成商品，就算大量製造的版本比較漂亮也一樣。迪士尼社團背心背後的標誌，有的美不勝收，有的不是那麼精緻，一眼就能看出來出自業餘人士之手，然而社團成員聊到自家社團的第一件事，常是手繪標誌：「這是我們的成員做的。」沒人想得到從電腦預設圖庫中複製/剪貼下來的標誌。粉絲內容究竟**品質**如何，重要性不如創作時投入的時間心力。

迪士尼注意到類迪士尼打扮現象後，最近也授權相關風格的衣服——令人聯想到迪士尼人物的日常服飾。然而迪士尼或許該留意，粉絲團體高度重視的是投入的時間與創意。粉絲地位是靠自己花的心血贏來的，沒辦法用錢買。試著「靠錢買地位」的粉絲，通常會被嘲笑是東施效顰。聰明人知道何時不該干涉粉絲尋求團體地位的活動。如果要插手，也只會支持，例如靠著排行榜、計分卡或競賽等工具，提供官方表揚給最努力的人。

交換資訊與禮物

水分子藉由讓電子在氫氧原子間跑來跑去，凝聚在一起。把球傳來傳去的足球員，永遠不會脫離自己的踢球力道所及範圍。粉絲團體靠著禮尚往來，互相交流人情、物品與資訊，凝聚在一起。成員在團體之中累積文化地位時，也是在建立社交資本——讓團體凝聚在一起的人際網絡、合作與信任。分享讓團體得以天長地久。

有時分享是實物的分享；社團發放的胸針是珍貴的身分標誌，不會隨便給人。委託製作實物或數位版的粉絲藝術禮物、飾品、幫忙找答案、講解做法，都是很好的「傳遞給其他粉絲」（passing）的分享素材。回答另一位粉絲的問題也是一種分享。此外，在其他粉絲失戀時提供安慰，或是在彼此的社群媒體文章上按「讚」，也是一種分享。在網路上秀出自己的類迪士尼打扮，是提供網站連結、告訴其他人去哪裡買的好方式。這除了是在炫耀自己的粉絲能力，也是在悄悄鼓勵大家一起試試看。

表揚與讚美

有一句話說，人不會爲錢做的事，會爲了愛而做。從價值無法量化的角度來看，粉絲團體的分享活動是無價之寶。如果把分享活動定出價格，粉絲聯絡感情的互動，將變成買賣關係。許多品牌落入陷阱，靠提供知名粉絲某種形式的金錢獎勵，鼓勵他們分享內容，這種做法完全與粉絲團體內最重要的成就感背道而馳。成就感應該來自個別成員努力讓整個社群獲利。愛，絕不能標價——人們會爲了獲得社群地位，做他們永遠不會願意爲錢做的事。

「表揚」與「讚美」是讓團體成員積極參與的兩大利器。最好的鼓勵方式，就是讓參與者因爲替自己做到的事，獲得關注與認可，以及因爲替團體做到的事，獲得感謝與讚揚。創作社團標誌的粉絲，可以獲得其他成員的讚美。大家會誇獎他們的藝術天分。要是做對其他每位成員都有好處的事，也會獲得感激。

聰明的團體領袖會想出辦法，讓創作者獲得崇高社團地位——例如把他們升級成白兔先生社團的Q或J。這不是一種「噓寒問暖」手段，而是被自己尊敬的人鼓勵所帶來的激勵力量。

處罰不守秩序的人

近日大家排隊三十六小時等著領徽章時，一群白兔先生被指控在隊伍裡亂丟垃圾。其他社團很快就把這件事傳出去。費特回想：「他們說：『看看那群白兔的德性，以爲自己可以爲所欲爲。』」白兔先生立刻在社群媒體上向大家致歉，被指控的成員各捐二十美元給國家公園基金會（National Park Foundation）。白兔先生平日雖然戲稱自己是「迪士尼社團中的害群之馬」，但其實奉公守法。整體而言，迪士尼社團目前尚未引來任何迪士尼的官方譴責，可能是因爲他們嚴以律己。在外人眼裡，迪士尼社團高層靠合約、罰款與「嚴肅討論」等方式維持秩序，有點荒謬可笑，卻是社團能長期維持穩定的關鍵。

雖然嚴格來講，粉絲對團體的忠誠度從高到低都有可能，粉絲實際上通常會自動分成內外兩圈。內圈是核心成員——他們是超級粉絲。包住核心的外圈則是參與度較低的其他成員。有的超級粉絲地位非常高，自己也成爲大家崇拜的對象。粉絲永遠可以用很多不明顯的方式，秀出自己有多投入。團體要有凝聚力的話，少不了這樣的超級粉絲。團體開始成長時，將愈來愈難靠強迫方式要所有人留下。團體主持人可以監督每一個互動是否符合規定與大家熱愛的精神，然而成員超過一定人數後，不可能事事監督。團體規模大到不可能採取由上而下的秩序管理法之後，必須靠成員內化團體的社會規範，彼此監督不可違規。

由於超級粉絲是團體文化中最死忠的人——他們的社群地位靠死忠來維持——他們是最適合要求大家遵守團體規範的人選，由他們決定哪些行爲可接受/不可接受，以及創造新傳統。此外，他們還決定著怎麼樣才算合格成員。舉例來說，歌手湯姆．佩蒂（Tom Petty）的粉絲，遵守信仰虔誠、重視家庭與生活嚴謹等嚴肅社會規範。他的粉絲團體可以討論大麻，但不能討論海洛因。雖然大家都知道佩蒂本人曾海洛因成癮，在他的粉絲論壇上，要是有人試圖把對話引導到違反善良社會風俗的方向，超級粉絲會立刻跳出來譴責。

團體成員彼此之間相像的時候，只要有一小點不一樣，就會感覺差很大。成員想展現出個人特色時，團體就會再分成次團體，有時還引發激烈爭辯。團體有時能抵擋住脣槍舌劍，有時沒辦法；超級粉絲會幫忙維持秩序，在分裂變得太嚴重之前，決定哪些言論可以接受，哪些不行。當內部爭論得太過火，超級粉絲必須有能力把對話拉回來，讓團體內部的爭權奪利維持在可接受的範圍。如果有人違反團體內化的規定，處罰那些人可以維持粉絲團體的向心力。此外不可少的是，內鬥也帶來樂趣——叫不乖的人乖一點很有趣！這個概念借自前文討論粉絲研究史時提到的第二波粉絲文化：強迫別人遵守我們定下的（有時沒什麼道理）的規則，令人心情舒爽。

參與儀式化爭論

沒錯，爭論有時其實是一種粉絲文化的正常現象。給年輕成人看的《暮光之城》系列，粉絲自己分成兩派陣營：一派認爲年輕的女主角貝拉，應該和又帥又深情的狼人雅各約會。一派則認爲她應該和也又帥又深情的吸血鬼愛德華約會。愛德華派與雅各派一一細數主角長處，熱烈爭辯究竟誰比較適合當男朋友（愛德華比較老成！雅各比較可愛！）。兩派人馬製作網路幽默圖片，畫畫，寫同人小說，成立成千上萬部落格，發表社群媒體文章，證明自己支持的才是正確人選。

別忘了，粉絲是依據幻想出來的人物互動。我們聲稱暮光之城其中一個主角，比較適合當貝拉的男友，但他們全是虛構人物。這兩個情敵眞的會爲了贏得貝拉的愛而打架嗎？在電影裡演出這些角色的演員，需要在片場分開他們嗎？他們真的其中一人是「比較好」的約會對象嗎？他們兩個成年人會想和暮光之城的少女粉絲**其中一**人談戀愛嗎？大概不會。然而厲害的社群知道何時該以和善的方式，鼓勵這類型的儀式性對抗賽。

前文提到的索諾瑪之家聚會散會不到一週，某位白兔先生在臉書上被罵，因爲傳言指出，他和迪士尼樂園的工作人員講另一名白兔先生的八卦。白兔先生雖然是相當和善的社團，大家依舊是人。所有團體都一樣，得來點刺激興奮的事件，才能讓事情生動有趣。

學者薛基指出：「社群系統有兩種模式——活躍與死寂。」社群內的意見分歧可能讓團體四分五裂，但刺激興奮的事件則通常不然。表面上吵個不停、爭論不休，反而可以讓粉絲團保持在熱鬧狀態。人們要夠在乎一個社群，才會願意花那個力氣脣槍舌劍。

好多、好多的擁抱

迪士尼樂園官方似乎容忍迪士尼社團存在，不難在樂園裡見到工作人員與社員互動（一名官方樂園攝影師在稍早的安納金之子集會大喊：「爲什麼天行者安納金〔Anakin Skywalker〕亂入鏡頭？回去你們的黑暗世界！」所有人一起呻吟）。工作人員有時會在網路上抱怨社團成員插隊、嚇到遊客與大聲喧嘩，迪士尼粉絲論壇也對這些持季票的人不滿，不過就連最不滿的人士也通常承認，許多其他樂園遊客其實更糟。至少目前看起來迪士尼社團可以繼續存在。

每個星期日晚上，迪士尼加州冒險樂園舉辦「瘋帽子茶派對」，一旁是「怪獸電力公司麥克與蘇利文來救大家了！」（Monsters, Inc. Mike & Sulley to the Rescue!）遊樂設施。這場活動是眾多社團每週彼此詢問的話題：「你要去茶派對嗎？」「那裡會有女生！」「我等一下會去茶派對。」當然，派對有時也在一週之中其他天舉行，不過星期日那天的派對，社團會全員出動。

舞台上，穿著龐克風愛麗絲夢遊仙境打扮的表演人員，大聲唱出熱門經典旋律，她不是昨天扮演愛麗絲的同一位工作人員，但台下群眾瘋狂尖叫，就好像自己追了這位歌手好幾年。有的人爲了搶到前排位置，花數小時排隊。表演人員依據精心設計的流程，在台上跳出龐克風舞蹈，「刻意安排」的感覺非常重，有如百老匯音樂劇乾淨版的淫穢龐克表演。

瘋帽子茶派對很容易讓人憤世嫉俗——假的顛覆，精心安排過的歌舞劇場，然而埋怨這不是眞搖滾的人搞錯重點：這場表演本來就不是要讓人感覺是眞的，這是迪士尼。替假裝是龐克歌手的演員歡呼，荒謬程度不會勝過替假扮成公主的演員拍手，然而成人也需要可以歡呼的對象。相較於迪士尼每晚節目都得做到老少咸宜，大小通吃，娛樂到所有人，直接給觀眾「眞的東西」反而簡單。

第二舞池旁，米奇奇兵的成員，正在和「電子世界守護者社團」（Tron City Guardians）交換胸章，後排座位上還有幾名正在握手社交的「循規蹈矩社」（Live by the Code）成員。米奇奇兵擁抱米奇帝國的人，一名安納金之子擁抱另一名安納金之子，所有人抱成一團。廣場對面，搖滾歌曲〈我就需要你〉（Just What I Needed）不著痕跡地接到另一首〈蜘蛛網〉（Spiderwebs）。

白兔先生占據桌上曲棍球隔間後方的吸菸區，大家三三兩兩坐在花台與路邊，背後的社團標誌面對著夜晚。他們有好多人，**好多好多**，而裡頭很暗。

一名白兔先生說：「人們看到我們的時候，以爲：『那群人大概是幫派，大概是一群粗人』。人們只看見背心。現代社會對我們有成見，但我認爲很多人只是被嚇到。我們的刺青，我們的光頭，人們覺得：『哎呦，看起來好可怕。』等你眞的認識我們，我們只是一隻大型泰迪熊。我穿紅背心，但沒那麼可怕。」一旁，另一名理平頭的白兔先生，正在和一個穿蓬蓬裙、背上有仙女翅膀的小女孩跳舞。兩個人笑到喘不過氣，畫面可愛極了。

樂團演奏出木偶奇遇記的龐克版〈當你向星星許願〉（When You Wish Upon a Star），每個人湧到歡呼的群衆旁。舞台後方，兩層樓高的螢幕放出華特．迪士尼開幕那天的歷史畫面。台上所有工作人員奮力表演，抓著樂器，汗水流過妝容。觀衆尖叫跺腳，就好像眼前是超級天團正在謝幕。群衆之中，有人揮舞光劍。

費特大笑：「這一切有點荒謬，對吧？」的確是，但也十分有趣，就好像我們所有人身處一個荒謬的大玩笑，整群人一起做這件荒謬的事，世界因此美好。

6 粉絲是幹嘛用的？

凡掌控了＿＿＿＿＿＿，就掌控了世界

寄自：凱倫・艾沃克

「我四月二十七日要結婚，婚宴上要玩你們的遊戲！」

寄自：毀滅人性卡片（Cards Against Humanity）

「你知道五成的初婚會離婚嗎？」

寄自：法蘭克・史蒂克

「你們就老實講，到底什麼時候才會有庫存？誰會眞的去史泰博文具行（Staple）自己印卡片？我就不會。你們有效率一點好不好，搞屁啊。」

寄自：毀滅人性卡片

「毀滅人性卡片總有一天會有庫存。要不是你這麼沒禮貌，我們本來會告訴你詳細日期。」

寄自：法蘭克頓・奧瑞費思

「我買了大黑盒（Bigger Blacker Box），但我老爸一屁股坐在上頭壓壞了！有沒有可能換一盒新的？」

寄自：毀滅人性卡片

「長遠來看，換掉你老爸是比較有效率的做法——荷莉敬上。」

寄自：漢彌頓・B

「你們的卡片適合的年齡層是幾歲？我十五歲的兒子想買一盒，但我還在考慮。」

寄自：毀滅人性卡片

「答案要看你想當多爛的老爸。」

寄自：戴爾・卓本

「你們可以回我一封汙辱信嗎？寫什麼都好。好不好？太酷了。戴爾敬上。」

寄自：毀滅人性卡片

「你不值得我花時間——大衛敬上。」

二〇一四年耶誕節過後，二十五萬人打開信箱，發現一本標題是〈你真該爲你寄的信感到羞愧〉（Your Emails Are Bad and You Should Feel Bad）小冊子。那封長三十六頁的電子郵件，附上顧客寫給毀滅人性卡片客服部門的信件、以及毀滅人性卡片公司的回應。那二十五萬收到信的人，先前都付了十五美元，購買毀滅人性卡片公司的「不知道十天還是幾天的寬札節」（10 Days or Whatever of Kwanzaa）禮物盒。盒子裡放著漫畫、一包會改變食物味道的糖果、承諾會賄賂幾位政府官員的信，以及「你絕對不該拿去破壞公物的一堆貼紙——那絕對是錯誤的事」。

毀滅人性卡片的粉絲——只有粉絲才會肯花十五美元，買遊戲製造商出的這樣一盒亂七八糟的垃圾——非常喜歡那本小冊子。〈你眞該爲你寄的信感到羞愧〉目前在 Goodreads 線上閱讀心得社群得到四．三顆星（滿分五顆星）。

毀滅人性卡片遊戲有兩組卡片：「黑色問題卡」加「白色答案卡」。黑色卡片用幾個字或一句話問問題，白色卡片則是可能的答案。每一回合，擔任裁判的玩家大聲讀出黑色卡片，剩下的人要用白色卡片挑出最好的答案。這個遊戲最好要和不在意出口成髒與嘲諷技能全開的朋友一起玩。黑色卡片要是寫著：「我上次爲什麼會分手?」，對應的白色卡片可能是：「美國夢」、「生日會開得太爛」、「自以爲是」、「胎兒」、「白人至上」、「下面的『棒棒糖』太大隻」。那些卡片有百分之百的機率至少有一張會提到性、體液、名人（以及名人的性行爲與體液）。公司定期出補充包，好讓卡片上的幽默夠賤、夠跟得上時事。

YouTube 頻道「週日宅宅」（*Geek and Sundry*）的〈桌上〉（TableTop）遊戲節目，有一集介紹毀滅人性卡片，演員主持人威爾．惠頓（Wil Wheaton）警告：「你不想看這一集的〈桌上〉。這集會冒犯所有人，下流粗鄙，品味低俗，黃到不行。如果各位對這種事很敏感，或是什麼事都能觸怒你，建議還是改看別集比較好。」

毀滅人性卡片由一個專門的團隊，負責回答顧客來信，工作人員大多是有一天希望能熬出頭的無名作家與喜劇演員。他們的工作內容其實不像客服，比較像創意寫作。如果有顧客寫信問何時會有庫存、建議公司出講職場的卡片，或是抱怨產品寄丟，公司的官方政策是解決問題……接著立刻嘲諷提問的顧客。

珍．班恩（Jenn Bane）是公司社群長（如果換成別家公司，大概會叫她客服經理），她表示：「就算客戶是你這一生碰過最笨的人，就算千錯萬錯都是他們的錯，不要忘了，客戶是人，他們會寫信過來是有原因的。你要做的第一件事就是解決問題，然後才嘲笑他們。」

客服互動一般單調乏味，然而客服必須真的做得很棒，才可以用娛樂的方式開客戶玩笑。擔心東西寄丟、女友沒收到生日禮物的顧客，不是你能調侃的人。不過，如果禮物已經準時到達，顧客鬆了一口氣，笑自己憂慮過頭，此時可以安心開玩笑。

班恩解釋：「只要顧客要求退換貨，我們幾乎都會同意，還會多送補充包，因爲他們過了他媽的一天，或是被人甩了。反正給他們就對了。既然要顧客至上才對，要退就給他們退，要換就給他們換。我們沒有標準制式回答，顧客不會收到那種寫著『您的顧客編號是×××』的信。我們不希望聽起來像官僚，好像你在跟機器人講話。我們希望讓顧客知道，他們是在跟貨眞價實的人講話。我們會說『眞的很抱歉』，但不會說『很抱歉您還沒收到貨』，而會說『很抱歉我們他媽的搞砸了這筆訂單』。顧客通常會很高興。」

毀滅人性卡片長期占據亞馬遜「玩具遊戲類」（Toys & Games）排行榜第一名，標準盒（core pack）的顧客心得超過三萬三千篇，而且不少篇都模仿卡片的招牌玩笑風格。此外，「顧客問答區」（Customer Question and Answers）也充滿毀滅人性卡片風格。有人想知道：「爲什麼美國亞馬遜沒有送貨到加拿大的服務？」底下數十名粉絲幫忙回答，包括：「因爲加拿大是好孩子，不適合玩這種遊戲」、「因爲送至『比北達科他州還北的州』(state of More North Dakota) 需要加錢，懂嗎？」由於數百位顧客認爲這一類的答案「很有幫助」，它們會出現在最前面。頁面必須往下拉一點，才會看到正確答案：「請至加拿大亞馬遜網頁訂購」。

二〇一三年的黑色星期五（Black Friday）*，也就是美國許多企業提早替耶誕購物季做大促銷的那一天，毀滅人性卡片反而決定把售價從二十五美元提高至三十美元。遊戲設計者麥克斯．鄧奇（Max Temkin）回憶：「我們還以爲大家會生氣。」結果卻是相較於前年，那年的黑色星期五銷售出現淨增加，而且粉絲與媒體都湧進去加油打氣。「人們愛死了，刻意在黑色星期五那天買，因爲他們也想參與這個玩笑，把自己的收據放在 Tumblr 上，跟著一起玩，配上文字：『今天眞是購買毀滅人性卡片的大好時機，你可以用更貴的價格取得！』完全出乎我們意料。」

毀滅人性卡片的粉絲，重視自己與這間遊戲公司之間的互動，互動和實體遊戲盒一樣重要，例如客服電子郵件的互動、在粉絲大會上造訪攤位，或是參與公司的行銷手法，一起開玩笑。這一類的互動成爲毀滅人性卡片體驗，粉絲得以在黑色星期五表達人生荒謬感，支持自己喜歡的公司，以及炫耀自己參與了只有眞粉絲會做的特殊活動。

鄧奇表示：「你在媒體上看到的東西，報章雜誌的報導，還有社群媒體，其實都屬於表演的一環。人們喜歡參與那樣的節目，覺得和我們一起開了只有自己人才懂的玩笑。」

* 譯注：感恩節後一天。

企業價值觀 VS. 企業發言

毀滅人性卡片能夠玩這種手法，是因爲公司的商業模式核心是商譽。至於靠時髦行銷、新鮮廣告詞、甚至是優秀客服生存的產品，則無法依樣畫葫蘆，因爲毀滅人性卡片可以免費取得。創用CC授權使用整組入門遊戲，民衆可以在毀滅人性卡片的網站，下載長三十一頁的PDF與遊戲說明，自行列印，自己做卡片。

當然，多數顧客不想花一小時自己列印三十一張紙，然後剪成啤酒滴上去就會爛掉的卡片。多數人願意花二十五美元（或三十美元）買專業版本，不過提供免費卡片讓所有人都開心。要不要付二十五美元，那是你的選擇，不是義務。當公司提供「你可以選擇不用錢的那一種！」選項，就比較好處理顧客關於售價、運費或寄丟的抱怨。

行銷所說的「帶來驚喜」（surprise and delight）無法靠群衆外包來做。毀滅人性卡片看上去滿不在乎，但其實透過精心策畫，讓粉絲隨時關注它們的一舉一動。卡片一年改版好幾次，遊戲設計者會檢視每一張卡片，決定內容是否還跟得上時代。小甜甜布蘭妮（Britney Spears）的笑話，可能換成麥莉．希拉，而且刻意不在任何地方公布改版消息。唯一能看出端倪的所在，只有盒子背後愈變愈大的版本數字。鄧奇表示：「你可以想像粉絲氣急敗壞。」

二〇一五年時，毀滅人性卡片再度提供節慶訂購服務，這次叫「八份適合光明節的禮物」（Eight Sensible Gifts for Hanukkah）。每一位訂購的顧客收到一雙襪子、又一雙襪子、第三雙襪子、美國國庫抗通膨債券基金（US Treasury Inflation-Protected Securities）、芝加哥全國公共廣播電台WBEZ頻道的個人訂閱。第六天晚上，毀滅人性卡片送給自己每一位中國工廠員工一週有薪假——訂戶拿到的禮物是工人催人淚下的感謝函與照片。第七晚是畢卡索一九六二年的石版畫，以及一個問卷問題：應該把那幅畫捐給博物館，還是切成十五萬份寄給大家。第八晚是某座愛爾蘭城堡的所有權（每個人分到超小一份）。

要讓氣死顧客的事成為成功行銷策略，得天時地利人和才行，不過不少人嘗試過。靠塑造壞男孩形象起家的名人，經紀人通常建議做出策略性的荒唐行徑。英國男孩團體「渴望樂團」（The Wanted）創團時，為了和對手「一世代」（One Direction）做出區隔，被指示盡量公開狂歡作樂。芝加哥林肯公園（Lincoln Park）的著名熱狗攤「香腸之家」（The Weiner's Circle）靠辱罵顧客建立神祕感。男性追捧的名DJ迪波洛（Diplo），可稱得上靠著以不尋常的程度仇女，追求不同族群的受眾。一般而言，這類的負面形象政策常帶來反效果。渴望樂團最後打輸男孩團體之爭，敗給更年輕、形象更清新的音樂敵手。光只是粗魯對待消費者的品牌，通常招架不住社群網站的公憤、抵制或申訴。

組織常傻傻分不清什麼是「企業發言」，什麼又是「企業哲學」。如同無害的話消費者願意忍受壟斷，只要粉絲認為動機良善，他們願意容忍甚至享受粗暴的企業發言。如果只是態度不佳的惡形惡狀，令人討厭，但面惡心善則很有趣！毀滅人性卡片是這方面的高手。它們的企業發言聽起來像是粗魯的混蛋叔叔在講話，但粉絲提出合理抱怨時，它們不會出言譏諷，而是好好解決問題。

許多組織的粉絲經營——開始擁有粉絲團後該怎麼做——做得不太好。粉絲的忠誠通常不會一下子轉換成營收。組織爲了營收，最初通常願意花時間、花力氣累積受衆。然而不論粉絲是自然成長，也或者是精心培養，等到了需要維持與粉絲之間的關係時，許多品牌最後退回原點。也就是說，它們開始把自己的粉絲受衆，只當成一群擁有誘人購物習慣的消費者。廠商很容易只記得粉絲很忠誠，忘掉人們會忠誠有原因、也有限制。

最重要的粉絲經營策略是增加團體凝聚力；第一要務是留住粉絲，所有想把忠誠換成錢的變現活動必須擺第二。

哈囉，布魯克林

黑底白字的廣告看板上寫著：「這當然是我們布魯克林的事」，右下角是「#HELLOBROOKLYN」（#哈囉布魯克林）。廣告標語旁是布魯克林籃網（Brooklyn Nets）的球隊標誌。這支NBA隊伍預定不久後，就要從紐澤西搬到紐約市布魯克林新家。

地方居民對於這則球隊返鄉消息看法不一。籃網即將進駐的巴克萊中心（Barclays Center）尚在興建之中，而社區居民對於該不該蓋這座體育場，反應十分兩極。熱情粉絲聚集在布魯克林區公所（Brooklyn Borough Hall）外，興奮尖叫自己支持蓋。工地現場卻經常出現抗議民衆，地方團體與神職人員譴責大興土木讓民衆失去家園與工作。此外，布魯克林區繁榮起來後，將出現仕紳化（gentrification）＊的問題。

籃網隊一九七○年代就離開紐約，至少有部分布魯克林人並未特別期待它們回來。參與「#HELLOBROOKLYN」行銷的行銷人員回憶：「〔民眾說〕不用了，給我滾出布魯克林，你們正在扼殺我們的社群。我不但不在乎布魯克林籃網要不要回來，我根本不希望它們出現，它們不是我的球隊。」

籃網隊有不同想法。另一面籃網廣告招牌上寫著：「自一九五七年以來第一場主場比賽」（布魯克林道奇隊〔Brooklyn Dodgers〕在那一年打了最後一場主場賽，接著就搬到加州）。「#HELLOBROOKLYN」版的故事不去談仕紳化問題，重點擺在把自己和紐約其他球隊區分開來。「布魯克林自己有籃球隊」的意思是說，再也不必支持在曼哈頓黃金地段打球的尼克隊（Knicks）。紐約其他地區也有自己的籃球隊，籃網隊專屬於布魯克林。

籃網隊執行長布萊特・游馬克（Brett Yormark）介紹「#HELLOBROOKLYN」廣告宣傳時，告訴未來的球迷：「我們很高興能繼續在布魯克林人與球員之間，建立起兩者間的新家鄉隊連結。」籃網行銷長弗瑞德・曼吉恩（Fred Mangione）接受ESPN訪談時，講得更白話一點：「我們的目標是占有布魯克林。」

籃網隊在搬家前幾個月釋出一段影片，點出自己未來的鄰居，過去一直在曼哈頓身邊當小弟。旁白說：「一直被看扁的人們，我們是你們的忠誠朋友，準備好支持你們。我們見過你們令

＊譯注：指舊市區都市更新後，房租與房價上揚，結果排擠原先的居民。

人熱血沸騰的精神……也見證過最艱困的時期。我們以前被壓著打，等候時機降臨。布魯克林的人們，現在我們支持共同的目標，我們相信你們相信的事：布魯克林是我們的家。」

籃網隊如果要變成貨眞價實的社區隊（一個居民多達兩百六十萬人的社區），就需要一個「儀式性的敵人」（ritual enemy）：一個全布魯克林都討厭的對象。我們跟那些人不一樣，我們自己人才是一樣的，像我們這樣的人支持籃網隊。以籃網隊的例子來講，儀式性敵人不是另一支球隊，而是布魯克林與曼哈頓之間的大對抗。籃網隊的廣告操刀者顯然想利用紐約各區之間的敵意，讓紐約尼克隊變成衆人的公敵。

抱持懷疑心態的球迷團體，對籃網隊來講不好搞定，但絕非不可能的任務。早在新球場尚未裝設任何籃框之前，籃網隊就已經替自己在新地方打下球迷基礎，砸大錢打廣告打開布魯克林人的心房，不過光撒錢沒用，要先夠了解自己的粉絲團體，才有辦法傳遞正確訊息。

當然，二〇一六年時，籃網隊唯一的老闆，其實是俄國寡頭大富豪米哈伊爾・普羅霍羅夫（Mikhail Prokhorov），巴克萊中心也是他的資產。所謂的籃網隊屬於布魯克林，只不過是指布魯克林的部分居民已經有閒錢購買籃網隊的球票。不過，當尼克隊對上籃網隊在布魯克林比賽時，敵意是眞心誠意的。籃網隊的官方入場數據，人數比紐澤西時期上升二三%。最重要的是，籃網隊粉絲已經至少在一個有利可圖的地方領先ＮＢＡ其他隊伍：服飾銷售。布魯克林居民萊恩・韋恩（Ryan Wynn）表示：「我不曉得什麼叫布魯克林籃網粉絲，只知道我們很快就變成死忠球迷。」

你來我往

「#HELLOBROOKLYN」廣告有可能招來布魯克林人的嘲弄，甚至是故意說反話模仿。近日有許多例子是號召粉絲，卻被頑皮或不滿的粉絲曲解意思。是否該開放讓大家一起創造意義是相當困難的決定。粉絲投入大量時間、精神與金錢了解自己著迷的東西，他們通常比最初的創造者還懂。把品牌控制讓給外面的團體蠻嚇人的，因爲你不曉得他們的想法會不會跟你一樣。不過，儘管有風險，粉絲著迷的對象——尤其是高度仰賴無形忠誠的運動隊伍品牌（時尚品牌也一樣）——一定得靠大量的風聲、討論、社群媒體文章等情境支撐。每位粉絲的背景與個人經歷都不一樣，他們創造出來的情境，絕對比單一行銷團隊豐富多元。

二〇一二年的電影《舞棍俱樂部》（*Magic Mike*）講脫衣舞男的故事，最初的行銷方向是浪漫喜劇：一個從事色情產業的帥哥，被一名清秀女士拯救，面臨是否該改邪歸正的抉擇。然而，沒過多久事情就很明顯了，興奮起來支持這部電影的觀眾群，不同於電影公司原先的設想：同志族群很感興趣。《舞棍俱樂部》立刻大轉向，飾演劇中脫衣舞男主角的查寧・坦圖（Channing Tatum）登上同志雜誌《*Out*》封面。《舞棍俱樂部》的花車出現在「西好萊塢同志自豪遊行」（West Hollywood Gay Pride）。迎合同志觀眾的新電影預告強打這部片的性魅力。雖然情節是男女愛情，片中給你看許多誘人的半裸猛男。

二〇〇〇年代初，凱迪拉克（Cadillac）公司的「Escalade 車款」也出現類似效應。這款豪華休旅車原先的行銷對象是郊區父母，方便他們把少棒隊載來載去。然而這款車的高貴售價與豪華配備，再加上改裝方便，反而成爲運動明星、嘻哈偶像及其他名人的標誌。後來改款時愈來愈時髦、愈來愈高雅。二〇〇〇年代晚期進入全盛期，不斷拿下一項重要大獎——每每榮登全美最常失竊的車。

最厲害的行銷會觸及消費者對於自我與身分認同的看法。極度幸運的優秀行銷團隊會只靠自己，就恰巧說出引發觀衆共鳴的話，例如「#HELLOBROOKLYN」的例子。不過話又說回來，其實行銷不可能完全由企業一手主導。

當然，允許粉絲團體決定品牌意義的另一項好處，就是讓人感受到那是眞的，不是商人的伎倆。和粉絲攜手合作，可以讓品牌與最初的商業目的拉開距離。要是有辦法讓人深深感受到玩心或眞誠，又不像是刻意操縱的結果，可以消除廣告背後的商業圖利感。

藍帶啤酒（Pabst Blue Ribbon）在過去的歲月，一向靠低價維持競爭力，常是菜單上最便宜的選擇，然而過去五年，卻在趕時髦的都市文青人口中掀起熱潮，原因與完全由粉絲創造的情境有關。藍帶啤酒向來是便宜的勞動階級啤酒，也因此對於一般會購買高級商品的富裕人口來講，藍帶啤酒代表著「眞美國人精神」。或是講得不客氣一點，由一群天之驕子組成的次文化人士喜愛這款啤酒，爲的是展示自己有多樸實不做作。當然，有人享受其中的諷刺意味，甚至眞的喜歡這款啤酒的滋味，據說喝起來像是玉米加上濕掉的硬紙板。不過不管大家是怎麼倒這款啤酒，「由上而下」由商人講的故事，例如「藍帶啤酒是物美價廉的啤酒」，新鮮度與效果通常不如掌握最新潮流的粉絲群「由下而上」講出的故事，例如：「喝藍帶啤酒象徵著貨眞價實的美國勞動階級大團結。」

好玩的是，在新英格蘭某些地區，藍帶啤酒開始被出乎意料的對手「納拉甘西特」（Narragansett）搶走市占率。這款名字很難念的拉格啤酒，原是藍帶啤酒公司（Pabst Brewing Company）旗下產品，二〇〇四年被私人投資者買下。納拉甘西特擁有百年以上歷史，在酒吧的價格和藍帶啤酒差不多，曾經幾乎與美國東海岸夏天同義，因爲在經典的一九七〇年代電影《大白鯊》(*Jaws*)中，捕鯊者昆特（Quint）在虛構的東北小鎮，就是喝這款啤酒。不過，到了二〇〇〇年代中，納拉甘西特的產量從一九六〇年代的每年兩百萬桶，驟降至一年僅六百桶。

二〇一四年時，納拉甘西特的產量回升至近八萬桶。納拉甘西特跟藍帶啤酒一樣，靠「眞誠」這個祕密武器捲土重來——對於眞正的地方傳統品牌的熱愛，外加懷舊感。納拉甘西特趁勝追擊，推出限量版大白鯊罐裝包裝。認爲藍帶啤酒已經變得太主流的人士，紛紛投向納拉甘西特的懷抱。

拚「眞誠」的時候，比較後出來、知名度較低的產品，幾乎永遠是贏家。不管產品是沒沒無聞的老派啤酒、不知名的服裝設計品牌、或是地圖上找不到的中國餐廳，統統一樣。獨立音樂社群向來極度重視眞誠概念，大家有一句朗朗上口的玩笑話：「我都聽尚未存在的樂團。」

別忘了，粉絲文化基本上是一種外部的品牌打造。如同內部花的行銷工夫，粉絲創造出來的意義，不需要有眞實世界的依據。藍帶啤酒原先在密爾瓦基（Milwaukee）製造，也就是美國藍領階級的心臟地帶，也因此散發著「眞美國精神」的魅力。然而早在藍帶啤酒在全美文青酒吧再度流行起來之前，早已不在密爾瓦基製造。藍帶啤酒今日是合資企業，老闆包括舊金山億萬私募股權公司「TSG消費者夥伴有限公司」（TSG Consumer Partners LLC）。TSG的投資項目還包括「人人愛餅乾」（Famous Amos Cookies）、「美瑞克斯」（MET-Rx）營養補充品、「維他命水」（Vitaminwater）、「爆爆洋芋片」（Popchips）。如果要讓一樣東西令大家著迷，公司股東關注的事不重要，重要的是潛在粉絲如何看待那樣東西。

在Kickstarter一炮而紅（或屍骨無存）

快速發展的經濟，帶動了布魯克林北方幾英里處「綠點區」（Greenpoint）的仕紳化，巴克萊中心的周圍地帶，大概幾年內就會冒出大量有機冷壓果汁吧與瑜伽教室。

在綠點區一座老舊鉛筆工廠的空殼內，Kickstarter公司把那裡改造成自己的總部。建築物的外觀是老綠點區樣貌：偶有塗鴉的空白磚牆，搭配古色古香的生鏽鐵窗台，幾乎看不出來裡頭藏著全球群眾募資網站的偶像，甚至看不見公司招牌。內部裝潢全面採取再生木材、古董家具、拋光水泥地。日光灑落，散發著低調魅力。圖書館看起來是一九二〇年代謀殺懸疑小說的場景，屋頂花園栽植著地方植物（護欄其實是一張讓人站著工作的桌子）。此外，還有五臟俱全、擺著回收再利用椅子的劇場，以及一間藝廊。電玩機台附近，有一個散發家庭溫馨氣息的巨大廚房，一名穿著夏日洋裝的女士，分給大家鹹味焦糖。

樓上空曠的巨大工作空間內，充當辦公桌的長木桌是Kickstarter「專案合作團隊」（Project Liaison team）的辦公區。團隊的工作是評論與編輯潛在的專案頁面，協助創作者設計出吸引人的募資活動。每一個領域都由專人負責：依據英文字母順序，從藝術（Art）、漫畫（Comics）、手工藝品（Crafts），一直排到劇院（Theater）。團隊讓每一個募資計畫擁有光鮮亮麗的影片、計畫說明，以及送給支持者的獎勵，讓每個專案令人感到絕對該支持，不做不行。不過，專案合作團隊所做的事，有時遠遠不只那樣。

Kickstarter是一個平台：一個網站。沒有倉庫、庫存或訂戶，什麼都不賣。簡單來講，Kickstarter的任務是提供伺服器空間給希望人們捐錢的個人，協助收取捐款，接著向募款人收費。專案募款人可以請Kickstarter指導募款活動結束後，該送支持者什麼樣的「答謝禮」。不過整體而言，Kickstarter的公司定位是媒介，而不是預購系統。

既然如此，爲什麼Kickstarter需要如此龐大的專案合作團隊，那群在其他產業可能被稱爲品管專家的工作人員？相較於幾排桌子外只負責提供一般客服的「社群協助小組」，專案合作團隊陣容龐大。Kickstarter總員工數還不到一百四十人，等於是動用龐大資源確保個別創作者有效和觀眾對話。

鄧奇的毀滅人性卡片團隊在二〇一〇年時，請Kickstarter讓他們的遊戲出現在世人眼前，一切可不是什麼一時衝動的結果。

毀滅人性卡片的遊戲設計者，從一年級就一起設計五花八門的娛樂方式。大學時，他們一群人開始替朋友主辦各式各樣的遊戲派對。要娛樂的人數增加後，光是玩畫圖猜東西，不足以應付，於是發明了「幸災樂禍卡」（Cardenfreude）。「幸災樂禍卡」這個名字沒有流傳太久，不過遊戲本身留了下來。一個月後，派對客人回到各自的大學，跟朋友提起這件事。口耳相傳之下，到了二〇〇九年春假，詢問度破表，鄧奇和其中一位遊戲設計者，決定免費提供遊戲，成立今日著名的官網。

鄧奇的網站主打不花什麼錢就能享受樂趣，不過偶然之間，也蒐集到日後可以聯絡的造訪者電子郵件。

毀滅人性卡片準備好向 Kickstarter 求助時，已經聚集一群熱情觀眾。遊戲被下載數千次之後，早已被徹底測試過。此外，由於有官網，《芝加哥論壇報》（*Chicago Tribune*）與《洋蔥報》「影音俱樂部」（the Onion *A.V. Club*）等產業巨頭還寫了試玩心得——對嚴格來講尙未開賣的產品而言，實在是無上殊榮。此外，毀滅人性卡片已經引發早期的熱烈討論。鄧奇接受訪問時表示：「沒人聽說過我們，因此完全免費贈送遊戲是很好的行銷工具。就算有人下載了遊戲，但沒捐錢給我們的計畫，和他們一起玩的朋友可能捐。」

參與 Kickstarter 募捐的獎勵很簡單：支持這個計畫，就能拿到印好的遊戲。捐的金額高，還能拿到客製卡片，想在上頭寫什麼都可以。沒有毀滅人性卡片的馬克杯、鑰匙圈或啤酒保冷杯套，只承諾提供印刷較爲精美的相同遊戲。Kickstarter 募資活動起跑一週後，寄信給所有曾經在最初的網站表達過興趣的粉絲。信件開頭寫著：「親愛的糟糕朋友……」

四千美元的原始募款目標，第二週就超過。毀滅人性卡片團隊又寄出更多電子郵件，請大家提供多出來的錢可以怎麼花的提議，例如更高品質的卡片與更漂亮的包裝。募款活動結束時，收到一萬五千五百七十美元，對當時的 Kickstarter 平台來講是相當高的數字。

優秀的群眾募資活動不會憑空出現。毀滅人性卡片在 Kickstarter 上會這麼成功，靠的是數月來粉絲的互動與實驗。除非得到外在因素援助，例如被大型媒體報導，Kickstarter 計畫要是在募款前，沒有某種形式的粉絲團，很少有成功的。募款活動其實不需要大量想要產品的人士——例如不少人先前早已下載免費版的毀滅人性卡片，不需要第二套——重點是如果要觸及更廣的觀眾，幾乎都需要先有一群粉絲。

社群變現的社群環節

粉絲文化是「社群變現」（social monetization）最有效的工具——讓粉絲的朋友群成爲變現活動的支持者，尤其是與行銷有關的活動。社群網絡能以極度有效的方式，以最快速度傳遞消息資訊給最可能受影響的人。

興趣愈明確，訊息傳遞的速度愈快，準確度也愈高。樂高推出新的絕地偵查戰機遊戲組時，如果是對星際大戰漠不關心的群衆，消息會緩慢散布，但如果是星際大戰的粉絲社群，一下子就會傳出去。如果是樂高星際大戰的粉絲社群，傳播速度更是快。這種現象沒什麼玄妙之處——粉絲交的朋友，本來就比較可能興趣雷同、想一起找出與討論類似事物。

如同傳統行銷智慧所言，買家決定好像可以考慮某樣產品之前，需要先聽過七次那樣產品的事。粉絲社群會增加人們聽見產品正面看法的人數，減少聽見好話所需的時間。成功的社群行銷，不一定需要一群交友廣闊的熱心粉絲團，但要是少了這樣的助力，的確很難成功。不過即便有這樣的團體，還是得不斷強化好印象。

路克．克雷恩（Luke Crane）在 Kickstarter 的辦公桌，擺滿公仔、卡片與書本——數十個 Kickstarter 計畫與他自己的募款活動留下的東西。他的官方頭銜是聽起來相當溫馨有趣的「遊戲長」（Head of Games），不過實際工作內容是嚴格評估募資計畫能吸引粉絲的程度。

克雷恩解釋：「要成功的話，不需要臉書上有三百萬粉絲，但的確需要觸及熟悉你推出的東西的社群。如果有人跑來告訴我：『我剛開始創業，在業界有一定經驗，但需要募到二十萬美元。』我會問他，已經做了多少〔推廣〕的事。答案如果是：『沒做過』，我會非常溫和地暗示，或許他們還沒準備好開始募資。或許你需要先和外頭的世界介紹點子，給人們看你的點子，和社群建立關係。開始募款時，才不會對著 Kickstarter 頁面大眼瞪小眼，手指不停敲桌子，心想：『怎麼都沒人』。不可能只是推出一個 Kickstarter 募資計畫，拋出一個宏大的專案發明，然後就說，好，來吧，錢統統交給我。」

群眾募資其實是在發動先前已經存在的社群。創作者利用最初的粉絲，吸引想吸引的延伸人脈。這樣的策略，完全不同於找現成的不相干粉絲團推銷。一個人之所以會成為撲克、《魔法風雲會》或《猜謎大挑戰》（Trivial Pursuit）的粉絲，一定是個人生活中發生過什麼事，而非只要是紙牌遊戲，他們就會一律喜歡。如果找上撲克玩家團體，卻請他們贊助毀滅人性卡片，你會被圍剿。「在社群論壇上第一次自我宣傳要很小心。你要知道那個社群是如何運作……你要有辦法打進去，讓裡頭的人感興趣，給他們看你能給他們什麼，你是在做很酷的事，那是關鍵。」此外，那種「自己人」的心態，不只推銷時得用上，募款活動的每一個環節都一樣。

舉例來說，群眾募資活動很容易出錯的地方，在於選擇了錯誤的支持者獎勵——捐款人拿到的答謝禮。答謝禮太常聽起來像是演唱會的周邊商品販賣區：捐一元，得一張貼紙。捐五元，得到鑰匙圈加一張貼紙。捐十五元，貼紙鑰匙圈統統給你，再加一件T恤。如果你的受衆是消費者，這種買賣聽起來或許還行得通：掏的錢愈多，拿到愈多東西。然而如果受衆是粉絲，整個體驗就俗氣了。克雷恩表示：「不管你想幹什麼，沒人想要你的杯套。」

粉絲想要的是表達支持的機會，而不是買東西。他們想和計畫創作者建立關係，想在世上做點有意義的事，這樣的欲望很強大。人們之所以會支持一件事，通常是出於強烈涉及感受與直覺的決定。「我們永遠、永遠告訴創作者：要替他們是誰、他們在做什麼、爲什麼那件事很重要，說出一個故事。你要觸及人們的情感，而不是叫他們買買買。這樣的過程是在與人們建立關係，並且維持那樣的關係。」如果你希望人們在 Kickstarter 上贊助一部電影，必須有辦法讓支持者願意今天就掏錢，但幾年後才看得到成果。他們其實沒那個必要今天就贊助你，可以等電影製作好之後，再花同樣的錢買電影票就好。贊助和買電影票，同樣都是在支持電影，但對於創作者來講，早期的協助珍貴許多。

最棒的支持者獎勵通常是體驗。明信片是糟糕獎品，但如果是替個人量身打造、簽過名的明信片，讓人感覺到親近計畫發起人，就會好一點。獨家資訊、親自打電話、可以見到本尊的邀請，或是搶先所有人拿到產品，也是比較好的獎勵。這樣的獎勵象徵著一種關係，一種一般大衆無法取得的內部特殊崇高地位。不過不幸的是，這樣的關係也可能讓贊助者覺得自己有資格指手畫腳——贊助人騷擾創作者，要求計畫的創意環節要聽他們的，這一類的事屢見不鮮——不過整體而言，建立關係對雙方來講都是正面體驗。

什麼都有的粉絲，要給他們什麼

《暗影狂奔》（Shadowrun）是一款玩家可以參與複雜企業間諜活動的角色扮演桌遊。時空設定在未來，一個有精靈、半獸人和龍的世界。艾瑞克．莫斯曼（Eric Mersmann）自一九九〇年代中，就和一群朋友一起玩這個遊戲，因此當他聽說最初的遊戲創作者在Kickstarter推出電玩版的《暗影狂奔：歸來》（Shadowrun Returns），興奮到不行。捐最多錢的贊助者，獎勵是可以和遊戲設計者玩一場遊戲。

莫斯曼回想：「我花了五天想來想去，猶豫到底要不要贏得最大獎。」如果贊助的話，最初的遊戲設計者將來到他的城市，擔任遊戲主持者，和他一起玩《暗影狂奔》，另外還能邀請五位朋友。莫斯曼說：「我都想好了那五個朋友是誰，超級興奮有這樣的機會。一共有三名贊助者可以拿到這個獎品，我看到第一天就有人搶下第一個名額，接著第三天還是第四天，又有人搶下第二個名額。我不斷呻吟猶豫，接著不管了，豁出去閉著眼睛搶下第三個名額。」莫斯曼做這件事的代價是一萬美元。

莫斯曼回憶：「大家不懂我幹嘛做這種事。朋友的朋友覺得我太瞎，怎麼這樣亂花錢。很好笑的是，第一個能理解我為什麼做這種事的人，根本沒在玩遊戲。他是一個超級運動迷。我提到自己做了什麼，還有我超興奮的，那個人說：『噢，我完全懂那種感覺。』我說：『眞的假的？』他說：『我當然懂。如果能和鮑伯．奈特教練（Bobby Knight），一起坐在印第安納大學（Indiana

University, IU）的籃球賽包廂，不管要多少錢，我立刻報名參加。』」

「體驗經濟」（experience economy）是指回憶、感受、教育等無形產品，對消費者來講是無價之寶，比實體產品更珍貴。頂級的體驗對粉絲來講尤其寶貴，因爲簡單的粉絲活動參與管道，他們可能早已全部嘗試過。莫斯曼就是這樣的例子，他一點都不後悔最後和朋友一起享受了一場永生難忘的遊戲。

「我認爲重點是我們全都投入情感。我們全都熱愛這個遊戲，喜愛玩這個遊戲的體驗。這完全是一場高中阿宅同學會，太棒了。」

布瑞夫效應

粉絲期待自己的熱情能換來一定的尊重，而他們也的確有這個權利，只不過究竟該如何表達敬意，那就見仁見智——折扣、優先拿到產品、見面會、限量贈品，或是其他類型的周邊產品。粉絲很快就會計算，他們願意爲了自己的狂熱出多少錢，不過很少有粉絲眞正知道，提供與維護他們熱愛的東西眞正的成本是多少。

Kickstarter 的克雷恩表示：「支持者來參觀你的計畫，他們看一看你的目標，腦中立刻計算：這看起來合不合理？你能靠那個金額做到這件事嗎？當然，多數人對事情的了解，不足以做出正確猜測。如果他們知道眞正的成本，他們會說：『哇，你要的錢根本不夠做那件事。』就這樣，雙方出現奇妙互動。創作者試圖猜測支持者願意捐多少，支持者則把自己不了解的流程交給創作者。認知不同時，場面會很難看。」

事情有一次鬧得滿城風雨。獨立搖滾明星阿曼達．帕爾默（Amanda Palmer）爲了出新專輯，在 Kickstarter 上募到一大筆款項——接近一百二十萬美元，然而演出時，卻繼續讓其他樂手當義工。粉絲氣壞了，紛紛譴責她。雖然帕爾默解釋，捐款立刻就拿去製作專輯，粉絲認爲有了那麼多錢，絕對負擔得起所有人薪水。自此之後，帕爾默或許是爲了讓捐款與製作之間的關係更透明化，改在認捐制的 Patreon 做群衆募資。

克雷恩解釋：「有的粉絲無理取鬧，咄咄逼人：『你怎麼敢要求那麼多錢？多出來的錢拿到哪裡去了？』但創作者覺得：『根本沒有什麼多出來的錢，我必須製作出這個東西，還得寄到你們手上，完全沒剩下多餘的錢。』」

然而，人們只要覺得自己被利用，不管是不是眞有這麼一回事，就會毀了粉絲關係。那叫「布瑞夫效應（Zach Braff effect）」。二〇一三年時，好萊塢明星札克．布瑞夫（Zach Braff）在 Kickstarter 上，替自己的喜劇電影《B 咖的幸福劇本》（*Wish I Was Here*）募款。布瑞夫以前演過電視和電影，原本就有一大票粉絲，名人朋友與合作過的明星也都能幫忙宣傳。四十八小時之內，在 Kickstarter 募到的款項就已經超過兩百萬美元的目標，但沒想到的是一旦金額夠高，大量粉絲開始砲轟他。布瑞夫身價數百萬美元，雖然他出面聲明自己沒那個財力，許多人認爲他有能力自己出錢拍電影，根本不需要別人協助。

粉絲希望感到是自己扭轉了乾坤：他們付出的愛與關注讓不可能的事成眞。最棒的 Kickstarter 獎勵，要能對粉絲的支持表達出最深的謝意。如果粉絲爲了表達支持所奉獻的心力被浪費掉，或更糟的是，其實一開始就不需要他們出錢出力，粉絲會憤怒也是情有可原。

所有不需要群衆外包（crowdsource）、群衆募資（crowdfund）、或是任何「群衆××」的粉絲文化，都不該利用粉絲的眞心。粉絲/著迷對象之間是一種「擬社會」（parasocial）關係——意思是說全然單向。粉絲對於自己熱愛的東西抱有強烈感覺，但反過來則沒這回事，至少以個人層面來講沒這種事；名人不可能對每一位粉絲的事都如數家珍，那是人力所不能及。最珍貴的粉絲體驗移除或減少雙方之間的高牆，讓粉絲感覺到雙方關係是雙向的。讓粉絲感受到自己是某個粉絲文本創作的大功臣，將可帶來強大力量，但也要舉辦活動，讓粉絲感受到自己的個人重要性，而不只是一群人之中的無名氏。

打造更好的粉絲文本

或許是因爲遊戲與電玩本質上就是一種參與性的活動，兩者常被用來測試各種粉絲互動。毀滅人性卡片的官網首頁有一個「建議卡片區」（Suggest a Card）。鄧奇表示：「自從公司創立以來，我們與『鐵粉』之間——毀滅人性卡片的卡粉——就有某種敵對關係。卡粉一直要求我們把粉絲文化納入這款遊戲，而我們一直抗拒。我們收到成千上萬如雪片飛來的建議，全是一些糟糕透頂的提議，我們連讀都不讀。」

不管這種態度是否只是毀滅人性卡片的企業發言，它們不是唯一對接受粉絲創作內容感到疑慮的企業。接納粉絲創造的內容爲官方內容，和允許粉絲一起創造品牌意義一樣，都有風險。

內容創作是最基本的粉絲活動，有的是為了提升自我，有的純粹是爲了聯絡感情，以及在團體之中獲得地位。如果好好引導粉絲在這方面的精力，一般可以得到群衆外包的好處，例如零食品牌菲多利（Frito-Lay）請粉絲一起研發洋芋片，票選自己最喜愛的口味，最後勇奪冠軍的「起司大蒜麵包」口味，很可能熱賣，因爲這個口味反映出大家想吃的東西。然而，要是引導得不好，反而會招致尷尬與法律議題，例如要是菲多利請粉絲研發洋芋片新口味，但粉絲在網路上丟出的答案，卻是什麼「柳橙汁加牙膏」、「仇家的血」、「性侵犯」與「後悔」的味道。當有大量民衆決定在共享平台上，表達強烈情緒反應，就可能出現粉絲文化，然而有的平台(例如網路民調)特別容易引發惡作劇。

《俠盜獵車手》(Grand Theft Auto, GTA）可說是全球數一數二最受歡迎的電玩系列，過去十五年間，出過十二種以上版本，二〇一三年的《俠盜獵車手V》（Grand Theft Auto V）破過「史上最成功的娛樂發行」等七項金氏世界紀錄，發行前三天就帶來十億美元進帳。

《俠盜獵車手》的玩家可以參與一系列任務與迷你遊戲，提高自己在地下罪犯世界的排名。

《俠盜獵車手》是一種「開放世界」（open world）遊戲，玩家可以恣意漫遊於虛擬世界，城市與郊區處處可能觸發事件，鼓勵玩家探索每個祕密角落。

部分玩家有了豐富平台在手後，選擇更進一步。以許多類似《俠盜獵車手》的遊戲來說，依據自己的喜好修改遊戲（「模組」〔modding〕）很簡單，只需要在灌進電腦時，多加兩個檔案就好。網路上因此出現分享修改的大量社群。有的修改是爲了讓遊戲更合乎邏輯（車子必須和現實生活一樣補充燃料；建築物可以開門讓玩家進去），有的是爲了趣味（玩家可以搭便車，或是開卡車、當警察），有的完全是惡搞（讓海嘯淹沒整座城市；天空下起巨鯨雨；刀子變假陽具；主角變猴子、小貓咪或蜘蛛人。另外還有一大堆的飛來飛去）。

《俠盜獵車手》的遊戲商R星公司（Rockstar Games）一向對模組社群採取自由放任態度。只要模組玩家是私底下改，只改自己的遊戲，R星睜一隻眼，閉一隻眼。公司雖然並未積極支持模組——有時更新還會不小心讓玩家自創的模組失效——也並未發聲譴責。公司代表在二〇一五年五月的訪談，甚至默許這樣的行爲：「我們向來感謝個人電腦模組社群的創意，把壯觀的殭屍入侵模組當成美好回憶……」

遊戲商有這種態度很正常：粉絲創造的模組讓《俠盜獵車手》整體而言更具價值，除了普通玩家玩遊戲變得更有趣，遊戲商一毛錢都不用多出，就能讓專業級玩家玩完官方版後，還繼續投入遊戲。與其寄出法院禁止令——某些音樂與電影產業公司會這麼做——R星把粉絲花的心力納入自己的情境。粉絲得以發揮創意，享受樂趣，炫耀寫程式的技巧，在粉絲社群贏得尊榮地位。R星已經存在的產品，得到意想不到的全新使用方式。模組活動對廠商來講是好事。

然而，二〇一五年四月時，許多遊戲部落格的頭條大聲宣布情況生變：「需要付費的《無界天際》（Skyrim）模組他X爛」（"Paid Skyrim Mod Turns Into A Clusterf**k"）。電玩遊戲《上古卷軸V：無界天際》（The Elder Scrolls V: Skyrim）的遊戲視覺想像與《俠盜獵車手》類似：一個栩栩如生，有城鎮、要塞、自然環境的大型世界。不同的地方，在於開發者「貝塞斯達遊戲工作室」（Bethesda Game Studios）與代理商「威爾烏」（Valve）積極鼓勵模組，甚至釋出自己的版本，四月時還決定收割自己的模組社群，方法是方便使用者修改遊戲……但是要收錢。

接下來的四面楚歌，帶來電玩史上最快速的大轉向。粉絲論壇與部落格立刻攻擊威爾烏，發出鋪天蓋地的憤怒抗議與誓死抵抗。部分選擇加入付費的模組玩家收到死亡威脅。還有人發誓與其交出創作控制權，他們寧願永遠退出。要求移除付費模組系統的請願書，頭兩天就搜集到超過十萬份簽名。到了隔週，付費模組系統關閉，已經付費的玩家全數拿到退費。

發生什麼事？如果說粉絲創作的內容有好處，透過官方經銷管道讓粉絲內容合法化，應該是好事一樁，畢竟粉絲通常比遊戲商更了解產品的價值與用途，也更清楚添加哪些元素能讓遊戲更完美。

《無界天際》的問題部分出在變現：每有一人購買模組，威爾烏抽三成，貝塞斯達抽四成五，創作者本人只拿到兩成五。大家害怕沒有免費模組後，活躍的模組社群也會跟著消失。此外，粉絲創造的內容，傳統上是在爲其他粉絲謀福利，這下子卻被營利企業拿來增加利潤，引發眾人怒氣。如同某位評論者所言：「貝塞斯達與威爾烏靠模組社群的遊戲心血賺錢，然而那原本是它們自己該做好的事。」

可以抽二成五，聽起來比什麼都拿不到好，然而人性拒絕接受感覺不公平的金錢交易。粉絲爲了替自己迷的東西盡一份心力，主動花時間力氣做出來的東西是無價之寶，想用錢收買的話，必須非常小心。把內容創作等粉絲活動定出一個價格，是在讓整件事變廉價。

有時最好的粉絲經營方式，其實是無爲而治：如果要支持、鼓勵與留住粉絲社群，那就給粉絲能秀出愛意的創作素材，給他們與他們的熱情相稱的體驗，隨時告知最新情況⋯⋯接著要懂得站到一旁，順其自然。不過，這不代表無法引導粉絲團體。

布魯克林籃網從炒地皮的侵略者，搖身一變成爲地方之光，成功扭轉支持這支隊伍代表的意涵。籃網仔細研究什麼樣的訊息，可以打中球迷團體內心的欲望需求，克服眞實存在的合理抵制。毀滅人性卡片所有的企業發言，給了粉絲預期中的負能量客服，但永遠不會眞的犯下**粗暴對待顧客**的錯。公司懂粉絲不需要流氓。

遊戲粉絲靠著模組傳統，滿足自行改良遊戲的渴望，提升自己在社群中的地位。《無界天際》沒先想清楚自己做的事所代表的意涵，就把原本很成功的模組文化，變成一種商業活動。《無界天際》不懂自家粉絲團體的動機，誤以爲不管金額多小，粉絲會感激可以拿到錢，引發原本要是好好處理可以避免的眾怒。

與已經存在的粉絲團體互動時，最重要的原則是小心謹愼。修理沒壞的東西（例如活躍粉絲與著迷對象之間的關係），風險極高，需要高超手腕與深思熟慮才辦得到。「經營粉絲」與「利用粉絲」完全是兩碼子事。

7 出入眞眞假假的粉絲世界

不共戴天之仇

一九八七年五月二十六日下午，紐澤西州警在花園州高速公路（Garden State Parkway）進行例行臨檢，攔下車上有兩個人的出租車輛。那輛車違規了，車上放著從附近的便利商店買來的半打聖保利小姐啤酒（St. Pauli Girl），其中一瓶開封過。車窗搖下時，州警還聞到大麻味，駕駛坦承椅子底下有幾支大麻菸。

依據駕駛事後的回憶，州警叫他：「手放在引擎蓋上，雙腳往後張開站好。」接著用無線電呼叫支援，用了兩副手銬才銬住他，因爲他的體格非常強壯。警察先生接著要乘客也下車，檢查袋子，結果搜出一小瓶白色粉末，乘客也被逮捕。

兩人被兩台警車分別載至警局。駕駛的眞實身分是小詹姆斯·愛德華·達根（James Edward Duggan Jr.），但大家比較熟悉他的職業摔角手擂台名「鋼鋸」（Hacksaw）。乘客的身分證登記姓名是海珊．霍斯勞．阿里．瓦司里（Hossein Khosrow Ali Vaziri），但就連逮捕他的警員，都認出他其實是世界摔角聯盟（World Wrestling Federation, WWF）大名鼎鼎的「鋼鐵酋長」（The Iron Sheik）。至於粉末的話，化驗出古柯鹼，然而幾小時內，達根就被釋放，瓦司里簽了出庭保證書後也獲釋。兩人回到車上，繼續往南開到阿斯伯里帕克（Asbury Park），兩人當晚的工作是在成千上萬觀眾面前互毆。

至少以上是鋼鋸口中的故事。他聲稱自己和鋼鐵酋長那天稍早的時候，在機場巧遇，鋼鐵酋長邀他搭便車，盛情難卻，才會兩人同行。買啤酒也是鋼鐵酋長的點子，他剛離開法律較爲寬鬆的路易斯安那州，不曉得紐澤西不能邊開車邊喝酒，實在很抱歉。

鋼鐵酋長二〇一三年接受訪談時說法不同。他說兩人被捕後，鋼鋸打了一通電話給自己的父親，伯父剛好是隔壁州格倫斯福爾斯市（Glens Falls）的警長，然後就獲釋了。他們準時在晚上八點出賽，來了一場精彩演出，自己讓鋼鋸贏了一場激烈摔角，接著兩人回到車上，又買了半打啤酒，隨便吃了麥當勞果腹，就上酒吧，最後和幾位女粉絲回飯店房間開趴。

這兩個故事版本之間的差異，很難講究竟是記憶有誤，也或者只是反映出兩位舞台摔角手長年扮演的角色。

在職業摔角的舞台世界，達根扮演「臉」（face，「娃娃臉」〔baby face〕的簡稱），也就是觀眾理應支持的正派角色。達根大學念應用植物生物學，不過他在世界摔角聯盟扮演的角色，是一個肌肉發達、愛國、陽光正義的好孩子。上場時常扛著一根二乘四木條，以及一面美國國旗。

鋼鐵酋長則扮演「腳跟」（heel）的角色，也就是觀眾唾棄的反派。瓦司里的出生地是伊朗德黑蘭，加入職業摔角前，負責指導美國奧運摔角隊。他演過好幾種正派角色，但開始演反派，裝出濃厚口音，留邪惡鬍子，穿上看起來像中東人的衣服後才出名。他飾演的角色，成功激起一九七九年伊朗革命（1979 Iranian Revolution）與伊朗人質危機期間的反阿拉伯情緒；他的固定橋段是比賽開始前，先講反美言論，恥笑美國，引發粉絲怒火。碰上比賽對手是代表美國精神的正派時，效果特別好，例如殺戮警長（Sargent Slaughter）、浩克・霍肯（Hulk Hogan）與鋼鋸。

一九八七年春天時，理論上鋼鋸與鋼鐵酋長應該正處於水火不容的狀態：邪惡的外國人鋼鐵酋長，對上擁有滿腔熱血的愛國鋼鋸。也不過在兩個月前，他們在付費節目「摔角狂熱三」（*Wrestlemania III*）中對抗，打破史上所有進場人數與營收紀錄。數百萬粉絲看著鋼鐵酋長對上扮演正派角色的吉姆・布倫札爾（Jim Brunzell），使出招牌駱駝式。鋼鋸的回敬方式是用自己的二乘四木條，給鋼鐵酋長劈頭一擊。先前的比賽上，另一名對上鋼鐵酋長的正派，原本該來一個飛身踢，但沒成功，不過酋長還是順勢「吃招」，假裝被比自己厲害的對手狠狠打敗。

兩個原本該水火不容的正派與反派，居然搭同一輛車，一起被抓包，而且沒有符合兩人性格設定的合理解釋，這下子麻煩了。

鋼鋸回憶，他原本以爲這件事會船過水無痕，當天晚上還打電話給老婆：「親愛的，我們今天被抓，不過我想沒人發現這件事。」

隔天早上，老婆打電話到飯店：「吉姆，全世界都知道了！家裡電話響個不停！你所有的朋友都打電話過來，新聞到處都在報。」

鋼鋸打電話給父親，接著又打給世界摔角聯盟執行長文斯・麥馬漢（Vince McMahon，有時扮演聯盟管理的白臉）。他立刻被轉給執行長，電話那頭傳來聲音：「吉姆，你怎麼能這樣對我們？」

接下來那週，媒體報導兩人都被開除，理由是「藥物違規」。全美各地的報紙紛紛報導。《芝加哥太陽報》（*Chicago Sun-Times*）的專欄幸災樂禍：「他們再也不會拿鋼椅互砸彼此的頭。『英雄』鋼鋸與『壞人』酋長在全國摔角場上，一副不共戴天之仇的樣子，但兩人犯下不可饒恕的罪行：居然被抓到像好麻吉一樣共享歡樂時光。」

六月二日那天，在水牛城（Buffalo）電視錄影畫面上，氣急敗壞的執行長麥馬漢，警告其他摔角手要謹言慎行。他用力捶講台，一遍又一遍反覆強調：現在開始每個人都要強制做古柯鹼藥檢，而且正派與反派在公共場合必須避開彼此。「不值得為了半打啤酒與口交毀掉這份工作！達根與酋長這輩子再也不能在世界摔角聯盟工作！」當然，執行長的反應算是符合角色還是出戲，實在很難說。

「劇情安排」（kayfabe）是指假裝職業摔角是一種運動，而非表演。維持劇情安排的意思是說，隨時隨地都要扮演好自己的角色，劇本怎麼說，在外面就表現出什麼樣子。劇情安排是所有世界摔角聯盟摔角手遵守的官方政策，不過摔角對抗經過事先排演其實是公開的祕密。「這些人真的會像自己說的那樣殺掉彼此嗎？」「面具男真的會用巨大時鐘砸死披風男嗎？」「A 真的把 B 摔到護欄上，接著壓在他身上，還是一切只是舞台動作？」「他真的受傷了嗎？還是裝的？」「那是真的血嗎？」或許就算粉絲沒問那一類的問題，就算只是下意識懷疑，聯盟執行長麥馬漢都擔心觀眾將不再「姑且相信」（suspension of disbelief）。

現代的職業摔角，與早期的巡迴馬戲雜耍和滑稽歌舞劇，有相同的起源，是一種混合預先設定好的橋段、即興、獨白、鮮明角色與誇張肢體動作的劇場表演。雖然的確有目標是扭打與制伏對手的眞運動摔角，熱衷此道的人很早就明白，把摔角場化爲精心設計的體育表演舞台，不但較爲安全，也更刺激。多年來，各家摔角公司都僱用「摔角表演者」呈現經過設計的對抗。每一個團體都有自己的寫手、服裝與冠軍。美國家家戶戶都有電視後，電視成爲述說摔角故事的完美平台，搶奪播出時間的競爭十分激烈，很快只剩兩大組織，其中一個是「世界摔角聯盟」（WWF），也就是今日的「世界摔角娛樂」（WWE），大老闆是麥馬漢。到了一九八〇年代中期，麥馬漢讓摔角從馬戲團的次要表演，搖身一變成爲重要文化勢力。

一個常被提起的問題是：「難道大家不知道那不是眞的？」觀衆當然知道不是眞的。但那又如何？勞倫斯．麥布萊德（Lawrence McBride）多年來研究職業摔角文化：「這就像討論耶誕老公公是不是眞的。對，不是，但那不是重點。呆坐著討論眞僞不有趣，去現場替喜歡的摔角手歡呼才有趣。」

觀衆看魔術表演時，假裝台上的人眞的是魔法師很有趣，對著奇蹟現象瞠目結舌很有趣，但這不代表觀衆眞的相信人類可以扭轉物理定律。假裝摔角台上發生的事是眞的，也是體驗的一環。

麥布萊德解釋：「摔角節目就是你去到現場，場邊的每一個觀衆有點尷尬，大家調侃自己：『這很好笑，每個人都知道是假的，這是一個笑話，我們要嘲弄這件事。』接著節目開始了，每一次——**屢試不爽**——五分鐘內，這群人就變成另一群人，開始大吼大叫，祈禱好人獲勝。觀眾希望看到壞人被揍扁。」

麥布萊德表示，摔角迷有時會努力假裝自己相信假象。「他們會說：『你在說什麼，假的？這不是假的。』假裝自己相信很好玩。人們不相信摔角，但每一個人都愛摔角。」最近發生過一件事，飾演大壞蛋的摔角手三H（Triple H）表演到一半停下來，變成平日的好人，安慰觀眾席上一個難過的小男孩。他抱了年輕粉絲一下，弄亂他的頭髮，告訴小男孩：「嘿，孩子，沒事的。叔叔只是在開玩笑。」

了解幕後是怎麼一回事的粉絲，有時被稱爲摔角的「聰明粉絲」（Smart Fan），有時又叫「網路粉絲」（Internet fan），因爲網路興起帶來了大量聰明粉絲。聰明摔角迷不但享受令人熱血沸騰的摔角畫面，還知道壯觀戲劇製作的舞台表演會碰上哪些技術挑戰、實務挑戰，以及戲劇效果的挑戰。聰明粉絲分析討論摔角動作背後的技巧。表演者摔到地上時，觀察他們是否用小刀片割額頭，好讓受傷看起來更逼真。聰明粉絲追蹤劇透，知道每一場比賽會發生什麼事，也知道哪些愛恨情仇是劇情需要，哪些則是摔角手眞的討厭彼此。聰明粉絲對每一位表演者的背景瞭若指掌，也知道他們的招牌動作是怎麼來的。如同麥布萊德所言，那種人會在群眾之中說：「沒錯，他現在都上電視節目，但還記得他以前在阿拉巴馬的時候嗎？那時他的招牌動作是扮演邪惡牙醫？」

聰明粉絲是職業摔角不可或缺的一環，摔角界甚至有特別以這類粉絲爲主題的笑話。要讓對手不能眞的受重傷，但又要摔到砸穿桌子，現實人生幾乎不可能有這種事，也因此大多數的付費觀賞摔角節目，至少會出現一次摔角手被砸穿「西班牙播報桌」（Spanish Announcers Table）的橋段。西班牙桌是一種專門拿來砸的道具桌，摔角解說員逃跑找掩護時，桌子會以壯觀方式爆開。摔角比賽固定出現這個玩笑，假裝那是「安全」的堅固桌子，不會眞的把對手砸到「英國播報桌」（English Announcers Table）上（理論上，英國桌比較耐用）。有時要是整場比賽比完了，播報桌居然還完好無缺，摔角手會裝出大惑不解的樣子。

這不是很奇怪嗎？如果人人知道職業摔角是一種表演，不是一場競賽，粉絲爲什麼還喜歡看？

現代粉絲研究大師亨利・詹金斯（Henry Jenkins）過去二十年間探討這個議題。他在一九九〇年代提到，摔角的主要觀衆爲工人階級男性。摔角是這群人重要的故事述說與情緒發洩口，擁有傳統上給女性看的好看肥皂劇所有特點。摔角場上的人物象徵著種族、經濟不平等、階級、性慾的掙扎，故事情節通常反映出反智態度；好人頭腦簡單，四肢發達，壞人則靠使詭計耍詐贏得比賽。在頭腦備受推崇、肌肉代表傻子的世界，這種設定讓人感到安慰。

今日的職業摔角粉絲背景遠遠較爲多元，而且大量愛看的粉絲其實以反諷方式享受這件事。詹金斯二十年前說職業摔角是「陽剛通俗劇」（masculine melodrama），今日或許依舊如此，不過那只是摔角的其中一面。

摔角狂熱！

時間是晚上八點，「九吧」（Bar Nine）人還不是很多，還可能召來女侍，點一瓶百威啤酒與雞翅（一次至少要點二十隻），不過隨時會客滿。酒吧沙發區的巨大螢幕正在播放《摔角狂熱三二》（*Wrestlemania 32*）。摔角狂熱是「世界摔角娛樂」一年一度的高潮，先前鋪陳了幾個月的數條故事情節將了結。酒吧觀眾有男有女，多數人穿黑T恤。一群衣著考究的男文青在前排共享一盤雞翅。

螢幕上，辛恩．麥馬漢（Shane McMahon）正在地獄鐵籠（Hell in a Cell）和摔角手「送葬者」（Undertaker）較量。按照兩個月前安排好的劇情，辛恩．麥馬漢眞實人生中的父親文斯．麥馬漢（世界摔角娛樂執行長）答應，如果兒子打敗絕招爲超自然能力的送葬者，就把每週的摔角節目《週一夜肉搏》（Monday Night Raw）交給他管理。這個安排聽起來不像是企業的長期經營策略，不過以摔角劇情安排來看完全合理。目前爲止，辛恩與送葬者已經用過各種金屬物品（椅子、梯子）互砸，兩人間的對抗愈來愈激烈。

辛恩爬上鐵籠外的金屬鏈牆壁！十尺高（三公尺），二十尺（六公尺）高。轉播員大喊：「辛恩，你在幹什麼？辛恩，需要這樣嗎！別這樣！拜託！」「天啊，找個人把他弄下來！他腦袋在想什麼！」

酒吧文青從椅子上跳起來，大叫：「天啊，他要跳下來了嗎？」

轉播員聲嘶力竭：「不！不可以！」酒吧前排的人全部站起來，瘋狂用手機拍下螢幕。角落幾位女性用手摀住臉。

轉播員大喊：「媽的，辛恩，停下！別這麼做！不要！」

他跳下來了！千鈞一髮之際，送葬者閃到一旁，辛恩摔進播報桌，桌子四分五裂。轉播員大吼：「我的媽啊！」

文青大叫：「他死了嗎？死了嗎？」

辛恩沒死！整間酒吧的人起身大聲鼓掌。

對決一下子結束。辛恩奄奄一息躺在墊子上。《週一夜肉搏》將依舊由故事情節中的父親執行長文斯・麥馬漢掌管。醫療團隊，也或者是由一群演員演出的醫療團隊，衝到台上，把辛恩放上擔架，但看啊！醫療人員衝向出口時，辛恩顫抖的手臂抬了起來，高舉空中！對群衆比了大拇指！播報員大喊：「哇！哇！」

文青喃喃自語：「辛恩幾歲了，五十了嗎！怎麼可能，我不相信。」

職業摔角的動作雖然事先有劇本，但不等同於安全。摔角手上場時，儘管會靠手勢與聲音暗示接下來的動作，摔角依舊極度危險。長期擔任摔角手的人士，幾乎至少有過一兩次全身受重傷的經驗，受傷致死並非前所未聞。傳奇摔角手布雷特・哈特（Bret Hart）的自傳寫道：「我最重要的責任是保護對手，而不是保護自己，因爲對方把自己的信任和性命交到我手上。」

摔角是一種觀賞節目。摔角是否眞實的判斷依據，不是從摔角算不算一種運動的角度出發，重點是演出眞不眞誠。如果要讓觀衆感覺到眞的很痛，有時唯一的辦法就是眞的很痛。摔角手被摔進桌子時，就算是道具桌，試圖安全著地會毀了演出。

學者麥布萊德表示：「聰明粉絲的心底深處會做出美學判斷：『你看他，他在流血。』人們知道一切是安排好的一齣戲。我們知道摔角手是自願做那件事，他是爲了我們這些觀衆，太感人了。摔角手夠愛觀衆，願意以戲劇化的方式把自己傷成那樣。他們每個月出場，用自己的身體，替節目奉獻出不可思議的表演，就像是送給摔角迷的禮物。」

所有的粉絲都是聰明粉絲

馬克思主義認爲，單純爲了情境而想要一樣東西的消費者是「文化呆瓜」（Cultural dupe）。文化呆瓜理論說，消費者就像年幼的孩子，以爲行銷說的都是眞的，智商不足以明白自己被愚弄，不曉得自己的決定，被掌控他們的圖利者操縱。操縱者想讓他們無心理會眞正重要的議題，例如推翻皇帝。然而，最反階級的馬克思主義哲學在主張文化呆瓜理論時，或許無意間也流露了些許階級主義，以高高在上的心態，假設消費者沒腦子，被騙也渾然不覺。粉絲雖然的確靠著品牌，說出自己擁護什麼事物——不但內化品牌文化，還把品牌放身上——但他們絕不是沒腦的傀儡。

所有的粉絲其實某種程度上都是聰明粉絲。他們知道自己深愛的事物爲了吸引人們，經過精心打造。要迷一樣東西，就得選擇相信至少部分永遠都是虛構出來的情境。黑武士沒眞的掌控全宇宙。不管歌手強尼·凱許（Johnny Cash）唱了多少遍同樣的事，他不是貧窮心碎的罪犯牛仔。我們也知道，奧利奧（Oreo）決定推出有機版本的經典夾心餅乾，是因爲看見市場上有未被滿足的需求，而不是因爲公司突然決定，應該提供顧客更好的餅乾成分。

就連最死忠的粉絲都知道，自己最喜歡的樂團解散不是世界末日，但假裝是很有趣。二〇一五年年初時，用最激動的方式堅持如果歌手贊恩·馬利克（Zayn Malik）離開男孩團體一世代，宇宙會毀滅，自己會活不下去，是一件好玩的事。當然，宇宙不會毀滅，人永遠有理由活下去；不管一位歌手有多夢幻，很少人眞的相信歌手的生涯選擇，眞的會讓物理定律消失。如果部落格與社群媒體上提到馬利克離去的誇張言論都成眞，不會剩多少還活著的歌迷。

幾乎所有的粉絲文化，都離不了某種形式的幻想。一九九五年的小說《惡夜之城》（*City of Dreadful Night*）主角相信，自己被吸血鬼德古拉伯爵（Count Dracula）跟蹤，但也逐漸向自己承認，要是想的話，可以選擇不要相信。許多粉絲大概也有類似感覺。多數人知道，自己投注了如此眞實、如此深刻的情感的東西，從最嚴格的世界摔角娛樂的角度來看，其實很少是「眞的」。他們知道自己「受騙」，但依舊願意一起把這齣戲演下去。

粉絲只要能從這段關係中，得到某種重要的東西，他們下意識做出選擇，一再忽視粉絲文化的本質有其商業的一面。眞實性是粉絲團體最致命的弱點，但要是處理得當，粉絲會快樂地一起騙自己。

克里斯與克里夫終於找到彼此

二〇一二年年底，州農保險公司（State Farm）讓一對出生時就分開的雙胞胎兄弟終於團聚：ＮＢＡ洛杉磯快艇隊（Los Angeles Clippers）球員克里斯．保羅（Chris Paul），以及在州農當保險員的雙胞胎兄弟克里夫．保羅（Cliff Paul）。長大後的克里斯是ＮＢＡ明星，三度拿下ＮＢＡ助攻王，善於協助自己的團隊。成年後的克里夫則幫助國民保到好保險。

粉絲在廣告裡看到，克里夫和克里斯在醫院出生被分開，過了不一樣（但同樣快樂）的童年，以及今日兩人重聚。克里夫和克里斯在電梯擦肩而過，瞬間認出彼此。旁白解釋：「當你們同樣流著懂得協助他人的血，你們會認出彼此。」

觀眾瘋狂了——克里夫眞的是克里斯失散已久的兄弟嗎？粉絲在推特上寫道：「我要克里夫當我的保險員！」「怎樣才能請克里夫．保羅幫我辦保險？」運動網站與公共論壇網站冒出一大堆討論串，標題是：「克里夫．保羅是否眞有其人？」

二〇一三年年初，克里斯與克里夫聯絡上彼此，克里斯在推特感謝克里夫賽前的加油打氣。NFL球員德魯．布里斯（Drew Brees）也發文恭喜這對兄弟。TNT棒球球評肯尼．史密斯（Kenny Smith）說自己和克里夫本人見過面。福斯運動主播艾倫．安德魯斯（Erin Andrews）稱這對兄弟重聚爲「年度#雙胞胎瘋」（#twinsanity）。克里斯與克里夫在二〇一三年的NBA全明星週系列賽（NBA All Star Weekend）聚首。二〇一四年時，克里夫和藝人尼克．卡農（Nick Cannon）登上同一個舞台。

再後來，克里斯與克里夫一起出現，一起告訴兒子——兩人的兒子同年——他們的老爸很像，都是以「NBA」身分協助他人。一個NBA是「國家籃球協會」（National Basketball Association），另一個NBA是「國家協助協會」（National Bureau of Assists）。克里夫．保羅每露面一次，知名度跟著水漲船高，推特和Instagram出現數萬追蹤者，而且每天都在這兩個平台發文。

當然，克里夫．保羅顯然就是克里斯．保羅戴上黑色塑膠框眼鏡而已。不太可能會有很多人眞的被這個克拉克．肯特（Clark Kent）是超人戴上眼鏡的笑話騙到。事實上，整件事一開始就沒打算混淆觀眾。如同作家查克．克羅斯特曼（Chuck Klosterman）在ESPN電台上指出：「怎麼會兩個人都姓『保羅』？他們被同姓的不同家庭收養？」丹傑．古瑞羅（Danger Guerrero）在Uproxx

新聞中指出：「嗯，克里夫的生母會不知道自己生了雙胞胎？」

儘管如此，克里夫還是紅了起來。他有自己的喬丹鞋（克里斯・保羅的鞋，但圖案是菱格紋），還在2K Sport公司賣得最好的NBA電玩遊戲《NBA 2K14》露面，兄弟一對一比賽。在某場快艇隊比賽，看台上的觀衆舉起數千個克里夫・保羅的面具。

可是爲什麼會這樣？爲什麼要如此關注這對「雙胞胎」？這顯然是賣汽車險與房屋險給籃球迷的廣告，不是嗎？

這對雙胞胎是紐約轉譯廣告公司（Translation）的傑作。參與這個計畫的馬庫斯・科林斯（Marcus Collins）認爲，人們會關注此事，主要是因爲究竟有沒有克里夫・保羅這個人太有趣。廣告重點是讓粉絲一直猜個不停。死忠粉絲對球員瞭若指掌——不可能不知道他們居然有雙胞胎兄弟。不過，如果宣稱兩個兄弟是「長年失散」，的確多了一分極小的可能性。此外，兩個人不但一起出現在螢幕上，大明星也在推特上恭喜，不斷增加可信度，搞不好是眞的也說不一定。

粉絲得到質疑眞假的機會，雖然只是一丁點機會。沒人隱瞞克里夫是虛構出來的名人——《紐約時報》甚至在廣告推出前，就已經有「假雙胞胎」報導——不過粉絲還是開開心心參與，因爲整件事太有趣。

遊戲的重點就是混淆「眞實」與「非眞實」、「眞」與「虛構」之間的界限，我們因此能夠想像不可能的場景：「可是要是……的話？」傳統摔角與汽車保險都有點無聊，但戲弄觀衆對於眞假的概念，則可讓產品跳脫一般規則，摔角與保險不必再當「大人的東西」。

世俗概念被賦予新意後，就變得新鮮有趣、具備強大吸引力。從腦神經科學的角度出發，熟悉模式出現出乎意料的變化時，人腦會湧出大量快樂化學物質多巴胺。腦中多巴胺愈多，我們就愈可能無視於產品令人不安的面向，例如摔角執行長麥馬漢靠流血額頭與扭傷的腳踝，賺了多少白花花的鈔票。玩弄眞假的概念，可以減少產品商業化的感覺，粉絲更能安心認同產品。

當然，鼓勵觀衆假裝他們喜歡的東西不只是賣錢的商品而已，有時是雙面刃。這一秒粉絲自己騙自己的時候，大家都開心，但誰知道下一秒會發生什麼事？

啾啾帽危機

電視影集《螢火蟲》（*Firefly*）二〇〇二年九月開播，耶誕節左右就被腰斬。製作人喬斯．溫登（Joss Whedon）原本打算做七年節目，但福斯在第一季還播不到三分之二就停播。《螢火蟲》的故事發生在一艘叛變星艦，艦長與船員在一場數個星球的內戰落敗後隱姓埋名。雖然他們推翻無情官僚體制的努力失敗了，依舊保持著高昂的反抗精神，透過偷偷摸摸（但符合道德）的行動，在社會邊緣想辦法生存，靠著機智、隨機應變、遵守榮譽與不肯合作，緊抓著自由不放。

《螢火蟲》雖然一下就停播，依舊在粉絲心中留下深刻印象。先前製作過《魔法奇兵》（*Buffy the Vampire Slayer*）等熱門影集的製作人溫登，已經累積出一大批忠實粉絲，《螢火蟲》的「太空版美國西部」（Space Western）劇情設定，也帶來新粉絲。影集被砍後，影迷積極遊說福斯改變心意，發起募資，還寫明信片，但福斯不爲所動，別的電視台也不願意接手，看來《螢火蟲》永遠不會重現江湖。

不過，過了好幾年之後，《螢火蟲》的影迷依舊對這個影集依依不捨。他們稱自己爲「反抗軍」（Browncoats），也就是在影集的設定中，在核心軍事衝突中落敗的那一方。此外，他們還樂此不疲地討論。網路留言板、社團、網站，多不勝數。粉絲替慈善活動募款，還製作粉絲電影與紀錄片。官方第一次宣布影集DVD預購消息後，二十四小時內就搶購一空。

二〇〇六年時，環球影業決定出資拍攝正片長度的電影版《螢火蟲》：《衝出寧靜號》（*Serenity*），找來原班人馬，劇情是影集原本設定好的第二季故事。電影最後不賠也不賺，總票房僅三千九百萬美元，製作成本估算起來也是差不多的數字，不過粉絲似乎不在意這樣的結果。《螢火蟲》的粉絲文化精神，原本就是知其不可爲而爲之。如同《娛樂週刊》（*Entertaiment Weekly*）所言：「殉難只會增加傳奇性。」

《螢火蟲》在《衝出寧靜號》之後，發出微弱嘶嘶聲，接著在二〇一二年，福斯似乎想起這個自己遺忘已久的投資。

《螢火蟲》的星艦成員傑恩．科布（Jayne Cobb）是肌肉發達的硬漢，在電視上並未播出的一集，由於母親寄來一頂笨拙手織帽，意外顯露出鐵漢柔情。那是一頂橘色帽子，有耳罩，最上方還有一顆毛球。《螢火蟲》影迷多年來一向自己織這種帽子，帶到影迷大會與聚會上，有時甚至戴出門。這種帽子成爲辨認彼此的重要部落標誌。由於那集不曾在電視上首播，只有超級粉絲才曉得那頂帽子象徵的意義。

《螢火蟲》的粉絲與他們仰慕的星艦船員一樣，靠零星的帽子交易勉強度日。曾經有一度，如果在手工藝品網站 Etsy 搜尋「傑恩帽」（Jayne hat），會出現數十筆結果，eBay 更多。就連製作人溫登都加入這個家庭手工業行列，在動漫展上解釋自己爲什麼熱愛傑恩帽：「這種帽子有家庭手工的感覺，人們可以自己做。此外，這令人感到受寵若驚。」

二〇一二年年初，福斯把傑恩帽的設計，授權給流行交叉口服飾商（Ripple Junction），流行交叉口大量生產傑恩帽，接著再賣給大型電子零售商 ThinkGeek。這個版本的帽子比較精緻，而且通常比手工帽便宜。

很快的，手工帽從 Etsy 上消失。時機實在太啓人疑竇——粉絲問，是不是 Etsy 乖乖聽福斯或流行交叉口的話，不准賣未經授權的帽子？這種說法很快就獲得證實，一家又一家的商店接到 Etsy 通知，福斯的智慧財產權主管要求產品下架，還警告不准跟別人討論這件事。廣受歡迎的宅宅網頁「瑪麗蘇」（The Mary Sue）用頭條提醒大家：「你是製作傑恩帽的《螢火蟲》粉絲嗎？小心點，福斯盯上你了」。

福斯有權利用自己莫名其妙翻紅的智慧財產權獲利嗎？當然有，還有權阻止別人分一杯羹。然而福斯因此引發的衆怒，和那一點小錢不成比例。

福斯誤解了觀衆的動機。福斯十年來對《螢火蟲》不聞不問，是粉絲活動讓《螢火蟲》還留存在人們記憶之中，是粉絲熱情讓傑恩帽成爲一種經典象徵。Etsy 上的帽子，有的織給嬰兒，有的織給接受化療的病患。通常是出於愛而編織傑恩帽的人士，卻發現自己成爲被鎖定的懲罰對象。

臉書上的粉絲商店「螢火蟲貨倉」（*Firefly* Cargo Bay）寫道：「你們可眞是好棒棒。」那則貼文一天內就有一千多人按讚。「我個人認爲，你們光是會想到要搞傑恩帽的授權，就噁心透頂。你・們・就・是・不・懂。」另一名粉絲抱怨：「法律、道德、倫理規範，都站在他們那邊，但他們依舊臭不可聞。」就連多年前飾演傑恩的演員亞當・鮑德溫（Adam Baldwin），也在推特上跳出來開玩笑：「你們所有的『傑恩』帽，都屬於我們才對！」

多數賣家擔心被告，把傑恩帽下架。有的沒下架，但改成極度嘲諷的名字，例如：「來福沒戴珍恩帽」（See Spot Run With Not Jane Hat）、「媽的垂耳帽」（Ma's Earflap Hat）、「因爲冤情引發爭議的帽子」（Controversial Hat With A Backstory）。

到了四月初，砲火依舊沒有和緩的趨勢。ThinkGeek 是官方帽子的主要經銷商，被批評得最厲害，感到有必要站出來替自己說話，在公司部落格上陳情：「我們只想讓各位知道，ThinkGeek 與禁止令毫無關聯。」批評聲浪依舊沒停歇。過沒多久，ThinkGeek 寫了一封長信安撫粉絲：「《螢火蟲》的粉絲，我們聽見你們的關切……」ThinkGeek 說自己和法律通知無關，但爲了平息眾怒，決定把所有的傑恩帽庫存銷售所得，捐給《螢火蟲》的慈善團體「寧靜號所向無敵」（Can't Stop the Serenity）。

捐出營收是相當極端的做法；ThinkGeek 先前和流行交叉口一起開發傑恩帽，要是放棄利潤，等於做了數月白工，但財務上自己先切腹自殺的話，或許能避免更嚴重的反彈，以免批評聲浪一發不可收拾。

在粉絲眼中，福斯瞄準販售傑恩帽的《螢火蟲》粉絲這件事，犯了兩大天條。一，福斯違反了《螢火蟲》粉絲團體最重視的文化精神：邊緣人勇敢站出來對抗無情官僚。二，福斯也破壞了粉絲團體的社會階級，爲了地位最高的粉絲太過忠誠而處罰他們。

雖然這一切不直接是ThinkGeek的錯，ThinkGeek希望靠放低姿態，讓《螢火蟲》的支持者息怒，畢竟庫存裡還有另外二十四種《螢火蟲》產品等著售出。

對訊息忠誠，不對媒介忠誠

粉絲文化是一種很容易破局的交易。粉絲買東西的前提是那樣東西能滿足自己的需求。他們主動選擇是否要當呆瓜，以及願意傻到什麼程度。

所有的粉絲文化都需要粉絲願意「姑且信之」。然而，不論粉絲表現出自己多忠誠於喜歡的東西，眞正的忠誠要看那樣東西代表的概念。粉絲忠誠於信念，不忠誠於商業主義。粉絲願意忠誠於自己所愛的東西，但前提是他們並未被迫面對那樣東西貨眞價實的商業本質。

就算是歷史悠久、擁有豐富情境的品牌，也容易碰上說一套，做一套。當粉絲著迷的對象宣稱自己象徵著某種價値觀，卻傳達出赤裸裸的商業價値，粉絲會幻滅。

《螢火蟲》粉絲對於電視影集本身抱持正面態度，有魅力十足的演員，不錯的特效，還有機智對話。然而說到底，眞正引發粉絲共鳴的是《螢火蟲》的主題：人的命運由自己決定。「小人物也能出頭天」的故事，打中了粉絲的心。只要「內容」與「人生哲學」目標一致，粉絲就開心。然而一旦兩者互相抵觸，粉絲就會立刻大喊「你這樣不對」。所有的粉絲在某種層面上都是聰明粉絲。他們分得出自己究竟是忠誠於一齣電視節目，還是忠誠於奮力抵抗的人生哲學。

一旦「幸福」品牌被指控行爲不檢，粉絲從原本的假裝看不到商業本質，一下子爆發怒氣。Nike與蘋果等重度依賴情境的品牌被指控工廠環境不佳時，我們的情感受到嚴重傷害。相較之下，如果是紙廠或鋼管工廠被指控相同的事，我們的反應可能不會那麼大。Nike與蘋果耗費非常大的力氣，讓自己象徵著熱血沸騰、自我提升與富裕生活，貧困工人或童工報導和這兩個品牌擺在一起時，令人感到相當不符合它們的本質。

粉絲與著迷對象的擁有者，兩者的動機可能相互衝突，而眞誠可以讓兩者團結，一起朝共同目標努力。品牌要是試圖對已經存在的粉絲團體指手畫腳，沒考慮那個團體的核心價値觀，註定將引發爭議。

大衆市場版的傑恩帽，不論行銷做得多好，《螢火蟲》的粉絲可能永遠無法接受。企業的漂亮話很少會有用，因爲粉絲才是付出最珍貴的東西的人：粉絲付出了自己。企業眼中無傷大雅的商業活動，事實上可能深深傷害了粉絲的自我認同。

不同的東西，可能帶給粉絲相同的自我認同，也因此粉絲遭受背叛時，很容易換一樣東西迷。Nike工廠每被指控一次勞動環境不佳，對其他主打健身生活風格的廠商來講都是好消息，就連不是設計運動服飾的廠商也一樣。許多《螢火蟲》粉絲遭遇了這次糟糕的帽子事件後，說不定會覺得，還是星際大戰適合自己，反正星際大戰也提供太空時代的反抗冒險故事。

引發反效果的「# 行銷」

習慣單向溝通的行銷人員可能忘記，粉絲團體被汙辱時，問題遠比只觸怒單一顧客嚴重。顧客不開心，頂多以後不買了。汙辱粉絲團體則是在冒犯個人情感，粉絲有動機、時間與社會資本回擊。

「觀眾參與」（audience engagement）指的是鼓勵使用者參與品牌相關活動。理論上，觀眾參與是一個魔術箱，熱情放進去後，就會神奇地變鈔票，不過在現實人生中，當然還得看是哪種類型的參與，以及目的是什麼。

「在推特上利用『#』（或是在 Instagram、Tumblr、或臉書上）分享你的故事……」是今日太常見的手法，行銷人員很少會去想，憑什麼粉絲要分享。要大家透過「#」分享，和眞正的粉絲活動一樣，利用的是觀眾原本就在做的事，包括分享看法、參與品牌情境，以及彼此互動。然而，行銷廣告卻爲了不眞誠的目的，利用眞誠的粉絲活動。品牌很少會因爲顧客推特上寫的話，就眞的改變產品或行銷方式。

這類型的行銷大都只是想把粉絲變看板。手腕比較高明的品牌，可能大肆宣揚自己收到的「最棒的」故事，提高活動參與者在粉絲團體內的地位，但即便是這種不是特別眞誠的行銷人員回應，其實也很少見。一般來講，這種互動除了品牌擁有者獲得好處，其他人什麼都沒得到，瞄準錯誤的觀衆參與者將引發衆怒。

速食業龍頭麥當勞（McDonald's）這個品牌，非常需要重獲美國民眾支持。今日就連最愛麥當勞的粉絲，都得私底下偷偷吃，不敢大聲宣揚，或是當成有罪惡感的樂趣。銷售下降、股價波動、更健康的食物選擇，都讓麥當勞疲於應付。自己敬重的朋友如果在推特上提到正面故事，民眾會想起麥當勞漢堡還在你我身邊，很多人依舊在吃麥當勞。

二〇一二年時，麥當勞在推特上推出「#McDStories」活動。就連最注重健康的人士，也依舊記得小時候參加麥當勞生日會，或是中學練習完足球後，和隊友狼吞虎嚥吃下麥當勞漢堡。每一個開心粉絲在推特放上的一四〇字故事，都會被傳給那個粉絲的朋友群，一直傳下去。光是粉絲「出櫃」坦承自己喜歡麥當勞，就可能讓其他人再度光臨麥當勞。

然而，爲了企業曝光目的邀請觀眾利用自己的個人社群網絡，有一個問題：你不可能控制實際上曝光的內容。以麥當勞二〇一二年的例子來講，大家想要分享的不快樂故事，似乎多過快樂故事。他們放上推特的東西，有的是警世故事（「我以前在麥當勞工作，我能分享的 #McDStories 故事會讓你們寒毛直豎」），有的是犀利評論（「有一次我走進麥當勞，空氣中瀰漫第二型糖尿病的氣味，然後我就吐了。#McDStories」）。麥當勞在兩小時內，就停止這次錢已經砸下去的「#宣傳」，但來不及了，網路上的冷嘲熱諷過了好幾個月才平息。如同《富比士》（*Forbes*）所言：「在所有的大眾平台之中，推特觀眾最容不下冠冕堂皇的鬼話連篇。」

任何組織要是想利用觀眾，就會發現觀眾跟它們想的不一樣。二〇一四年時，紐約警察局（New York Police Department）也想利用「#」活動改善形象，它們想像「#MyNYPD」應該會出現在呈現紐約最美好的一面的快樂照片底下，然而紐約警察局的觀眾不這麼想。滿天飛的「#MyNYPD」

照片是警察最近如何粗暴對待民衆。民衆的反應其實不能完全算是出乎意料，因爲在幾個高度出名的案例，光是拍下紐約警察局的照片，就可能被逮捕。

如果要體驗眞誠的粉絲關係，企業必須知道眞實的使用者體驗，以及粉絲的動機，不能只是自己一廂情願幻想。粉絲需要有人了解他們，甚至就連沒機會討好他們的時候也一樣。你不可能在行銷手法上「撒上一點眞誠」。

粉絲文化頂多是粉絲與自己所熱愛的東西一起寫下的故事，不會是廠商指定的結果。品牌擁有者應該從這樣的角度面對粉絲，和粉絲團體合作，一起研發雙方眞正關心的事。不需要深入的種族分析或複雜的群衆外包平台，也能知道粉絲的感受。採取這兩種行銷手法的風險，在於把粉絲當成某種需要小心檢視、貼標籤、分類、充滿奇風異俗的部落，一不小心就讓粉絲變「外人」。

用我們的回憶餵我們

有一種很簡單的手法是請粉絲自己執行互動政策，不過更好的方法則是創造者從粉絲心態出發，利用粉絲的熱愛與理解，製作出讓人著迷的東西。雖然那種程度的眞誠很少見，大概是最能對眞正的粉絲體驗產生同理心的方式。靠眞心誠意想出的策略，每次都能打敗虛情假意的模仿。

桑麗塔・伊克雅（Sarita Ekya）與先生凱薩（Caesar）和許多剛搬到紐約市的居民一樣，頭幾個月先住在東村的分租公寓，並在住處附近覓食。

桑麗塔回想當時的情形：「我心想，要是有賣起司通心麵的地方就好了，一定有這種店吧。

沒想到查了Google之後：『什麼？沒有單賣起司通心麵的地方？』我們開始盤算，乾脆自己開一間好了。」

S'MAC（Sarita's Macaroni and Cheese，桑麗塔的起司通心麵）只賣一樣東西。好吧，是同一樣東西的十幾種版本。S'MAC剛開幕時，排隊的人潮常常從位於東村的店門口，一路排到第二大道（Second Avenue），有時晚餐時間才過一半就沒東西賣。

起司通心麵這種食物除了讓人花小錢就能吃飽，還充滿文化懷舊感。不論是藍色包裝的卡夫通心麵，或是最喜歡的阿姨的祕密食譜，對許多人來講，起司通心麵充滿個人回憶。就連不打算親自造訪S'MAC的陌生人，有時都會寫信告訴桑麗塔自己多愛起司通心麵。桑麗塔表示：「這種事有點讓人戰戰兢兢。人們腦子裡、心裡、肚子裡都裝著起司通心麵。你必須努力不讓他們失望，這種事不是隨便說說就能做到。」

S'MAC東邊幾個街區外，有一間「融化餐廳」（Melt Shop）。融化餐廳是正在成長的烤起司連鎖餐廳，最初的創業故事不像S'MAC那麼突發奇想，不過創始人同樣也是「療癒食物」（comfort-food）的愛好者：創業家史賓賽・魯賓（Spencer Rubin）和當時一起在地產開發公司上班的主管，在空閒時間腦力激盪商業點子，接著融化餐廳問世了。

烤起司勾起人們對於童年時期的懷舊感，簡單的快樂童年回憶，讓融化餐廳一下子流行起來。熟悉感是成功關鍵。魯賓表示：「我認爲那就是爲什麼許多熟悉的概念，現在重新以新形式出現在我們眼前。融化餐廳永遠設法提出獨特酷炫點子，但我永遠謹記在心的一件事，就是讓民眾感到容易親近。我們不希望顧客走進店門後覺得：『哇，這地方對我來說太時髦』，或是『那個地方不適合我』。」

不論是迷戀名人、活動、內容或品牌，所有的粉絲文化都帶有強烈懷舊元素。粉絲文化的基本活動讓粉絲得以再次體驗快樂回憶或聯想。懷舊感在某些粉絲文化的重要性，可能勝過其他粉絲文化——例如以拍立得與大浪汽水等品牌的粉絲文化來講，懷舊感是最主要的元素，但如果換到其他例子，懷舊感可能只是粉絲會迷的原因之一。球迷會看棒球，除了是因爲喜歡棒球，可能也想親近家族傳統，或是喜歡分析這種體育活動，也或者只是爲了比較不同體育館的熱狗。

究竟是眞心誠意想勾起溫暖童年回憶，還是廉價地試圖利用民衆的回憶賺錢，粉絲心裡明白。許多大型速食連鎖店通常靠不惜一切的手段，保密自己的食材、動機與做法，更別提還靠著層層疊疊的企業官僚體制來做這件事，也難怪那些企業要求知道顧客最珍惜的想法與回憶時，粉絲會吐槽得那麼厲害。

處理懷舊感的最佳方式，就是實話實說，明白說出意圖。在粉絲的世界，透明通常會帶來信任。透明化的確不是唯一方法，不過對於絕大多數人們著迷的事物來講，粉絲愈了解自己所愛的東西，就感到愈接近那樣東西。

摔角劇情安排的終結

一九八九年二月十日，世界摔角聯盟的代表在紐澤西參議院作證：「職業摔角參與者相互搏鬥的主要目的是提供觀衆娛樂，並非眞實的運動競賽」。

職業摔角終於承認這個公開的祕密，坦承一切不過是娛樂手法，再也不能宣稱摔角是一種運動，不是一種節目。這個行業就此掙脫運動賽事的衆多管制規則，再也不必替沒有實質作用的規定付昂貴規費。運動被嚴格管制，劇場則不然。世界摔角聯盟再也不必多付電視播映費，賽前不必做體檢，也不用請各州領有執照的裁判。一個世代過後，現代的憤世嫉俗者分析解除管制的效應時，提到另一個重點：運動員必須使用提升表現的禁藥，演員則不必。我們很難以後見之明，了解一九八九年的證詞與隨後的解禁，究竟對潛在的類固醇調查產生什麼樣的效應，還要再過整整四年，職業摔角才會展開大規模類固醇調查。

職業摔角迎向新的黃金時代，一九九〇年代掀起史上前所未有的熱潮。距離執行長麥馬漢以「藥物違規」爲由開除最頂尖的兩位表演者，不過兩年時間，麥馬漢就創造出新型摔角，一種更符合粉絲在乎的熱情運動劇場的摔角，不再假裝自己是一種競賽。假裝摔角是運動的黃金年代進入尾聲。

一九九六年時，扮演反派「柴油」（Diesel）的凱文．奈許（Kevin Nash），以及扮演白臉「剃刀雷蒙」（Razor Ramon）的史考特．霍爾（Scott Hall），兩人即將離開世界摔角聯盟。對於平日追蹤這兩位熱門明星的粉絲來講，這是十分令人傷感的時刻。五月九日那天，在麥迪遜廣場花園（Madison Square Garden）一場鐵籠戰中，柴油對上自己的朋友白臉尙恩．麥可（Shawn Michaels）。那是他們最後一次一起登台。

柴油落敗，躺在摔角墊上，麥可以勝利者之姿，站在他上方。接著，剃刀雷蒙進場抱住麥可。一開始，大家還以爲他是在恭喜同爲白臉的隊友獲勝，但接著保羅．麥可．李維斯克（Paul

Michael Levesque）也來到場上，也就是即將改名爲「三H」的反派。李維斯克也抱住剃刀雷蒙！接下來，幾分鐘前還倒在墊子上痛苦扭動的柴油，也站起來抱住所有人。

四位摔角手——正派與反派——以令人動容的方式，緊緊抱成一團，框住彼此魁梧的肩膀。這個場景不是州際公路上不小心被攔下的一輛車，四個人刻意卸下自己的角色，想讓觀衆知道，他們是朋友，將想念彼此的朋友。在觀衆的歡呼尖叫聲中，他們握住彼此的手，高舉手臂，最後一次謝幕，正派與反派一起。

8 粉絲不高興時怎麼辦

粉絲群情激憤時，場面不好看。粉絲圈的感受與粉絲的個人身分認同緊密相關，品牌擁有者很容易一個不留意，就忽略、小看或改變了挑起粉絲情緒的事物，不小心馬失前蹄，讓先前愛死自己的觀衆發出怒吼。粉絲的暴動有時可以避免或平息，有時則最好完全不要試圖息事寧人。

引發粉絲暴動的事，有時感覺實在很小。企業的經營團隊常摸不著頭腦，不曉得自己究竟幹了什麼，弄不懂粉絲的怒火從何而來。然而每一次粉絲文化出現變化，粉絲都得重新評估新的價值觀是否依舊符合自己的價值觀。每當教宗下達新的教會政策指令，在全球當個天主教徒的意涵會改變。每當政黨爲了迎合新族群，決定改變自己對於某個重要議題的立場，原先的支持者必須思考當黨員的意涵。如果人們不喜歡新變化，將得決定是否要接受那個改變，一起支持轉向，也或者乾脆拋棄這個粉絲圈。

眞理並非永遠都站在粉絲那一方。粉絲文化天生抗拒改變，然而品牌擁有者經常碰上商業上不得不做的事，有時得做出不受歡迎的決定，照顧的確該考量的商業角度。不做出那些決定的話，粉絲喜歡的東西將無法繼續存在。一間公司如果要成長，法務部門必須保護組織的智慧財產權，研發部門必須拓展新領域與新產品，行銷部門必須吸引新顧客。有時最佳的品牌決策可能趕跑原先的粉絲，但一段時間後將吸引更多新粉絲。

有粉絲令人心情愉悅。有粉絲很棒，你會感到人生美好，有粉絲力量可以動員。然而，粉絲經營也總有不那麼令人心情愉悅的一面，你必須找出什麼事可能造成粉絲暴動，準備好迎接反彈聲浪，判斷讓粉絲生氣是否值得，並盡量以真誠態度化解整件事。

「我的內心今天死去一部分」

小比爾．山謬斯（Bill Samuels Jr.）和兒子羅伯（Rob）碰上麻煩。他們的家族事業銷售暴增，但製造趕不上需求。對世上其他多數產品來講，解決之道就是在市場暫時缺貨時，快馬加鞭製造新產品。然而，酒比較複雜。美格酒廠（Maker's Mark）所出的波本是山謬斯家族的著名威士忌（他們家拼成「whisky」，而不是美國較常見的「whiskey」），一桶大約需要六年時間才能熟成。也就是說，每當美格誤判需求，將需要花六年時間才能重新調整供給。

先前鬧得沸沸揚揚的「美韓自由貿易協定」（US–Korea Free Trade Agreement），在二〇一二年三月十五日生效，美韓間流通的多數貨物將不再收取關稅。兩國的反對者都不滿這個協議——美國製造商抱怨，這個協議對美國出口的牛肉與鋼鐵來講不夠利多，韓國則擔心本國農業會受害。大型的反自由貿易協定遊行震動南韓，至少有一名抗議者引火自焚。儘管如此，美國在二〇一一年十月接受協定，韓國一個月後也接受。

一夕之間，南韓遍地都是免關稅的美國酒。伏特加、蘭姆酒、琴酒消費全部增加，不過波本威士忌可以說是最大贏家。

波本是一種美國酒。全球九五%的供應來自美國的肯塔基州。美國參議院封波本爲「美國本土精神」（America's Native Spirit）。波本等西式烈酒在韓國流行起來。景氣榮景讓消費者得以一嘗奢華滋味。波本的價格貴到可以象徵社會地位，但又便宜到中產階級買得起。美國烈酒貿易團體「美國蒸餾酒理事會」（Distilled Spirits Council）花了數年時間、數百萬美元，遊說自由貿易協定，最後獲勝。先前賣到韓國的美國波本要徵收二〇%的稅，很快的稅率將降至零。

美韓的自由貿易協定，正好碰上美國威士忌酒廠大發利市的年代。日本人對於威士忌雞尾酒的熱愛，大幅增加美國的威士忌出口。香港雜誌也會建議造訪哪幾間酒吧，可以找到充滿異國風味的威士忌，哪幾位調酒師的古典雞尾酒（Old Fashioned）與曼哈頓（Manhattan）最好喝。彭博商業（Bloomberg Business）開玩笑：「在烈酒產業，唯一比肯塔基波本還夯的酒，就是超貴的肯塔基波本。」

理論上，美格的紅色手工封蠟棕色方瓶是肯塔基最老牌的波本，很適合進軍新亞洲市場，尤其是威士忌原本就是烈酒首選的韓國。

美格的品牌故事說，美格目前的配方源自一九五〇年代，當時老比爾．山謬斯（Bill Samuels Sr.）將威士忌原料烤成麵包，找出完美的穀物混合。最後勝出的麵包是不尋常的組合，有紅冬麥、玉米、大麥芽，後來研發成今日的波本：帶有香料、焦糖、香草、櫻桃、柑橘與核果氣味，平衡、中等酒體的美酒。爲了帶出那些氣味，每桶酒必須熟成五年半至七年才能品嘗，由首席釀酒師組成的試飲小組，決定波本何時能與世人見面。

問題就在這。由於每桶的平均熟成時間爲五年半至七年，釀酒師必須猜測五年多之後的需求。要是今日猜錯，日後可以上市時，供給可能太多或太少。釀酒師通常猜得很準，不過偶爾也會失誤，例如一九八〇年時，《華爾街日報》突然在頭版報導美格，銷量一下子激增，供給遠遠不足。不過，這次海外冒出來的新市場，大概更會帶來前所未有的龐大需求。要是美格先前預測到亞洲需求會暴增，或許能及時增加庫存，不過美格未能料事如神。然而，要是無法抓住這次的亞洲市場機會，一次站穩腳步，其他品牌會超越美格。

美格這次碰上的缺貨問題，可能對品牌造成無法彌補的傷害。美格有兩個選擇。第一個選擇是提高售價，但美格不願意這麼做，擔心嚇跑目標消費者。第二個選擇是「延展」（stretch）一下供應。以外行人的話來說，就是攙水進去。

所有的波本其實在不同的製造階段，原本就會加水。美格想出的辦法是多加一點。美格波本先前的酒度（proof）是九十度，也就是四五％的酒精濃度。新配方加水後，酒度下降六．七％至八十四度。多出來的酒，可讓目前的供應多撐四年，爭取足夠時間滿足新需求，或至少能讓美格在面對其他熟成期較短的波本時，有機會保住進入新市場的競爭優勢。

美格稱自己最重要的粉絲爲「大使」（Ambassador），平日提供忠誠方案，買酒有特殊優惠，還預先通知新產品，也可以把自己的名字放在波本酒桶上。美格決定第一個通知大使這次的新配方，畢竟如果透明度可以增加信任，盡量對粉絲實話實說，自然是最好的政策。

電子郵件通知在星期六寄出。執行長羅伯．山謬斯，以及一九五〇年代烤麵包配方創始人的兒子小比爾・山謬斯，在信上解釋目前的情形：美格波本需求暴增的程度遠超過預期，面臨供應不足的問題。他們承諾雖然酒精濃度不一樣了，其他釀造過程不會改變，風味會和以前一模一樣。兩人在信中寫道：「換句話說，我們確信不會搞砸您的威士忌。」

《石英新聞》(*Quartz*)在自家網站上，刊出一小則關於新配方的報導。推特上多了幾篇文章。整個世界屏住呼吸。接下來，晚上七點半過後沒多久，網路像喝醉的憤怒浪潮，怒氣節節升高，淹沒美格，美格措手不及。以網友的話來說：

「美格太無恥了，居然幹這種事。」

「一定是哪個白癡會計師想出這種犧牲品質的貪婪伎倆！！！！」

「只有共產黨自由派會認為，靠著把產品攙水，讓更多顧客分到更少東西，是正確道路。」

「美格你去死吧！誰在乎法國佬還是哪個恐怖分子喝不喝得到我們美國的好酒！？」

「我就知道，一旦年輕一代接手，就會發生這種事。」

「愚蠢的點子，這是犯罪。」

「聽到這件事，我的心好痛。」

「假貨去死。」

「本人在此辭去美格大使一職，以後再也不會買任何一瓶酒。」

「我的內心今天死去一部分。」

「美格，你不用擔心——現在開始需求會減少！」

「白痴。」

事情很快就一發不可收拾，衆人愈罵愈起勁，像是逮到機會盡情發洩怒氣，但這群人原本是美格的超級粉絲！他們花錢蒐藏美格，把美格標誌穿在身上，參加美格試飲，向不相信的人大力讚揚美格。理論上這群人會替美格辯護，或至少相信美格的動機。

興奮有趣的感受會讓粉絲圈動起來，就好像大家團結起來參與了重要運動，但動員不一定會帶來好事。憤怒暴徒很有趣，至少如果你也是暴徒的一分子的話。一位評論者開玩笑：「我們的粉絲讓我們成爲史上最暢銷的波本。爲了感謝大家，我們決定……攙水稀釋！眞的，眞的不用感謝我們……咦，你們哪來的火把與乾草叉？」

到了隔天，美格的新波本被稱爲「美稀」（Maker's Watermark）。小小的配方變動引發暴動。美格的臉書被洗版，數百個部落格發表酸言酸語，推特一片混亂。主流媒體輕鬆賺到網站點閱率，標題是「肯塔基不肯吞下稀美格」（Less Potent Maker's Mark Not Going Down Smoothly In Kentucky）。一個又一個的論壇討論這下子美格名譽掃地，要改喝哪個牌子比較好。美格在印第安納州一間牛排館舉辦的活動，粉絲讓原本的主題無法進行。執行長羅伯事後回憶：「這樣說好了，他們火力全開。」

憤怒轉變成敵對，事情醜陋起來，網路上會發生的事都發生了。在粉絲信上署名的兩個老闆，電子郵件被公開，網友鼓勵大家寫信過去騷擾。美格辦公室湧入大量電子郵件與電話。一個自稱粉絲的人在臉書上叫囂：「美格，享受你們的破產程序吧。消費者時代已經來臨，我們受夠流氓企業的鬼話。」

羅伯與比爾・山謬斯嚇了一大跳，無法理解大家怎麼反應這麼激烈。兩人接受最初宣布新配方消息的《石英新聞》訪談，試圖解釋自己的做法。他們說，我們眞的別無選擇，而且你們喝不出有什麼不同，眞的。這個解釋只有火上加油的作用（「你們現在是在說我們沒有鑑賞力？」）。新配方造成群情激憤，不可能訴諸理性。

接下來的星期日，灰頭土臉的美格歷經一週的怒火謾罵後，寫信向粉絲的要求投降。雖然他們依舊覺得調整美格的酒精濃度是正確的事，「這是你們的品牌——你們全要我們改變決定。你們說話，我們聽。眞的很抱歉讓你們失望了。」

顧客永遠是對的，粉絲就不一定了

承受粉絲怒火是很恐怖的一件事。粉絲的文化是一捧就捧上天，但說你爛，你就是全天下最爛。這個樂團是**史上最佳樂團**。對手的樂團**完全是垃圾**。粉絲團體決定給你一點顏色瞧瞧的時候，他們的怒火誰也擋不住。

發洩怒火樂趣十足，例如把自己熱愛、稍微改了配方的波本，比爲納粹主義，就是很好玩的一件事。在網路上把一件事比爲納粹主義，稀鬆平常到甚至有專有名詞，叫「高德溫法則」（Godwin's Law）。愈誇大，就愈有樂趣。假裝自己愈認眞，就愈好玩。然而很少有粉絲眞的相信，中級波本的酒精濃度稍微低一點，道德上眞的等同用暴力殺死六千萬人。

某種程度上，所有粉絲文化都是在假裝，是在選擇相信圍繞在著迷對象周圍的無形短暫情境。聾人聽聞幾乎是必備元素。然而，我們對著著迷對象玩假裝遊戲時，很容易忘記背後有眞實元素——這個遊戲涉及眞的人、眞的企業決定，以及眞人的生活。

粉絲文化的本質，讓企業不得不做的事以及粉絲的欲望之間，永遠存在緊張情勢。兩個相當不同的團體，爲了兩個非常不一樣的目的，在利用同一樣東西。廠商需要靠那樣東西獲利，要不然就支撐不下去。粉絲則需要那樣東西可以信賴，才有辦法圍繞著那樣東西從事粉絲活動。

在酒吧點美格波本所透露的訊息，十分不同於點平價的老烏鴉波本（Old Crow），更是完全不同於點百威淡啤。美格要是突然間「少了價値」，至少對懂酒的人來講，死忠粉絲會看起來像笨蛋。也難怪粉絲會把被冒犯看得那麼重。實際上的配方差異其實不是那麼重要，他們眞正憤怒的原因是感到自己被背叛。

粉絲社群的心意永遠都在變，九九%的時候他們最後會自我修正。星際大戰粉絲決定，雖然他們討厭前傳，但沒必要燒掉喬治．盧卡斯（George Lucas）的天行者山莊（Skywalker Ranch）。自己支持的政黨輸掉的美國選民，決定他們其實不想眞的搬到加拿大。不過，有時很難分辨人們只是嘴巴講講，還是眞的在生氣。

美格的競爭者傑克丹尼爾（Jack Daniel），產品符合波本的製造定義，不過公司比較喜歡廣告自己是「田納西威士忌」。傑克和美格一樣，也有一群狂熱粉絲。一九八七年至二〇〇二年之間，傑克丹尼爾把酒度從九十降至八十六，後來又爲了躲避特產稅與節省生產成本，降至八十。幾本雜誌注意到這個改變，甚至還有一場小小的請願活動，不過公司不爲所動。整個世界很快就忘了曾有不同配方，傑克丹尼爾銷售創新高。

相較之下，美格向粉絲讓步付出的代價是什麼？有沒有可能不讓小小的配方變動引發軒然大波？

美格的波本出蒸餾器時，酒度是一百三十度，也就是說，最終的九十度，早已是熟成過程中大量稀釋的結果。美食評論家傑森．威爾森（Jason Wilson）指出，如果高酒精濃度眞是美格的賣點，粉絲早就投入其他高濃度波本的懷抱，例如一〇七度的威廉羅倫古典風華（Weller Antique），或一二〇度的留名溪（Knob Creek）。此外，只有很少的波本迷會喝純波本，其他人會加冰塊、蘇打水、水、簡單糖漿、苦精或果汁。波本光只要加一塊冰塊，酒度下降的程度就超過酒商提出的調降。

有一件事是確定的，美格一開始就因爲邀請自己的「大使」加入討論，讓配方調整變成問題。粉絲認眞看待自己迷的東西。如果居然需要特別寫電子郵件通知大家，大概值得爲了這件事大動肝火。美格當初要是沒試著努力向粉絲解釋，大概根本沒人會發現發生了什麼事。

粉絲文化天性保守，天生抗拒創新，就算創新是好事也一樣。粉絲謹守自己迷的東西，要是有人想改變那份關係，他們會奮力抵抗，就算其實沒有實質上的變化也一樣——重點就在這。許多波本專家同意，美格大概喝起來還是會一模一樣，甚至風味更佳，因爲高酒精濃度其實會麻痺味蕾。

學者史蒂芬．布朗（Stephen Brown）主張，行銷人員堅守「顧客永遠是對的（right）」這句老話，然而眞相是「顧客永遠是右派（right wing）——保守、反動、冥頑不靈……抗拒改變，妨礙創新，想要更多相同的東西。他們不但崇拜自己想要的東西，還永遠把它們封存成肉凍，阿們。」

從某些角度來講，如果著迷的對象已經淡出江湖，比較好從事粉絲活動。不常出新專輯的樂團，比較容易蒐集全套歌曲。從來沒有續集的電影，比較容易記住劇中人物說過的完整台詞。粉絲文本已經完整的人事物，永遠不會改變，永遠不會背叛粉絲信任，永遠不會讓人失望。許多粉絲寧願見到自己喜愛的事物死亡，也不願意見到它們發生不名譽的事。

美格宣布撤回新的波本配方決定時，粉絲引發的騷動已經開始平息。推特數量在上個星期二達到高峰。等到接下來的星期日，也就是第二封電子郵件寄出時，討論熱度早已回到公司發表聲明之前。媒體評論家傑．羅森（Jay Rosen）在推特上寫道：「美格先是對社群媒體回應不足，接著又被嚇壞，倒過來反應過度。」美格當時要是再多等個幾天，憤怒的人們大概早已忘了這件事。

諷刺的是，美格因爲這次的事件，迎來史上最高季度銷售。原因不是粉絲爲了感謝它們撤回決定而跑去買，而是因爲大家還以爲，以後就沒有九十度的包裝，衝去囤貨。少數幾瓶已上市的八十四度包裝，預計將成爲珍貴收藏酒款。

講話大聲的少數意見，被當成衆人的意見

一群人大聲抗議時，企業會覺得全世界每一個粉絲都在對自己叫囂。社群媒體上全是憤怒留言，公司信箱塞滿罵人郵件，主流媒體幸災樂禍跟進報導，幾乎每一篇標題都用上糟糕的雙關語。粉絲呼籲企業立刻做到他們的要求，要不然就要抵制。然而，通常騷動平息下來後，就會發

現粉絲的怒火其實沒有想像中嚴重。怎麼會這樣？怎麼會一小群粉絲抱持的少數觀點，卻像是網路上排山倒海的討伐聲浪？

克麗絲汀娜．賴曼（Kristina Lerman）與南加大（University of Southern California）的電腦科學家團隊試圖找出答案，最後把研究結果命名爲「多數錯覺」（Majority Illusion），二〇一五年六月發表解釋此一現象的論文。那個理論說假設我們有一群朋友，多數朋友和我們自己，還會有其他一兩個這群朋友不認識的連結。不過，少數幾個交友廣闊的「連結者」（connector）認識的其他人，數量比我們多很多。如果是觸及人數普通的朋友分享貓咪圖片，只會有幾個人看到。看到的人如果又和自己的社群網絡分享，撞圖機率很低。然而，如果是連結人數衆多的人士分享同一張圖，網絡裡每一個人立刻接觸到那張圖。要是再分享出去，別人已經看過的機率很高，於是帶來突然之間，好像全世界所有人都很愛貓的錯覺。

最後的結果就是社群網絡特別容易讓人誤以爲多數人看法一致，尤其是內容很容易散布的數位網絡，然而眞相卻是只有同溫層抱持相同看法。

舉例來說，研究顯示青少年特別容易以爲大部分的朋友喝很多酒，但其實不然，純粹是錯覺：會受邀參加瘋狂派對的青少年，本來就比較可能有一大群會邀人喝酒的朋友。在受邀者關係最近的社群網絡上，會冒出大量他們喝酒的照片，而他們的網絡又比一般人的網絡大，於是突然之間，感覺每個人都在喝酒。這種效應在政治議題上最有名，造成極端的看法感覺比實際上普遍。賴曼在訪談中解釋：「六成至七成的節點有大量活躍鄰居，雖然僅有兩成的這種節點本身是活躍的。」

「多數錯覺」帶來的結果，就是抱怨得最大聲的粉絲，通常是最該無視的人。粉絲幾乎永遠可以在技術先進的平台上表達看法，然而這些平台的本質有時只讓最強烈的觀點（通常是負面觀點）被聽見。

另一組行銷教授團隊也發現類似現象，他們觀察線上討論空間的興起，例如論壇與產品心得網，二〇一一年在《麻省理工學院史隆管理學院評論》（*MIT Sloan Management Review*）發表研究結果，指出高比例的人口在購買產品前會先閱讀網路上的評論，然而實際會寫評論的人很少。一般來講，人們要有強烈的正面或負面感受，才會分享自己對於某樣東西的看法。要是感覺普普通通，不太可能特別花力氣寫產品心得，或是不覺得有加入線上對話的必要，也因此這一類的對話本質上就是一種「選樣偏差」（selection bias）。

更麻煩的是，心理學研究發現，粉絲等自詡為領域專家的人士所提出的意見，通常偏向負面。研究人員解釋：「投入程度高的顧客會刻意打偏低的分數，好讓自己的意見突出。」說一樣東西不好，比用自己的信譽替情況尚不明的產品或點子背書安全。研究發現，對某樣產品同時抱持強烈正面與負面感受的論壇，通常風向會完全倒向負面說法，速度快過顧客意見較為中庸的團體，即便這兩個團體各自平均起來的話，其實看法差不多。

按照定義來看，超級粉絲是投入程度高的觀眾。他們抱持強烈意見，也有平台可以發表看法。一旦某個主題的風向比較倒向某一方，其他顧客很容易跟著附和。大量的負面意見很容易掩蓋住一個事實：其實僅有一小部分粉絲抱持負面看法。一小群有強烈感受的人，很容易帶領討論風向，讓對話倒向某一方，較為中庸的意見則被大聲發言的少數意見蓋過。

美格的高層可能覺得整個世界突然與他們爲敵，然而事實上所謂的衆怒，可能只代表很小一部分的粉絲看法。

處理粉絲暴動

粉絲暴動時需要立刻處理，以免抱持極端意見的人，嚇得較爲理智的人不敢出聲。此時方法不是刪掉負面留言，不是假裝問題不存在，也不是向粉絲的要求投降。你要表達自己聽到他們的心聲，讓粉絲知道你尊重他們的意見，並且提供他們解決問題的方法。

這樣的處理過程需要一點手腕，以及很多的感同身受。必須認眞看待粉絲的要求與意見，但不能照單全收。粉絲所做的要求，顯示出他們如何看待自己迷的東西，但那些要求不一定代表品牌的最佳利益。必須找出辦法處理粉絲要求，讓講話大聲的少數人滿意，但最重要的則是讓人們喜歡的東西能夠長長久久。

所謂的了解粉絲的要求，通常是指詮釋粉絲眞正要的東西，而不是他們自認在要求什麼。科技迷偶像溫登說過一段很有名的話：「別給人們他們要求的東西，給他們需要的東西。他們要求讓電視影集《歡樂酒店》（*Cheers*）的山姆與戴安娜（Sam and Diane）在一起……別滿足這個要求，相信我……觀衆需要的是峰迴路轉，他們需要劇情張力。你必須讓事情生變，讓壞事發生。」觀衆如果要求讓劇中的兩個人在一起，他們眞正的意思是想看到更多感情線。觀衆如果要求產品做成紫色，他們眞正要的是讓產品看上去溫馨一些。

溫登製作的電視影集《魔法奇兵》，粉絲要求讓主角巴菲（Buffy）和有曖昧情愫的吸血鬼安傑爾（Angel）在一起，於是編劇讓他們度過美好的一夜……接著就讓安傑爾化身爲變態殺人狂。零售業者的手法則是提供限量商品——超級粉絲覺得自己很厲害，有辦法搶到想要的東西，但又不會影響到其他顧客的權益。提供特殊體驗給競賽贏家、提供一生一次的機會——這一類的做法全都能認眞看待粉絲的要求，但整體而言又不會讓他們迷的東西走偏。

蜘蛛人爲什麼不能是同性戀？

索尼影業（Sony Pictures）二〇一四年的駭客事件，引發衆多精彩八卦。除了新龐德與好幾部尚未上映的電影劇本外流，片酬明細顯示女演員拿到的薪水普遍比男演員低，索尼高層還說女星安潔莉娜·裘莉（Angelina Jolie）是被寵壞的孩子，並以種族歧視的言論批評歐巴馬總統（Barack Obama）。索尼灰頭土臉。

外流的其中一份文件立刻引發公衆關注——至少引發了漫畫迷關注。索尼與漫畫巨頭漫威（Marvel）的授權合約，列出彼得·帕克（Peter Parker，以及他的蜘蛛人祕密身分）必備的特質。彼得·帕克不能刑求，不能抽菸，除了自衛不能殺人，超能力來自被蜘蛛咬，在紐約市長大，由叔叔嬸嬸帶大。另外，彼得·帕克一定得是男性，還一定得是異性戀白人。

粉絲可能會抗議：「蜘蛛人當然是異性戀白人。我看過電影，看過漫畫，他絕對是白人。」人們很容易忘掉，虛構人物會有哪些特質，只不過是寫劇本的人一時興起。故事裡的超級英雄沒事就換長相、超能力與時空——相較之下，換一下種族或性向其實是相當簡單的設定。

當然，故事有時的確有必要維持一樣的設定。黑豹（Black Panther）如果突然變成瑞典人，至少得改一下名字，但蜘蛛人並非劇情需要才得是白人，蜘蛛咬人也不會有性別差異。至於異性戀，蜘蛛人版本的紐約市沒理由容不下各種性向的愛情故事，蜘蛛人如果被設定成同性戀，搞不好還比較接近眞實情況。正如駭客事件爆發時一則頭條所言：「蜘蛛人爲了遵守合約規定，不得不在派對上當無趣的傢伙。」

漫畫產業向來被批評主角都是異性戀白人男性，其他人想當主角，就慢慢等吧。二〇〇〇年代初期以前的漫畫少有例外，女性與少數族群要不是壞人，要不就是被暴力對待，好讓主角有理由英雄救美。一九七〇年代的劇情慣例是「黑人會第一個先死。此外，女性角色會死狀淒慘，而且遇害方式通常與性有關。這種設定常見到一個專有名詞，叫「塞冰箱」（fridging）。典故出自一九九四年一集狗血漫畫：綠光戰警（Green Lantern）發現女友被殺死塞進冰箱。如同評論家安德魯·惠勒（Andrew Wheeler）所言：「如果漫威在黑豹之前，先推出《雷神索爾三》（*Thor 3*），那一定是先推出了十部由名字是克里斯（Chris）的金髮白人男性領銜主演的電影，最終才推出一部不是由白人當主角的電影（他們可以推出名字是克里斯的黑人主演的電影，眞的沒關係）。」

然而，漫畫並非向來如此，尤其是這個產業與女性之間的關係是近日才變成這樣。一九三〇年代與一九四〇年代時，所有類型的漫畫——不論是幽默漫畫、恐怖漫畫、超級英雄漫畫、愛情漫畫——都廣受歡迎，推估美國青少年大約九成都是讀者，而且男生女生都愛看漫畫，沒有性別差異。漫畫占多數篇幅的雜誌《女孩全員集合》（*Calling All Girls*）號稱發行量超過五十萬——對二戰時期的人口來講是很大的數字。

然而到了一九四〇年代晚期，精神科醫師弗雷德里克・魏特漢（Fredric Wertham）開始發表文章，四處演講，題目是〈育兒驚魂〉（Horror in the Nursery）和〈漫畫裡的精神變態〉（The Psychopathy of Comic Books），最終在《天眞的誘惑》（*Seduction of the Innocent*）一書集大成，宣稱漫畫引人犯罪，導致偷竊、吸毒、同性戀、戀物癖，以及種種傷風敗俗之事。魏特漢成爲高德溫法則先驅，在美國參議院小組委員會的青少年犯罪聽證會上作證：「我認爲和漫畫產業比起來，希特勒算是小兒科」。魏特漢的研究漏洞百出，大量造假（更別提以現代眼光來看有點可笑），但依舊引發大眾的道德恐慌，全美的家長團體要求藥房與書店不得再販售漫畫，幾個城鎮甚至燒書。

到了一九五四年，美國成立「漫畫審議局」（Comics Code Authority），強制漫畫產業必須遵守乾淨高尚的道德規範。驚恐的出版商爲求自保，讓許多較爲新潮的刊物停刊，並修改其他刊物，以免被誤會有不良企圖。漫畫裡的男性變得陽剛又愛國，女性溫柔婉約。一九四〇年代的神力女超人會打納粹，但到了一九六〇年代，她雖然「神力」依舊，不時會冒出〈神力女超人的驚奇蜜月〉（Wonder Woman's Surprise Honeymoon）等故事，被未來的老公碎碎念不會煮飯。

漫畫情節開始對女性不友善後，女性讀者投入其他大眾傳播工具的懷抱。漫畫開始消失在主流經銷管道，改由主要服務男性觀眾的漫畫專門店販售。新的漫畫經銷管道迎合男性，進一步趕跑更多女性讀者。

熱門超級英雄漫畫《驚奇隊長》（*Captain Marvel*）的編劇凱莉・蘇・狄康尼克（Kelly Sue DeConnick）從小生長在海外軍事基地，能接觸到美國電視的機會有限，基地書店的超級英雄漫畫是她了解家鄉文化的重要管道。不過，到了一九八〇年代初，狄康尼克與身邊其他女性漫畫迷，無意間成爲漫畫專門店年代的受害者。她表示：「有的漫畫店眞的很棒，很跟得上年代，歡迎妳踏進去。裡頭的人身上沒有大麻味，也不穿運動褲。然而有好長一段時間，那種店是少數。」

一九九〇年代開始出現大預算的超級英雄電影，很難想像能吸引大量女性觀衆。各種分析指證歷歷，女孩不買授權玩具，女孩不常花錢買漫畫看電影，最常見的說法是女生不是視覺動物（無視於時尙與雜誌產業的成功例子）。很少人想到，或許女孩子擔心被人看到跑去看那種電影，也或者她們對女性又莫名其妙被賜死的故事沒興趣。狄康尼克表示：「女性不喜歡明顯汙辱她們的東西。」

一九九〇年代時，情節多元的日本漫畫打進美國主流。傳統書店歡迎沒有文化包袱的日本漫畫。狄康尼克表示：「女人與女孩開始買一本十美元的漫畫。那些書從貨架上被搶下，購物中心的書店因此得以存活。想一想，日本漫畫得從後讀到前，右讀到左，也就是說，對女生來講，學倒著閱讀，還比讀美國漫畫容易。」

在此同時，網路方便女性找到志同道合的夥伴，得以在安全友善的空間說出自己喜歡漫畫。女人與女孩不再需要上實體漫畫店，開始成群結隊購買線上漫畫。一夕之間，女性顯然也愛看漫畫。過去數十年來，漫畫產業無視於這一大群觀衆，一群很願意掏錢的人。

短視近利的粉絲文化

美格的例子讓人看到，講話大聲的少數粉絲暴君，強大到足以讓酒商嚇到做出可能毀掉事業的決策，不過有時少數派以更不明顯的方式影響著廠商。許多品牌掉進陷阱，只顧到一個粉絲族群，趕跑其他潛在消費者，然而不該以爲單一粉絲團體，永遠反映著一般大衆的意見與要求。如同學者布朗所言：「粉絲其實是不具代表性的一群人。他們的確聲音很大，也眞的、眞的很愛產品，還四處傳福音。然而，粉絲也是不請自來的一群人，遠遠稱不上具有代表性。他們的狂熱讓他們的觀點極度扭曲，即便扭曲的方向可能和行銷人員一拍即合。集合一群熱情追隨者不是很棒嗎？和一群大聲四處宣傳的顧客一起合作不是很棒嗎？行銷教科書不都這樣教？那難道不是最佳的品牌建立方式？簡單來講，答案是『錯』。」

等到美國漫畫產業想起來，其實各式各樣的人都熱愛漫畫，整個產業早已極度偏向單一特定族群：黑暗、陽剛、硬漢。這裡要特別指出的是，黑暗、陽剛、硬漢本身沒什麼不好——雖然目標觀衆變少，這時期的許多漫畫都是深刻的經典藝術作品。然而，光從賺錢的角度來看，限制多元性是錯誤決策。

允許女性與少數族群在漫畫世界占有一席之地，不是什麼無私利他的舉動。狄康尼克表示：「它們是企業，一定得賺錢的企業。如果做對的事，還能多賺錢，太棒了，大家都贏了。它們眞正的想法是：『等等，女性也肯掏錢？』」

世上其他讀者較不受歷史因素影響的地區，圖畫書得以搶攻較大市占率。雖然個別文化因果難追查，有一個數據難以否認：二〇一四年時，日本漫畫市場達二八一〇億日元（約二十七億美元），美國與加拿大才九．三五億美元。日本總人口僅美加的三分之一左右，漫畫書銷售卻是近三倍。

討好有限的單一粉絲團體聽起來是好事，因爲惹惱這群核心觀衆的話，下場不會太好看。單一觀衆的模式不再稱霸漫畫產業後，傳統漫畫迷反映不一，鼓吹漫畫多元性的記者與漫畫家被騷擾恐嚇，不是什麼新鮮事。儘管如此，索爾目前是女性，蝙蝠女俠（Batwoman）目前是雙性戀，驚奇女士（Ms. Marvel）是穆斯林美國人，就連阿奇漫畫（Archie Comics）都有一對已婚男同志。爸媽是非裔美國人加波多黎各裔的漫威蜘蛛人麥爾斯．莫拉雷斯（Miles Morales）二〇一一年問世時，引發主流漫畫粉絲的憤怒。彼得．帕克其實並未永久消失，死亡三年後又再度出現，所以說白人蜘蛛人還在。儘管如此，許多粉絲依舊感到憤怒，不肯接受。改變人們著迷的對象不容易，改變象徵意義更是難上加難。儘管如此，麥爾斯．莫拉雷斯這個角色數年後依舊廣受歡迎。

接收博柏利

俗話說，肚子餓的人有一個問題，不餓的人有一千個問題。沒粉絲的，通常有一個目標：培養出願意替品牌挺身而出的粉絲。然而，一旦人們開始熱情投入，然後呢？從某種層面上來講，培養出一群粉絲是簡單的環節，那是最能掌控的部分。粉絲團體會高聲抨擊自己喜歡的東西，還配合自己的需求，將那樣東西挪爲己用。粉絲創造的內容、儀式與其他活動，可能好到讓人分不清誰是官方正典、誰不是，造成雙方之間的法律之爭。

圍繞在著迷對象周圍的情境愈豐富，粉絲社群愈可能自創一片天。瑪丹娜的粉絲被許多人視爲第三波女性運動的推手。超人和他的流亡身分和寶貴技能，常在移民議題中被提及。勞工權益的支持者、債務減免的推行者、左翼到右翼的政治人物，時常引用星際大戰電影的比喻。粉絲經常團結起來，支持和自己喜歡的事物有關的議題——例如救回被腰斬的電視影集（或是要求取消不喜歡的配方更動）。

此類議題有「劫持」（hijacking）的問題。近年來，劫持現象獲得衆多關注。粉絲會將喜歡的東西挪爲己用，但著迷對象的擁有者，不一定喜歡粉絲的利用方式。

易保網路保險公司（Esurance）的卡通代言人是頂著粉紅色頭髮的間諜「艾琳」（Erin）。艾琳平日穿貓女裝追蹤祕密保險交易，或至少以前是那樣。她因爲太受歡迎，深受其擾。熱情粉絲替她創造出一堆X級的色情故事和圖片。她最當紅的時候，如果在Google上查「易保艾琳」（Esurance Erin），但沒開啓「安全搜尋」功能，就會冒出極度不適合在上班時間打開的網頁。

企業代言人理應好認又好記，但要看大家記得什麼。英國高級時尚品牌博柏利（Burberry）在二〇〇〇年代初形象大壞，招牌的格子風設計，受到英國勞動階級年輕小混混（chav）青睞。博柏利先前的格子設計走低調風，例如藏在雨衣與圍巾襯裡，但小混混則什麼都要大搖大擺展露格紋——帽子、褲子、裙子、狗墊，感覺就像美國老牌布克兄弟服飾（Brooks Brothers），突然間在納斯卡賽車（NASCAR）活動大受歡迎。

這群新粉絲讓博柏利苦惱不已。酒吧禁止穿博柏利的人進入，有錢人開始恥於穿博柏利。如同某位評論者所言：「許多人害怕穿博柏利的人會搶劫自己。」博柏利後來花了十年歲月才救回自己的格紋，但今日許多地方依舊稱那種設計為「流氓格子」（Chav Check）。

為什麼大家不能好好相處？

「劫持」現象太嚇人，光是有一丁點可能性，品牌就會飛奔去找自己的法務部門。然而對完全無害、甚至是有益的粉絲行為反應過度，常是粉絲圈暴動的原因。許多粉絲的憤怒其實原本只要公司深呼吸，多想個五分鐘，就可以避免。

二〇一四年時，瑞典全球家具公司 IKEA 寄禁止令給部落客葉茱莉（Jules Yap）。葉茱莉經營的網站「IKEA 駭客」（IKEAhackers.net）廣受歡迎，教大家把 IKEA 家具「駭」成創意十足與出乎意料的新設計。網站成立近十年後，IKEA 的律師突然要求她交出網址。

粉絲做出不受控的突發行為時，例如盜用品牌的名字，先發制人的做法常像 IKEA 那樣——提出法律訴訟，保護自己的智慧財產權。這種做法本身沒什麼不對——品牌經營的法律層面很重要——然而美國的商標與著作權法規，不是很適合用來處理粉絲樂觀其成的事。

葉茱莉告訴《華盛頓郵報》（*Washington Post*）：「IKEA 想保護自己的商標，這點我完全接受，但我認為他們可以用更好的方式處理。我只是一個個人，不是一間公司，我是顯然完全站在他們那一邊的部落客。」企業不需要百般討好粉絲，但也不需要用對付牟利者的那一套來處理他們。寄禁止令給占住「IKEA-furniture.com」等域名的網路蟑螂很合理，然而如果是部落客經營的粉絲網站，就算那個網站能產生收益，寄一封禮貌的信過去，雙方討論一下，會是比較好的做法。葉茱莉的律師最後和 IKEA 商量好，讓她繼續以非商業的方式經營網站，不能有網站廣告贊助她發表的文章。雙方的協議曝光後，葉茱莉的網站粉絲群情激憤。《波音波音》（*Boing Boing*）的作者與共同編輯科利．多克托羅（Cory Doctorow）大力抨擊此事：「IKEA 的禁止令從法律層面來看根本是胡搞，又沒違反商標法——提到 IKEA 的名字，完全只是因爲網站用的是IKEA家具。IKEA駭客之間的金錢交易(IKEA的律師似乎最無法接受的一點)與商標完全無關，不可能造成消費大眾弄不清楚『IKEA 駭客』與『IKEA』。這完全只是大鯨魚在欺負小蝦米，企圖控制言論……」

葉茱莉公開網址法律事件不到一星期，IKEA 被迫撤回主張，告訴 Yahoo 記者：「我們希望表明對於 IKEA 駭客一事深感遺憾。」葉茱莉受邀參觀 IKEA 總部辦公室，還和國際 IKEA 公司（Inter IKEA Systems B.V.）執行長見面——執行長！雙方最終達成協議，允許葉茱莉繼續經營網站，有沒有廣告都可以。

葉茱莉寫道：「太棒了！開越橘汁慶祝。」

榛果巧克力抹醬能多益（Nutella）在二〇一三年碰上類似事件，當時製造商費列羅（Ferrero）表示：「保護商標是我們的慣例程序，起因是粉絲頁面以不當方式使用能多益商標。」

能多益的美國臉書粉絲專頁，今日有三千一百萬粉絲，不過能多益其實多年來在美國沒沒無聞。莎拉．羅索（Sara Rosso）是能多益的美國超級粉絲。二〇〇七年時，移居義大利的她覺得能多益不該在大西洋彼岸這麼不受關注。二〇一六年時，她回想當時曾自問：「爲什麼大家不吃這種有如人間美味的巧克力？」那時網路上幾乎沒有任何能多益的英文行銷，少數幾個知道的美國人，必須跑到專門雜貨店才找得到。

羅索超級喜愛能多益這種黏糊糊的抹醬，想讓全世界都認識這種美食。她想出的辦法是在二月五日舉辦「能多益世界日」（World Nutella Day），成立部落格大力宣傳。羅索的網站很快就成爲美食部落客聚集地，大家投稿食譜、歌曲、詩歌、影片，以及各種對能多益的讚美。那個網站對羅索來說意義重大；日子一天天過去，在 Google 上搜尋能多益的人穩定增加，每年二月在能多益世界日前後出現高峰。到了二〇一二年年初，羅索和共同主持人蜜雪兒・法比歐（Michelle Fabio）甚至出版《能多益非官方指南》（*The Unofficial Guide to Nutella*）。依據兩人的說法，那是第一本講這個主題的英文書。

羅索盡心盡力推廣的結果，就是收到製造商費列羅的禁止令，要求她立刻停止使用「能多益的名字、商標或類似物」。羅索嚇了一大跳。她向《赫芬頓郵報》（*Huffington Post*）解釋：「我只是以粉絲身分做這件事。我另外有全職工作，沒想過靠能多益賺錢。」

粉絲戴夫（Dave）寫道：「禁止令？那我也中止購買費列羅的產品好不好？！？」另一名粉絲艾莉森（Allison）退回最近向雜貨店購買的一箱能多益。她寫道：「店員問我爲什麼要退貨，我講了禁止令的事，他們說我不是第一個這麼做的人。」多年開心報導能多益世界日的美國主流媒體，也跳出來抨擊此事。幾天後，費列羅的代表打電話給羅索撤回禁止令，允許她繼續經營網站。

要是能多益堅持不撤回禁止令，很難講會發生什麼事。如果只有超級粉絲感到憤怒，費列羅的利潤受到的影響將有限。然而，一旦這件事傳開來，媒體也跟進報導，費列羅顯然幫自己招惹了一場公關危機。公司做出流氓行徑，搬石頭砸自己的腳，還解釋是自家法務部門沒和任何人商量，就發出禁止令，這種解釋聽起來官僚氣十足，搞不清楚大眾的心聲。

只要花個幾分鐘，好好想一想粉絲越界時該如何處理，就能避免讓大家都不高興。目前正在提倡改革著作權與商標法的多克托羅，指出每個人都明白、只有企業律師不明白的事：「提供不收權利金的授權，就能得到好處，不需要威脅提起訴訟。」

組織經營粉絲時，可以試著先把下禁止令這一招改成招降。如果粉絲活動整體來講沒什麼妨害，不妨乾脆讓它們正式成爲官方活動。有時，在適當的管制監督下，允許粉絲使用商標，每個人都是贏家。如果公司法務覺得這種做法太大膽，還有一個老招：美好的傳統免責聲明。在這個禁止令滿天飛的世界，免責聲明似乎很無聊，但效果是一樣的。要求粉絲團體聲明自己不隸屬於官方、沒獲得官方贊助、和官方毫無關聯，就能讓公司免於擔心很多事。

恐懼是粗暴對待粉絲的拙劣藉口。此外，恐懼也會讓品牌擁有者得不償失。羅索在發生那次的法律爭議僅一兩年後，就開開心心自願把今日價值無窮的能多益世界日，轉讓給費列羅集團，一分錢也沒收（只要求捐款給世界糧食計畫署〔World Food Programme〕）。能多益因爲選擇與超級粉絲合作，而不是對付他們，享受到長遠的好處。

正確做法

粉絲團體磨刀霍霍時，沒有阻止的好辦法。試圖平息的手段，例如給東西又拿走，只會進一步加深「我們 vs. 他們」的對抗心態。爲理想而戰，令人感到興奮又浪漫，如果其中一方在道德上站得住腳更是如此。

值得一提的是，在許多例子，光是從善如流也不一定是最好的解決方案。儘管粉絲對自己迷的東西瞭若指掌，他們不曉得怎麼做才符合那樣東西的最佳利益，只知道怎樣做對觀眾來說最好。這兩件事常常一樣，但有時不是。品牌靠讓步安撫粉絲團體時，每個人都會感到十分興奮，覺得自己握有強大力量，高興大家團結起來……接著一下子就失去興趣，跑去關注其他令人亢奮的議題，而長期後果得由做決策的人自己擔下。

如果是不可能答應粉絲要求的情況，最好的解決之道是讓整件事多點人情味，提醒粉絲他們要求的事會影響到眞正的人，雙方其實站在同一陣線。說明自己理解粉絲的關切，解釋爲什麼會做那樣的決定。一定要提醒雙方，大家都是粉絲，都是爲了大家共同有熱情的東西好。

粉絲如果感到著迷對象的擁有者，也是粉絲團一員，而不是傲慢的大企業，就不必太害怕實話實說。如同唐．塔普史考特（Don Tapscott）與安東尼．威廉斯（Anthony D. Williams）在《維基經濟學》（*Wikinomics*）一書中所言：「如果信任自己的顧客，就不必控制他們。」粉絲團體或許一開始會跌跌撞撞，不過最終通常會找到正確方向。如果組織讓超級粉絲培養出正確社群傳統，就能盡量解釋自己，接著讓社群接手。組織只需要扮演這樣的角色就足夠。

當然，如同美格的例子，有時事情也有例外。公開透明有時能帶來信任，但有時一切攤在陽光下會粉碎粉絲的幻覺。粉絲忘記自己所愛的東西其實是商業產物。

解決所有衝突情境最好的辦法，就是仔細思考要公開哪些事。擁有者應該決定，他們公開的事是否符合他們對於粉絲情感與動機的認知。一定要小心謹愼，考量粉絲是誰、他們在粉絲團體的位階、他們的熱情程度，以及他們從事粉絲活動時得到的感覺。

實話實說會讓粉絲感到自己是自己人嗎？也或者感到被知情人士背叛？

粉絲團體有自然的生命循環。粉絲走過新的人生階段時，他們會加入與退出不同粉絲團體，把情感投射在符合新需求的新著迷對象上。粉絲原本就會來來去去，沒關係的。粉絲是很棒的一群人，激發出豐富靈感，偶爾還會引發風波。當粉絲因爲喜歡的東西隨時間變化（這種事無法避免），決定退出粉絲團體，覺得受到打擊是很自然的反應。著迷對象的擁有者，很容易陷入無限循環：我們能讓事情回歸正軌嗎？粉絲是否在無理取鬧？要是我們當初沒做那件事，或許他們今天還會愛我們。分手永遠不是一件容易的事，就算得抱著象徵意義上的冰淇淋療傷也沒關係。

不過要記得，時間終將治癒一切。還會有新粉絲，在正確時間出現的粉絲。新粉絲將覺得自己有關於自我認同、社群、反抗、意識形態的問題，可以在你這裡獲得解答。

某些粉絲會完成自己第一個認眞的粉絲活動，接著就炫風式直奔下一件感興趣的事：下一個會讓自己更好的東西、下一個讓世界知道他們想成爲什麼樣的人的東西，也或者只是下一個樂趣無窮的東西。或許他們會和當年追逐音樂家的愛麗絲．德瑞克一樣，晚上在日記中興奮寫下：「我沒想過自己有一天會做那種事！」

後記

柔依・弗瑞德—布拉納

與粉絲團體交手——一個你又敬又愛的團體，很美好、很恐怖、很令人心碎、很令人滿足，過程有如坐雲霄飛車。粉絲一下子付出愛，一下子又收走，一下子又回心轉意。曾有一個早上，我試圖平息大量粉絲抱怨柯基娃娃庫存不足的怒氣，一小時後，卻發現粉絲寫了讚美我的同人小說（小說裡的我，其實和本人相差十萬八千里，但依舊令人受寵若驚）。

捏捏玩偶推出粉絲喜愛的東西時，他們的興奮之情瞬間到達頂點。公司同仁像有強迫症一樣，不斷重新整理社群媒體頁面，大聲讀出每一則新留言，討論每一則留言。當我們推出粉絲不愛的東西，也會湧進憤怒留言。有時我眞的很想大喊：「拜託，我們已經盡力了！不需要那麼尖酸刻薄；它們只是動物娃娃！」

然而，就在這種時刻，我也會收到這樣的留言：「螃蟹捏捏（Crabby）救了我一命，我要對你們說一萬次感謝。當初我躺在醫院，人在復健中心，它永遠在我身旁，隨時讓我擁抱，幫助我度過最撐不下去的日子。今日的我每天對抗掙扎痛苦時，它依舊陪伴著我。螃蟹捏捏爲我做了許多事，因爲有你們捏捏玩偶公司，才會有它。我很幸運，恰巧能夠買下它。」

就這樣，突然間我們恨不得再多做些什麼。每當有超級粉絲突然消失，我們會一直查他們家鄉的新聞，確認沒發生意外。我們心思全在粉絲身上，爲他們做事，努力取悅他們。我們沒做到時，總是沮喪萬分，而粉絲給我們的回饋是讓我們的事業繼續存在。

我們二〇〇七年開業時，事情比較簡單。成箱的揑揑玩偶，塞滿我們一房公寓的客廳。把每一個寶貴包裹拿下樓之前，我會先畫上青蛙和花朵，接著交給兩個街區外的聯邦快遞（FedEx）。訣竅是死命把包裹緊緊塞在腋下，最上面的箱子才不會掉出來。

我們拓展事業時，開始注意到有的顧客出現神祕行爲。網路上突然出現各種揑揑玩偶帳號，例如「迷你蝸牛莫提墨」（Mortimer the Mini Snail）、「匿名麋鹿」（AnonyMoose）、「布希普頓・凡富吉布特大使」（Ambassador Bushybottom von Fuzzybutt）、「超級揑聯盟」（League of Extraordinary Squishiness）。買下揑揑的人們畫畫，照相，在相片上畫畫。新顧客發問時，我們還沒看到，已經有人幫忙回答。大家替自己的收藏發明揑揑詞彙（「Lem」的意思是「限量版迷你揑揑」〔Limited Edition Mini〕！）。他們成立非官方的「交易站」，交換二手揑揑，還舉辦揑揑讀書會。令人想不到的是，部分參加者甚至沒有自己的揑揑。

我們的事業一路成長後，開始有粉絲從別國跑來辦公室朝聖。有的粉絲簽署要揑揑參加展覽與進入玩具店的請願書。他們在休假時拜訪彼此，互贈烘焙食物、藝術作品、手工飾品，還發起慈善募款，做許多許多事。有一組粉絲成立正式委員會，好讓「魔鬼熊揑揑」（Squishable Devil Bear）這個不再生產的玩偶設計重現江湖。他們發起運動，製作手工胸章，我們最終被說服。

粉絲告訴我們，產品什麼時候做對了，什麼時候做錯了，還鼓勵我們推出從來沒想過的產品。「Kitsune？那是什麼？一種日本多尾狐？真的嗎？嗯，好吧，沒什麼不行的……哇，居然賣光了。」

二〇一二年的柴犬事件如果發生在今天，我們會想也不想就製造第二種款式。我們已經很多年不需要謹守每一種款式的預算，輕鬆就讓粉絲開心。有一次，粉絲火冒三丈，認爲迷你螃蟹捏捏不該有「開心的」眼睛，於是我們在一個月內，製造出悲傷版本，開心版變成收藏者的珍品。我們對於這次的小勝利，感到有點沾沾自喜。

然而不是每次都那麼好運，或許下次那種做法就行不通。粉絲文化是一種不斷演變的平台。光是臉書不斷改變的運算法與介面，就讓我們目前的粉絲互動與一年前相當不同。搞不好我們很快就會採取全新方式。

此外，粉絲自己也會變。早期的粉絲在中學時期認識我們，現在早已大學畢業多年。有的依舊陪伴我們，蒐集塞滿房間與儲藏室的捏捏。至少有一個人讓捏捏占據一整間公寓。有的粉絲則已走入人生其他階段，我們極度想念他們：「不曉得那個開了水生動物捏捏粉絲專頁的女孩去了哪。她好有才華。我想念她的獨角鯨捏捏卡在樹上的照片。」

我們會懷念一下往日時光，接著又回去工作，還得計畫今年的萬聖節派對，評估粉絲的設計，回應粉絲的推特，閱讀粉絲寄來的電子郵件。一位女士寫信告訴我們，如果我們製作哈巴狗捏捏，她絕對會告訴自己所有的朋友，所有的朋友一定統統都會買幾億幾兆隻。那位女士說：我絕對沒誇張。

粉絲在信上寫的東西，不具備合約效力；有最小的一絲可能性，只是可能，或許這位女士只是在表達熱情，不一定眞的會掏錢——我們以前被愛狗人士咬過。不過話又說回來，粉絲會提出最棒的點子。

哈巴狗？好吧，沒問題，就來試試看吧。

謝辭

本書是多年實驗、不屈不撓與徹夜焦慮累積出的成果。我們要感謝在過程中提供指引（有時還戳我們）的人士：

本書能問世，是因爲克雷・薛基（Clay Shirky）願意坐下來一邊吃壽司，一邊討論我們的點子。要是沒有他從一開始就提供支持鼓勵與意見，不可能有這本書。

我們由衷感謝經紀人柔伊・帕納曼塔（Zoë Pagnamenta），以及她在帕納曼塔版權公司（Zoë Pagnamenta Agency）的同事艾莉森・路易斯（Alison Lewis），也感謝英國費麗絲蒂布萊恩公司（Felicity Bryan Associates）的莎麗・哈羅威（Sally Holloway）。

感謝我們的編輯布蘭登・科瑞（Brendan Curry）、他的同事奈森尼爾・丹內（Nathaniel Dennett），以及諾頓公司（W. W. Norton）全體同仁。他們在本書的問世過程中鼎力相助。此外也要感謝 Profile Books 的克萊兒・吉斯特・泰勒（Clare Grist Taylor）與路易莎・杜尼根（Louisa Dunnigan）。

感謝我們的早期草稿讀者安・漢伯格・傑諾（Ann Heimberger Jernow）、娜塔莉婭・明克夫斯基（Natalya Minkovsky）、克里斯多福・桑圖里（Christopher Santulli），以及最終版草稿讀者凱薩琳・

狄容（Katherine Dillion）、曼蒂・諾韋克（Maddy Novich）、湯瑪斯・羅伯森（Thomas Robertson）、羅素・品克（Russell Pinke）。

感謝學界、產業、粉絲界及其他各領域的專家撥冗提供建議：貝翠思・亞凡拉多（Beatriz Alvarado）、丹尼爾・亞漢（Daniel Amrhein）、珍・班恩（Jenn Bane）、查貝・巴拉卡（Charbel Barakat）、凱蒂・巴札（Katie Batza）、艾琳（史努姬）・貝洛莫（Eileen Bellomo, "Snooky"）、蒂什・貝洛莫（Tish Bellomo）、克里斯汀・巴拉特（Christian Bladt）、克里斯多福・博納諾斯（Christopher Bonanos）、理查・布西（Richard Boursy）、安柏・布魯恩（Amber Bruens）、傑・布許曼（Jay Bushman）、丹尼爾・卡維奇（Daniel Cavicchi）、克里斯多福・克瑞利（Christopher Cleary）、馬庫斯・科林斯（Marcus Collins）、伊安・康德理（Ian Condry）、傑克・康特（Jack Conte）、路克・克雷恩（Luke Crane）、凱莉・蘇・狄康尼克（Kelly Sue DeConnick）、保羅・狄喬治（Paul DeGeorge）、耶西・狄史塔西歐（Jesse DeStasio）、古勞姆・達文（Guillaume Devigne）、約翰・狄曼托（John Dimatos）、喬司・凡杜瑞恩（Joost van Dreunen）、桑麗塔・伊克雅（Sarita Ekya）、傑克・費特（Jake Fite）、蜜西・L・費特（Missie L. Fite）、凱特・弗蘭巴克（Kate Frambach）、大衛・卡列佛（David Gallagher）、麥可・戈登曼區（Michael Goldmacher）、強納森・海西（Jonathan Hsy）、道格・亞寇布森（Doug Jacobson）、弗羅里安・卡普斯（Florian Kaps）、約翰・凱費（John Keefe）、瑪麗凱・羅比諾（Mary-Kay Lombino）、勞倫斯・麥布萊德（Lawrence McBride）、艾瑞克・莫斯曼（Eric Mersmann）、大衛・帕克（David Park）、多夫・坤特（Dov Quint）、維吉妮亞・羅伯斯（Virginia Roberts）、詹姆斯・羅賓森（James Robinson）、喬・羅森堡（Jon Rosenberg）、史賓賽・魯賓（Spencer Rubin）、克里斯汀・魯德（Christian

Rudder）、凱西・薩福隆（Casey Saffron）、艾蓮娜・薩賽多（Elena Salcedo）、蕭恩・薛里登（Sean Sheridan）、艾瑞克・史密斯（Erik Smith）、奧斯卡・史摩洛克威斯基（Oskar Smolokowski）、麥克斯・鄧奇（Max Temkin）、羅伯特・J・湯普森（Robert J. Thompson）、崔特・凡內嘉思（Trent Vanegas）、亞倫・W（Aaron W.）、安娜・威爾森（Anna Wilson），以及所有選擇匿名的朋友。

感謝我們的研究助理喬丹・鮑爾斯（Jordan Bowles）與莎拉・耶維特（Sarah Jewett）。

感謝柔依在紐約大學（New York University）的互動電子傳播研究所（ＩＴＰ）同事：喬治・阿各鐸（George Agudow）、凱薩琳・狄容（Katherine Dillion）、紹恩・凡艾佛瑞（Shawn Van Every）、南希・海金格（Nancy Hechinger）、湯姆・伊格（Tom Igoe）、丹・歐蘇利文（Dan O'Sullivan）、瑪麗安娜・派特（Marianne Petit）、丹尼爾・羅辛（Daniel Rozin）、丹尼爾・席福曼（Daniel Shiffman）、安田綠（Midori Yasuda）、瑪麗娜・祖考（Marina Zurkow）。此外，一定要感謝克雷，以及紐約大學卡特新聞所（Arthur L. Carter Journalism Institute）的傑・羅森（Jay Rosen）。我們要特別感謝已過世的芮德・伯恩斯（Red Burns）的領導啟發與幽默感。

感謝亞倫在約翰霍普金斯大學（Johns Hopkins University）歷史系與寫作班（History and the Writing Seminars departments）的導師露・加蘭伯斯（Lou Galambos）、戴爾・凱格（Dale Keiger）、喬安・卡文納・辛普森（Joanne Cavanaugh Simpson）。

謝謝這些年來在我們班上提供建議的所有學生，在此特別感謝ＩＴＰ「粉絲文化：數位時代的大眾次文化」（*Fandom: Popular Subcultures in a Digital Age*）與紐約大學新聞所二十工作室（Studio 20）學生。

感謝捏捏玩偶公司從以前到現在的全體同仁：伊麗莎白・巴恩斯（Elizabeth Barnes）、山姆・庫柏（Sam Cooper）、布萊恩・克羅斯（Brian Cross）、查爾斯・唐納費（Charles Donefer）、安娜塔西亞・豪爾（Anastasia Holl）、艾瑞克・霍蘭德（Eric Holland）、派特・修格（Pat Hughes）、貝絲・羅伯特（Beth Roberts）、克里斯多福・桑圖里（Christopher Santulli）、里西卡・辛恩（Rishika Singh）、戴比・史塔爾（Debbie Stair）、史考特・華生（Scott Watson）、梅麗莎・坎內拉（Melissa Gonnella）、羅素・品克（Russell Pinke）、坎德拉・威爾斯（Kendra Wells），以及每一位帶來最新資訊的實習生。

感謝我們的家人，特別感謝麥克辛・弗瑞德（Maxine Fraade）、喬治・布拉納（George Blanar）、蘿拉・弗瑞德—布拉納（Laura Fraade-Blanar）；羅麗・漢彌頓（Laurie Hamilton）；羅伯特・葛雷澤（Robert Glazer）；蘇珊・克利特（Susan Cliett）、克麗絲蒂・葛雷澤（Kristi Glazer），以及所有忍受我們的朋友。

此外還要特別感謝亞齊（Archer），雖然他還要好幾年後才能讀懂這段話，他在本書的誕生過程中表現出的耐性將人人崇敬，百世流芳。

最後，本書最要感謝「捏捏玩偶國」（Squishable Nation）的百萬大軍。你們是我們早上起床的動力，也是我們最好的老師。你們的友誼、支持、創意，以及對彼此、對我們的協助，永遠令人感到窩心。你們十年來鼓舞我們，令我們驚奇，有時還嚇到我們，我們一輩子感激。祝福全天下每一位捏捏超級粉絲的絨毛世界永遠毛茸茸。

注釋

序曲

臉書：所有的粉絲與公司團隊臉書摘錄，引自捏捏玩偶公司的粉絲專頁：https://www.facebook.com/squishabledotcom (10/29/2012-10/30/2012).

Kickstarter 頁面、臉書和信箱，湧入憤怒的粉絲意見：此處以及其他提到捏捏柴犬與 Kickstarter 的段落，引自：Squishable.com, Inc., Update #9, Goodness! It's a Shiba Inu Squishable! https://www.kickstarter.com/projects/squishable/goodness-its-a-shiba-inu-squishable/posts/345203 (11/8/2012)；與 https://www.kickstarter.com/projects/squishable/goodness-its-a-shiba-inu-squishable/.

內部聊天室：我們捏捏玩偶團隊成員的內部聊天室留言，皆引自：Transcript, Squishable.com Corporate Chat Client at squishable.hipchat.com (10/29/2012-10/30/2012).

前言　歡迎來到無限延伸的粉絲世界

「我沒想過自己有一天會做那種事！」：德瑞克旅途所有的引用與相關細節取自：Alice Drake, *Travel diary of Al-*

ice Drake (1896-1900). Handwritten ms. at Gilmore Music Library, Yale University. 我們最初找到的德瑞克日記來源：Daniel Cavicchi, "Loving Music: Listeners, Entertainments, and the Origins of Music Fandom In Nineteenth-Century America," In *Fandom: Identities and Communities in a Mediated World*, by Jonathan Gray, Cornel Sandvoss, and C. Lee Harrington (New York: New York University Press, 2007), 234-49. 德瑞克的同伴也有過類似舉動，詳細的整體介紹請見 Cavicchi 的文章與專書：*Listening and Longing: Music Lovers in the Age of Barnum* (Middletown, CT: Wesleyan University Press, 2011).

「音樂迷」（Musicomania）是指對音樂充滿過度與無法控制的熱愛：Cavicchi, "Loving Music," 234-49.

就滿足了：Interview with Daniel Cavicchi by Zoe Fraade-Blanar and Aaron Glazer (12/15/2014).

都市成長帶來大量新建的音樂廳：Daniel Cavicchi, "Fandom Before 'Fan': Shaping the History of Enthusiastic audiences," *Reception: Texts, Readers, Audiences*, History, vol. 6, no. 1 (2014): 52-72.

那很好沒錯，但我們還想要更多：同前。

年輕淑女為了歌劇拋棄紳士追求者：Cavicchi, "Loving Music," 234-49.

「音樂廳裡大家緊貼在一起」……「有人帽子被扯下。」：Cavicchi, "Loving Music," 234-49.

所引發的放縱情緒：James Kennaway, *Bad Vibrations: The History of the Idea of Music as a Cause of Disease* (Surrey, England: Ashgate, 2012).

日本的紀伊半島上，依舊布滿千年前：UNESCO World Heritage Center, "Sacred Sites and Pilgrimage Routes in the Kii Mountain Range," http://whc.unesco.org/en/list/1142 (n.d., accessed 9/3/2016).

瑪潔麗．坎普（Margery Kempe）今日：本章提到瑪潔麗．坎普的段落，大多取自：*The Book of Margery Kemp* (fifteenth century; New York: Penguin Classics, 2004); Gail McMurray Gibson, *The Theater of Devotion: East An-*

glian Drama and Society in the Late Middle Ages (Chicago: University of Chicago Press, 1989).

大部頭小說的著作：Kempe, *The Book of Margery Kemp*.

充滿宗教意象：Gibson, *The Theater of Devotion*.

聖方濟各會的修女……嘗試過類似創作：同前。

「一個粗鄙之人……許多敵人毀謗她，嘲笑她，輕視她」：Kempe, *The Book of Margery Kemp*, 98, 158, 175.

「草率軟禁」：Gibson, *The Theater of Devotion*.

在留聲機發明之前：Interview with Daniel Cavicchi by Zoe Fraade-Blanar and Aaron Glazer (12/15/2014).

不過有史以來：Cavicchi, "Loving Music," 234-49.

相當好預測的購買習慣：M. Hills, *Fan Cultures* (New York: Routledge, 2002), 29.

替女神卡卡（Lady Gaga）開場：Lady Gaga, Twitter post, https://twitter.com/ladygaga/status/456207861832380416 (4/15/2014).

還拍過豐田汽車（Toyota）……廣告：B. Ashcraft, "Whose Promoting Google Chrome in Japan? Why, a Virtual Idol," *Kotaku*, http://kotaku.com/5877099/whose-promoting-google-chrome-in-japan-why-a-virtual-idol (1/18/2012); B. Ashcraft, "A Truly Bizarre Domino's Pizza Commercial," *Kotaku*, http://kotaku.com/5989097/this-dominos-pizza-commercial-is-truly-bizarre (3/7/2013); Y. Koh, "Toyota's New U.S. Saleswoman: Virtual Idol Hatsune Miku," *Wall Street Journal* (5/10/2011), http://blogs.wsj.com/japanrealtime/2011/05/10/toyotas-new-u-s-saleswoman-virtual-idol-hatsune-miku/.

綁著青綠色雙馬尾：Crypton Future Media, "Hatsune Miku and Piapro Characters," Piapro.net, http://piapro.net/intl/en_character.html (n.d., accessed 9/5/2015).

唱歌合成器的虛擬代言人：James Verini, "How Virtual Pop Star Hatusne Miku Blew Up In Japan," *Wired*, http://www.wired.com/2012/10/mf-japan-pop-star-hatsune-miku/ (10/19/2012).

「由你來製作音樂」：Interview with Ian Condry by Zoe Fraade-Blanar and Aaron Glazer (12/21/2014).

「流行起來的速度與廣度，嚇了我們一跳」：Email interview with Guillaume Devigne (US/EU Marketing, Crypton Future Media) by Zoe Fraade-Blanar and Aaron Glazer (9/17/2014).

令人意想不到的策略：同前。

恰巧碰上……取締侵權影片：Interview with Ian Condry by Zoe Fraade-Blanar and Aaron Glazer (9/21/2014).

第十一大最常被造訪的網站：http://www.alexa.com/topsites/countries/JP (9/25/2016).

成立KARENT唱片公司：Email Interview with Guillaume Devigne by Zoe Fraade-Blanar and Aaron Glazer (7/26/2016).

三萬六千名最忠誠的粉絲：Crypton Future Media, "Hatsune Miku Expo 2016 North America Tour Report" (n.d.).

搖晃綠色螢光棒："Colors," Unofficial Cheering Guide for Vocaloids, http://chant.mikumiku.org/doku.php?id=basics:colors (9/11/2014).

演唱會該有的元素："Hatsune Miku Expo 2016 North America," Journeys, concert at Hammerstein Ballroom, New York (5/28/2016).

「那種氣氛感染」：Kelly Faircloth, "I Went to a Hatsune Miku Concert and It Was Fucking Amazing," *Jezebel,* http://jezebel.com/i-went-to-a-hatsune-miku-concert-and-it-was-fucking-ama-1648557083(10/21/2014).

「相當嚴肅深入的議題」：Interview with Ian Condry by Zoe Fraade-Blanar and Aaron Glazer (12/21/2014).

「感受到共鳴的熟悉人物」：Email Interview with Guillaume Devigne by Zoe Fraade-Blanar and Aaron Glazer (12/17/2014).

「不會變成麥莉‧希拉（Miley Cyrus）」：Verini, "How Virtual Pop Star Hatsune Miku Blew Up In Japan."

「就像是搭上搖滾歌手威利‧尼爾森（Willie Nelson）的巡迴巴士」：*Sharing the World*, produced by *The Late Show with David Letterman*, performed by Hatsune Miku (10/9/2014); Brian Ashcraft, "Virtual Idol Hatsune Miku Dazzled on *David Letterman,*" *Kotaku*, http://kotaku.com/virtual-idol-hatsune-miku-dazzled-on-david-letterman-1644187820(10/9/2014).

「不得對授權物進行扭曲」：Creative Commons, "Attribution-Non-Commercial 3.0 Unported," https://creativecommons.org/licenses/by-nc/3.0/legalcode (accessed 9/3/2016).

「色情的內容」：Crypton Future Media, *For Creators,* http://piapro.net/intl/en_for_creators.html (accessed 9/5/2015).

某支動畫影片充滿軟色情：https://www.youtube.com/watch?v=qcc4cm a5gDs (3/8/2014).

1 粉絲文化是動詞

先知本人就在現場：本章所有關於「路人」的描述、背景資訊與引用，若未另外提及出處，一律引自柔依‧弗瑞德－布拉納（Zoe Fraade-Blanar）與亞倫‧葛雷澤（Aaron M. Glazer）二〇一六年參加內布拉斯加州奧馬哈舉辦的波克夏‧哈薩威股東大會（Berkshire Hathaway Annual Meeting）（4/30/2016）

「震耳欲聾的改編版〈YMCA〉」：E. Holm, Moneybeat, *Wall Street Journal*；"Recap: The 2014 Berkshire Hathaway Annual Meeting," http://blogs.wsj.com/moneybeat/2014/05/03/live-blog-the-2014-berkshire-hathaway-annual-meeting/.

數萬人為了聽「先知巴菲特」（the Oracle）說話：David Earl, KETV, "Berkshire meeting attendance took a hit, thanks to live stream," http://www.ketv.com/news/berkshire-meeting-attendance-took-a-hit-thanks-to-livestream/39318232 (5/2/2016).

不在加州安納罕迪士尼樂園（Anaheim Disney park）舉辦公司股東大會：“Shareholders Stand by Disney's Board,” *Los Angeles Times*, http://articles.latimes.com/1998/feb/25/business/fi-22703 (2/25/1998).

「輕鬆在 Craigslist 與 eBay 買到五美元門票」：*Bloomberg News*, “Buffett Sells Passes to Beat Scalpers,” http://www.nytimes.com/2004/04/17/business/buffett-sells-passes-to-beat-scalpers.html (4/17/2004); J. Ping, “eBay: Berkshire Hathaway 2009 Annual Meeting Tickets for $5,” MyMoneyBlog, http://www.mymoneyblog.com/ebay-berkshire-hathaway-2009-annual-meeting-tickets-for-5.html (4/16/09).

「但從來沒想過」及其他克里斯・盧梭（Christian Russo）的引用：Interviews with Christian Russo (pseudonym) by Zoe Fraade-Blanar and Aaron Glazer (2014).

逼近四萬人：Holm, Moneybeat.

自己也是股東：M. J. De La Merced, “Berkshire Hathaway's 2014 Shareholder Meeting,” *New York Times*, http://dealbook.nytimes.com/2014/05/03/live-blog-berkshire-hathaways-2014-shareholder-meeting/ (5/3/2014); Holm, Moneybeat.

「美國目前的表現十分優秀」：De La Merced, “Berkshire Hathaway's 2014 Shareholder Meeting.”

「我覺得他答得非常好」：De La Merced, “Berkshire Hathaway's 2014 Shareholder Meeting.”

「他不是按字數算錢」：Motley Fool Staff, *The Motley Fool*, “2014 Berkshire Hathaway Annual Q&A With Warren Buffett and Charlie Munger,” http://www.fool.com/investing/general/2014/05/21/2014-berkshire-hathaway-annual-qa-with-warren-buff.aspx (5/21/2014).

「我參與了歷史性的一刻」：Interview with unnamed banker by Zoe Fraade-Blanar at the 2016 Berkshire Hathaway

Annual Meeting (4/30/2016).

「座無虛席」：Interview with unnamed attendee by Zoe Fraade-Blanar at the 2016 Berkshire Hathaway Annual Meeting (4/30/2016).

「華倫、查理，我們愛你們！」：Overheard by Aaron Glazer at the 2016 Berkshire Hathaway Annual Meeting (4/30/2016).

「生意永遠這麼好」：Interview with unnamed See's Candies employee by Zoe Fraade-Blanar at the 2016 Berkshire Hathaway Annual Meeting (4/30/2016).

「他真的都吃這個？」：Overheard by Zoe Fraade-Blanar at the 2016 Berkshire Hathaway Annual Meeting (4/30/2016).

「爸爸去年幫我買了這件衣服」：Interview with unnamed teenage attendee by Zoe Fraade-Blanar at the 2016 Berkshire Hathaway Annual Meeting (4/30/2016).

「去年各位都盡了一份心力」：Warren Buffett, "Berkshire Hathaway Inc. 2013 Letter to Shareholders," http://www.berkshirehathaway.com/letters/2013ltr.pdf, 22 (2/28/2014).

進帳約四千萬美元：Buffett, 同前。

三分熟丁骨牛排、雙份薯餅，外加放在巴菲特杯墊上的櫻桃可樂：L. Lopen, "Inside the Legendary Omaha Steakhouse That Warren Buffett Takes Over One Day Every Year," http://www.businessinsider.com/gorats-warren-buffett-steakhouse-2013-5 (5/3/2013).

「只有小裡小氣的人才點小杯的」：Buffett, "Berkshire Hathaway Inc. 2013 Letter to Shareholders," 21.

二十六顆待售裸鑽：Borsheims Press Release, "Warren Buffett Sells 6 Buffett-Signed Diamonds, Other Jewelry at Borsheims," http://borsheimsbrk.com/3152/warren-buffett-sells-6-buffett-signed-diamonds-other-jewelry-at-bor sheims (5/4/2014).

友誼賽：*A good point at 2014 Berkshire Ping Pong Party*, https://www.youtube.com/watch?v=wja-rQduOtM (5/5/2014).

「這是家庭活動」：Interview with family of attendees from Chicago by Zoe Fraade-Blanar at the 2016 Berkshire Hathaway Annual Meeting (4/30/2016).

「蘇西〔Susie〕平常會去那裡」：同前。

「你是有錢人嗎？」：Interview with Tommy by Zoe Fraade-Blanar at the 2016 Berkshire Hathaway Annual Meeting (4/30/2016).

公司幾乎不可能聽他們的：可參見 Eric Holm, "Meet the Man Behind Berkshire's Latest (Doomed) Dividend Push," *Wall Street Journal*, http://blogs.wsj.com/moneybeat/2014/05/02/meet-the-man-behind-berkshires-latest-doomed-dividend-push/(5/2/2014).

沒有足夠財力進一步買進：A. Cripple, "Warren Buffett Fans Explain Why They're Keeping the Faith," http://www.cnbc.com/id/28342496 (12/23/2008).

巨大冰雪皇后湯匙："Warren Buffett Signs Giant Red Dairy Queen Spoon to Be Auctioned on eBay for Charity," http://www.businesswire.com/news/home/20100721006102/en/Warren-Buffett-Signs-Giant-Red-Dairy-Queen (7/21/2010).

華盛頓廣場公園（Washington Square Park）大戰：本章的敘事以及所有提及「路人」的引用，除非另外提及出處，一律引自柔依・弗瑞德—布拉納（Zoe Fraade-Blanar）與亞倫・葛雷澤（Aaron M. Glazer）二〇一四年參加紐約市光劍大戰（Lightsaber Battle NYC）(8/9/2014)。

臉書的「二〇一四年紐約市光劍大戰（Lightsaber Battle NYC 2014）」活動頁上：https://www.facebook.com/events/491340464345362/ (8/9/2014).

二〇一五年的全球票房十大賣座電影：http://www.boxofficemojo.com/yearly/chart/?view2=worldwide&yr=2015&p=.htm (9/5/2016).

迪士尼花四十億美元買下：請見 D. Leonard, “How Disney Bought Lucasfilm—and Its Plans for ‘Star Wars,’ ” *Bloomberg Business*, http://www.bloomberg.com/bw/articles/2013-03-07/how-disney-bought-lucasfilm-and-its-plans-for-star-wars (3/7/13).

《全像資料庫》（Holocron）中有一萬七千種角色：http://www.npr.org/2013/07/16/202368713/use-the-books-fans-star-wars-franchise-thrives-in-print (7/16/2013).

依舊聚集在迪羅倫車展：http://www.deloreancarshow.com/(n.d., accessed 9/5/2016); http://www.deloreanconvention.com/(n.d., accessed 9/5/2016).

健力士啤酒展覽館（Guinness Storehouse），每年吸引一百萬名以上訪客：Nicola Anderson, “Guinness Storehouse country’s main tourist draw,” *The Independent* (Ireland), http://www.independent.ie/life/travel/travel-news/guinness-storehouse-countrys-main-tourist-draw-30876732.html (2/1/2015).

找到同類，呼朋引伴是人類本能：D. Tapscott and A. D. Williams, *Wikinomics: How Mass Collaboration Changes Everything* (New York: Portfolio, 2010).

表演需要觀眾：M. Hills, *Fan Cultures* (New York: Routledge, 2002), xi.

在 Yelp 美食網上拿到三顆星：https://www.yelp.com/biz/gorats-steak-house-omaha (accessed 9/25/2016).

所有的粉絲文化一般都有真人互動：Interview with Thomas Robertson by Zoe Fraade-Blanar (5/29/2013).

業餘人士的創意作品：C. Shirky, *Cognitive Surplus: Creativity and Generosity in a Connected Age* (New York: Penguin Press, 2010), 83-84.

第八季的片頭：S. Kelley, "Doctor Who fan who inspired series 8's opening title sequence: 'I had to pinch myself,'" *RadioTimes*, http://www.radiotimes.com/news/2014-08-23/doctor-who-fan-who-inspired-series-8s-opening-title-sequence-i-had-to-pinch-myself (8/23/2014).

人類的身體是畫布：Hills, *Fan Cultures*, 23.

全國每年二十五億美元的治裝費："NRF: 157 Million Americans Will Celebrate Halloween This Year," Press Release, https://nrf.com/media/press-releases/nrf-157-million-americans-will-celebrate-halloween-this-year (9/23/15).

花在購買授權商品：N. Spector, "Most popular Halloween costumes of 2015 from eBay, Pinterest and Polyvore data," http://www.today.com/money/most-popular-halloween-costumes-2015-ebay-pinterest-polyvore-data-t49606 (10/28/2015).

Google的變裝服飾搜尋平台「Frightgeist」：https://frightgeist.withgoogle.com/ (accessed 12/18/2016).

「前進女孩弗羅」（Flo the Progressive Girl）：Progressive, "Dress Like Flo," http://at.progressive.com/fun-and-entertainment/dress-like-flo (12/9/2015).

組織「完售活動」（buyout）：A. Chen, Gawker, "The Unstoppable Rampage of the Belibers," http://gawker.com/5864603/the-unstoppable-rampage-of-the-beliebers (12/2/2011). 近日的例子請見：https://www.thestar.com/entertainment/music/2015/11/12/justin-bieber-fans-planning-buyout-of-his-new-album-on-saturday-donating-surplus-to-charity.html (11/12/2015).

二〇一三年的百威淡啤（Bud Light）粉絲研究："Case Study | ROI/Sales: Bud Light," http://www.facebook-suc

cessstories.com/bud-light/ (2013); T. Wasserman, Mashable, “Bud Light Offers Proof That Facebook Ads Work,” http://mashable.com/2013/04/30/bud-light-facebook-ads/ (4/30/2013).

光廣告就耗資十五．六億美元：E. J. Schultz, “A-B InBev Ends an Era of In-house Media,” *AdAge,* http://adage.com/article/agency-news/a-b-inbev-ends-era-house-media/294971/ (9/15/2014).

「什麼樂器都自己來」：J. Firecloud, http://antiquiet.com/interviews/2008/08/breaking-ground-with-jack-conte/ (8/4/2008).

「藝術之所以會從根本上和商業綁在一起」：Telephone interview with Jack Conte about Patreon by Zoe Fraade-Blanar and Aaron Glazer (8/18/2014).

「藝術家的作品打動你的心，你因此產生想幫助他們的欲望」：同前。

超過一百萬筆給內容創作者的主動捐款：Graphtreon.com, *Patreon Statistics,* https://graphtreon.com/patreon-stats (7/19/16).

「跟您一樣的受眾」：請見 http://www.npr.org/about-npr/178660742/public-radio-finances (n.d., accessed 9/25/2016).

「我不穿T恤」：Interview with J. Rosenberg about Patreon and *Scenes from a Multiverse* by Zoe Fraade-Blanar and Aaron Glazer (8/14/2014).

透過 Patreon，一個月可以賺三千零九十四美元：Jon Rosenberg’s Patreon, https://www.patreon.com/jonrosenberg (accessed 7/19/2016).

「超實惠視覺特效學校」：Corridor Digital’s Patreon, https://www.patreon.com/corridordigital (accessed 8/24/2014).

「可以在不受孩子干擾下工作」：Jon Rosenberg’s Patreon.

「等我拿到七千美元」：Jack Conte’s Patreon, https://www.patreon.com/jackconte (accessed 8/24/2014).

「這群人把自己定位成支持與協助我們的人」：Telephone interview with Jack Conte.

「看見牆上的牌子說」：Telephone interview with Jack Conte.

「擔任贊助者代表著某種關係」：Telephone Interview with Jack Conte.

2 商業粉絲文化出頭天

二〇一一年年初：艾瑞克・史密斯（拍立得怪人博士）的話取自數次訪談與數封電子郵件：telephone interview with Erik Smith by Zoe Fraade-Blanar and Aaron Glazer (1/20/2015 and 5/17/2016); email correspondence with Erik Smith, 2015-2016.

停止生產底片：P. J. Lyons, http://thelede.blogs.nytimes.com/2008/02/08/polaroid-abandons-instant-photography/?_r=0 (2/8/2008); telephone interview with Mary-Kay Lombino by Zoe Fraade-Blanar and Aaron Glazer (1/22/2015).

停止製造消費級相機：C. Dentch, "Polaroid to Exit Instant Film as Demand Goes Digital," http://www.bloomberg.com/apps/news?pid=newsarchive&sid=apSoe2r9tJ7M&refer=us (2/8/2008).

公司財務十分窘困：D. Phelps, "Polaroid is latest Petters firm to File Chapter 11," *Star Tribune* (12/19/2008).

網路上發起拯救拍立得底片的請願：A. Kellogg, http://www.gopetition.com/petitions/save-polaroid-film/signatures.html (accessed 9/25/2016).

「永遠該給拍立得留一席之地」：A. T. Union, "Polaroid fans hope film won't go way of vinyl," *Kitchener-Waterloo (Ontario) Record* (3/6/2008).

「數位相機很無聊」：T. Teeman, "End of the reel for the chic and cheerful Polaroid," *(London) Times* (2/15/2008).

「拍立得沒有膠卷，也沒有數位檔案」：Interview with C. Bonanos by Zoe Fraade-Blanar (1/21/2015).

預估的三・五倍：S. Bradley, "On for young and old: devotees snap up Polaroid stocks," *Sydney* (*Australia*) *Sun Herald* (6/29/2008), 33.

「盡量協助大家取得底片」：Dentch, "Polaroid to Exit Instant Film as Demand Goes Digital."

弗羅里安・卡普斯（Florian Kaps）是即時成像攝影的愛好者：M. Wright, "The Impossible Project: Bringing back Polaroid," *Wired UK* (11/4/2009).

關閉工廠：T. Bradshaw, "Bringing back Polaroid's instant Film," *FT Magazine* (8/14/2009), http://www.ft.com/cms/s/0/6c82e490-87a2-11de-9280-00144feabdc0.html?siteedition=intl#slide0.

感嘆拍立得底片即將消失：M. Wright, "The Impossible Project."

租下停產的工廠：C. Doughtery, "Polaroid Lovers Try to Revive Its Instant Film," *New York Times*, http://www.nytimes.com/2009/05/26/technology/26polaroid.html (5/25/2009).

「非常瘋狂的供應鏈」：Telephone interview with Oskar Smolokowski by Aaron Glazer and Zoe Fraade-Blanar (12/12/2014).

「白色化學囊」：Interview with C. Bonanos.

不可能計畫花了兩年時間，才推出第一個立即黑白底片產品：Telephone interview with Oskar Smolokowski by Aaron Glazer and Zoe Fraade-Blanar (12/12/2014).

不可能計畫稱之為「先鋒」（Pioneers）：同前。

保存這種美麗的媒介：同前。

「有點難用」：同前。

三千名的早期先鋒：同前。

「不可能的照片」：同前。

「幾乎什麼都沒了」：Telephone interview with Erik Smith (1/20/2015).

「我要像偉大的拍立得怪人博士」：同前。

「不可能等級」（Impossible Status）：不可能計畫的規定公布於：https://shop.the-impossible-project.com/pioneer/。網站目前已經無法存取，但可參考 https://web.archive.org/web/20150728151248/https://shop.the-impossible-project.com/pioneer/ (accessed 7/28/2015).

「那是我的機會」：Telephone interview with Erik Smith.

「一個拍立得笨蛋」：同前。

「攝影基本上」：同前。

「當時我人生需要某樣東西」：同前。

二〇〇八年尾聲破產：Phelps, “Polaroid is latest Petters firm to file Chapter 11.”

智慧財產權的控股公司：Dale Kurschner, “Polaroid is ready for its closeup: how the iconic company is remaking itself for the 21st century,” https://www.minnpost.com/twin-cities-business/2015/04/polaroid-ready-its-closeup-how-iconic-company-remaking-itself-21st-cent (4/3/2015).

「一切的一切吸引著人們」：Interview with Dov Quint at The Polaroid Fotobar, Las Vegas, NV, by Aaron Glazer (7/1/2015).

各家一線廠生產：Ross Rubin, “And The Brand Played On: How Tech Icons Polaroid And RCA Live On Through Licensing,” *Fast Company*, https://www.fastcompany.com/3060449/and-the-brand-played-on-how-yesterdays-tech-icons-live-on-through-licensing-deals (6/8/2016).

「極具傳統復古風」：Interview with Dov Quint.

「核心品牌品牌力量排行榜」（CoreBrand Brand Power Rankings）第八十一名：CoreBrand, LLC, “CoreBand 100 Brand Power Ranking” (2011).

「再也不是大眾市場的產品」：M. Wright, “The Impossible Project.”

「小小世界販賣機」（Small World Machines）：J. Moye, http://www.coca-colacompany.com/stories/happiness-without-borders/ (5/13/2013).

可口可樂將賣出多少瓶：C. Champagne, http://www.fastcocreate.com/1683001/how-coca-cola-used-vending-machines-to-try-and-unite-the-people-of-india-and-pakistan (5/30/2013).

很容易被當成原始商業活動的附屬品：H. Jenkins, “Afterword: The Future of Fandom,” in Jonathan Gray, Cornel Sandvoss, and C. Lee Harrington, *Fandom: Identities and Communities in a Mediated World* (New York: NYU Press, 2007), 357-364.

相關的消費者產品依舊有意義：B. Solis, *The End of Business As Usual: Rewire the Way You Work To Succeed in the Consumer Revolution* (New York: Wiley, 2011), 46.

也會想仿效：C. Shirky, *Cognitive Surplus: Creativity and Generosity in a Connected Age* (New York: Penguin Press. 2010).

「人類偽事件」（human pseudo-events）：D. Boorstin, *The Image: A Guide to Pseudo-Events in America* (New York: Vintage, 1992); Hills, *Fan Cultures.*

「社交潤滑劑」：J. Heilemann, “All Europeans Are Not Alike,” *New Yorker* (4/28/1997): 175.

「歐仕派就是品質保證！」：Vintage 1957 Animated & Live Old Spice Commercial, https://www.youtube.com/watch?

v=x42mGpIwCgg(motion picture, n.d.).

「男人就該有男人味」(Smell Like a Man, Man)：Case Study: Old Spice Response Campaign, http://www.dandad.org/en/old-spice-response-campaign/(n.d., accessed 9/25/2016); https://www.pg.com/en_US/downloads/innovation/factsheet_OldSpice.pdf (n.d., accessed 9/25/2016).

「那明年呢？」：T. Wasserman, "How Old Spice Revived a Campaign That No One Wanted to Touch," http://mashable.com/2011/11/01/old-spice-campaign/ (11/1/2011).

參與模式：R. Walker, *Buying In: What We Buy and Who We Are* (New York: Random House, 2010), xv.

相較於先前的世代……先查資訊：J. Fromm, C. Lindell, and L. Decker, "American Millennials: Deciphering the Enigma Generation," http://barkley.s3.amazonaws.com/barkleyus/AmericanMillennials.pdf (2011).

三四%的千禧世代：Goldman Sachs, "Millennials: Coming of Age," http://www.goldmansachs.com/our-thinking/pages/millennials/ (n.d.).

情境依舊會賦予產品一種說法：Walker, *Buying In,* 8.

「PDC-2000」：Polaroid Annual Report 1996, http://www.bitmedia.com/ar96/commercial.html (1997).

「讓你 HIGH 翻天！」：D. Barboza, "Caffeinated Drinks Catering to Excitable Boys and Girls," *New York Times* (8/22/1997).

「順便買一罐大浪」：Telephone interview with Sean Sheridan by Zoe Fraade-Blanar and Aaron Glazer (1/8/2015).

「看是兩公升或十瓶兩公升裝的汽水都有可能」：同前。

「造成學生愛講話又不聽話」：P. Dodds, "School bans Surge, says caffeine-packed drink makes students too hyper," *Associated Press* (4/11/1997).

「走到哪，買到哪」：Telephone interview with Sean Sheridan.

「大浪運動」（Surge Movement）的臉書專頁：https://www.facebook.com/surgemovement/ (n.d., accessed 9/25/2016).

「沒有團結一致的氣氛」：Telephone interview with Sean Sheridan.

「這裡不歡迎老媽子」：https://www.facebook.com/surgemovement/photos/a.153479818094993.29215.147561302020178/351655908277382/?type=3&theater (3/4/2013).

「我們應該集資買下一面路邊的廣告看板」：Telephone interview with Sean Sheridan.

Indiegogo 發起集資：https://www.indiegogo.com/projects/billboard-for-surge-soda#/ (accessed 9/25/2016).

「親愛的可口可樂」：V. Guerra, "Coke's 90's Drink Surge Revives After A Long Campaign For The Coca-Cola Company," *Food World News,* http://www.foodworldnews.com/articles/6044/20140916/coke-90s-drink-surge-surge-coca-cola-the-coca-cola-company-90s-surge-movement.htm (9/16/2014).

「大浪日」（Surging days）：Telephone interview with Sean Sheridan.

「每個月最後一個星期五」：同前。

「有時我們會碰上酸民」：同前。

大浪汽水重出江湖：S. Maheshwari, "Coca-Cola is Bringing Surge Back," https://www.buzzfeed.com/sapna/coca-cola-is-bringing.surge-back (9/15/2014).

個人電子郵件：J. Moye, http://www.coca-colacompany.com/stories/meet-the-three-guys-behind-the-movement-to-bring-back-surge/ (9/18/2014).

「一定要是真的」：Telephone interview with Sean Sheridan.

「可以在星期四那天……一起重溫舊夢」：Guerra, "Coke's 90's Drink Surge Revives After A Long Campaign For The Coca-Cola Company."

「回聲潮世代」（echo boom）：J. Doherty, "On the Rise," http://www.barrons.com/articles/SB50001424052748703889404578440972842742076 (4/29/2013).

在他任職期間：P. J. Boyer, "Under Fowler, FCC treated as Commerce," http://www.nytimes.com/1987/01/19/arts/under-fowler-fcc-treated-tv-as-commerce.html (1/19/1987).

鼓勵創作搭配電視節目的公仔：R. Lobb (director), *Turtle Power: The Definitive History of the Teenage Mutant Ninja Turtles* (motion Picture, 2014).

今日星期六早晨卡通的全盛期已過：G. Sullivan, https://www.washingtonpost.com/news/morning-mix/wp/2014/09/30/saturday-morning-cartoons-are-no-more/ (9/30/2014).

數位網路降低粉絲找到團體參加的成本：Shirky, *Cognitive Surplus*, 88.

突然從事著舒服的中高階工作：此一資料雖來自稍早的年代，美國的職業與階級討論可參見：P. Fussell, *Class: A Guide Through the American Status System* (New York: Touchstone, 1992).

「我得為缺貨負責」：J. Laxen, "Surge makes a local comeback," http://www.sctimes.com/story/life/food/2015/10/06/surge-makes-local-comeback/73396572/ (10/6/2015).

3　從反傳統大集合到成為傳統

「這裡有你的一席之地」：本章提及的文藝復興慶典歷史背景，若無特別注明，皆引自美國研究教授瑞秋．李．魯賓（Rachel Lee Rubin）巨細靡遺的「文迷」研究：*Well Met: Renaissance Faires and The American Coun-*

terculture (New York: New York University Press, 2014).

「我因為太害羞」：D. Jacobson (director), *Faire: An American Renaissance*, https://vimeo.com/ondemand/faire (motion picture, 2014).

「新鮮計畫」：K. Patterson, http://fairehistory.org/faire-founders.html (7/19/2016); Z. Stewart, "Hear Ye, Hear Ye: 'tis Faire Time," http://articles.latimes.com/1987-04-19/entertainment/ca-1684_1_hear-ye (4/19/1987).

不尋常的課程："The Original Renaissance Pleasure Faire," http://freethinkerspub.yuku.com/topic/11652#.V1MZZPkrKYk(5/10/2013).

推銷募款：K. T. Korol-Evans, *Renaissance Festivals: Merrying the Past and Present* (Jefferson, NC: McFarland, 2009).

美國特有的現象：魯賓教授提出過精彩討論，指出文藝復興嘉年華令人興奮的主因是「依循文藝復興嘉年華的傳統，而不是因爲依循文藝復興的精神」。Rubin, *Well Met*, 2.

煙燻火雞腿：同前。

女性擺脫胸罩：同前，19-21.

「那是令人暈頭轉向的體驗」：同前，225.

「但當我這樣打扮」：E. Gilbert, "Knight Fever," *Spin* (12/1996): 100-108.

性在早期的嘉年華：請見 Rubin, *Well Met,* 208-11.

「文藝復興嘉年華是表演事業的搖籃」：Rubin, *Well Met*.

「潘恩與泰勒」：P. Jillette, "39 years ago today, Teller and I did our first Show together at the Minnesota Renaissance Festival," https://twitter.com/pennjillette/status/501804681853956096 (8/19/2014).

「飛躍的卡拉瑪佐夫兄弟四人組」：http://www.fkb.com/history.php (accessed 9/16/2016).

《嘉年華自由新聞》（*Faire Free Press*）：Rubin, *Well Met*, 38-39.

「星期日晚上來臨時」：Jacobson (director), *Faire: An American Renaissance*.

「你可以當你不是的人」：同前。

「你格格不入」：Telephone interview with Doug Jacobson by Zoe Fraade-Blanar and Aaron Glazer (1/7/2015).

第一波詮釋、第二波詮釋、第三波詮釋：學界粉絲研究演變介紹，請見 "Introduction: Why Study Fans?" in *Fandom: Identities and Communities in a Mediated World*, by Jonathan Gray, Cornel Sandvoss, and C. Lee Harrington (New York: New York University Press, 2007), 9-10.

粉絲文化是社會邊緣人：亨利．詹金斯（Henry Jenkins）的研討會論文讓此一理論流行起來："Star Trek Rerun, Reread, Rewritten: Fan Writing as Textual Poaching," originally published in 1988, and his later book *Textual Poachers: Television Fans and Participatory Culture* (New York: Routledge, 1992). 論文再版時，詹金斯提出研究已有更新說法：「過去十五年間，我這裡提到的每一件事都變了。」請見：Jenkins, "Star Trek Rerun, Reread, Rewritten," in Jenkins, *Fans, Bloggers, and Gamers* (New York: NYU Press, 2006).

超過六千人：E. Gross and M. Altman, *The Fifty-Year Mission: The Complete, Uncensored, Unauthorized Oral History of Star Trek: The First 25 Years* (New York: St. Martin's Press, 2016), 247.

「瓦肯的寬容思想」：Star Trek Convention NYC 1973, https://www.youtube.com/watch?v=Ekg0LZJWg5c.

所有的次文化：Jenkins, "Star Trek Rerun, Reread, Rewritten," 42.

「榮譽徽章」："Slagman," http://www.metafilter.com/31238/iPods-Pro-and-Con (2/9/2004).

「不同凡想」（Think Different）：http://lowendmac.com/2013/think-different-ad-campaign-restored-apples-reputa

tion/ (4/9/2007).

從古至今的英雄：“Steve Jobs thought different,” *CBS News*, http://www.cbsnews.com/news/steve-jobs-thought-different/(10/5/2011).

「他們特立獨行」：Apple “Think Different” advertisement (10/2/1997), https://www.youtube.com/watch?v=nmwXdGm89Tk.

派特森就面臨重大政治挑戰：Rubin, *Well Met,* 56-58.

「有龍！」：Rubin, *Well Met*, 64.

上流社會品味：M. Maffesoli, “The linking value of subcultural capital: constructing the Stockholm Brat enclave,” in Bernard Cova, Robert Kozinets, and Avi Shankar, *Consumer Tribes* (New York: Routledge, 2007), 96.

「瘋狂小丑團」(Insane Clown Posse)：B. McCollum, “Merch masters,” *Detroit Free Press* (10/25/2009), K6.

大眾文化有失身分：M. Hills, *Fan Cultures* (New York: Routledge, 2002), 9.

被正規文化驅逐：P. Nancarrow and C. Nancarrow, “Hunting for Cool Tribes,” in Cova, Kozinets, and Shankar, *Consumer Tribes*, 132.

奮力找到價值：Hills, *Fan Cultures*, 59.

這樣的粉絲文化是一種反抗：Jenkins, “Star Trek Rerun, Reread, Rewritten,” 42.

自創烏托邦：請見 Jenkins, *Textual Poachers*.

「史洛特蕩婦」(Sloat)：Gilbert, “Knight Fever,” 100-108.

「中斷大學學業，放下身段」：Jacobson (director), *Faire: An American Renaissance*.

「穿著怪衣作怪的肥胖中年人」：Rubin, *Well Met*.

很快就拓展到更多觀眾面前：J. A. Gross, “The Festival Gap: Comparing Organizers’ Perceptions of Visitors to a Survey of Visitors at the Carolina Renaissance Fest” (master’s thesis, East Carolina University, 2006).

大量廉價中國進口品：Telephone interview with Doug Jacobson.

企業成為常見贊助商：Royal Faires, “Our Sponsors,” The Carolina Renaissance Festival and Artisan Marketplace, http://www.carolina.renfestinfo.com/ (10/30/2015); Royal Faires, “The Festival,” The Annual Arizona Renaissance Festival & Artisan Marketplace, http://www.royalfaires.com/arizona/ (10/30/2015).

「現在是一門生意」：Rubin, *Well Met*, 52.

「『我已經沒有利用價值了』」：Telephone interview with Doug Jacobson.

由於獲利考量，宣布關閉嘉年華：Jacobson (director), *Faire: An American Renaissance*.

「殺掉救命恩人」：Telephone interview with Doug Jacobson.

近七萬名的參加者：J. Kane, “Burning Man, bigger? Attendance may grow,” *Reno Gazette-Journal*, http://www.rgj.com/story/life/2015/04/20/burning-man-asking-blm-population-increase/26101069/ (4/20/2015).

「不可干擾」：A. Fortunati, “Utopia, Social Sculpture, and Burning Man,” in L. Gilmore and M. Van Proyen, *AfterBurn: Reflections on Burning Man* (Albuquerue: University of New Mexico Press, 2005), 156.

沒有商業活動：http://burningman.org/event/preparation/faq/# General_Information (9/17/2016).

可以送人或以物易物：A. Fortunati, “Utopia, Social Sculpture, and Burning Man,” 158-159.

「炫富廝殺」：N. Bilton, “At Burning Man, the Tech Elite One-Up One Another,” *New York Times* (8/20/2014).

抵達那樣的地方不便宜：T. Anderson, “How to enjoy Burning Man without burning your cash,” *CNBC*, http://www.cnbc.com/2016/08/25/how-to-enjoy-burning-man-without-burning-your-cash.html (8/26/16).

租好一點的休旅車：M. Corona, "Burning Man brings business to Reno RV renters," *Reno Gazette-Journal*, http://www.rgj.com/story/life/arts/burning-man/2014/08/23/burning-man-brings-business-reno-rv-renters/14515321/ (8/23/2014).

火人祭人口普查："Socioeconomic Diversity and Trends," https://blackrockcitycensus.wordpress.com/2015/05/08/socioeconomic-diversity-and-trends/ (5/8/2015). The Burning Man Census data has since moved to: http://journal.burningman.org/census/.

「嗑藥後尋找下一個最優秀的APP」：Bilton, "At Burning Man, the Tech Elite One-Up One Another."

現成營地被不滿的「火人」搗毀：D. Gayle, "Luxury camp at Burning Man festival targeted by 'hooligans,' " *The Guardian*, https://www.theguardian.com/culture/2016/sep/05/luxury-camp-at-burning-man-festival-targeted-by-hooligans (9/2/2016).

「社會階級再造粉絲文化」：第二波粉絲文化探討請見 Gray, Sandvoss, and Harrington, "Introduction: Why Study Fans?," 6.

依據不同標準重建主流體系：Hills, *Fan Cultures*, 46.

「閃亮小馬」(Sparkle Ponies)：S. Burris, http://www.rawstory.com/2016/08/disgusted-burners-slam-wealthy-sparkle-ponies-who-are-taking-luxury-helicopter-rides-to-burning-man/ (8/30/2016).

「怪咖、邊緣人」：Jacobson (director), *Faire: An American Renaissance*.

「被當成妓女」：Telephone interview with Tish and Eileen "Snooky" Bellomo by Zoe Fraade-Blanar (1/14/2015).

「脫衣舞孃的店」：同前。

搖擺靴(go-go boots)：同前。

向家人借了兩百五十塊：C. L. Adams, "The Martha Stewart of Punk Rock?" http://www.bloomberg.com/bw/stories/2007-08-08/the-martha-stewart-of-punk-rock-businessweek-business-news-stock-market-and-financial-advice (8/8/2007).

開了一間龐克服飾店：https://www.manicpanic.com/ourhistory (9/18/2016).

「我們只賣自己會用的東西」：Interview with Eileen "Snooky" Bellomo at Licensing Expo by Zoe Fraade-Blanar (6/19/2013).

「強尼．桑德斯（Johnny Thunders）」：Telephone interview with Tish and Eileen "Snooky" Bellomo.

從英格蘭進口的半永久染髮劑：M. Ulto (director), *Manic Panic 30th Anniversary,* https://www.youtube.com/watch?v=G4R1NkAA3jk (motion Picture, 2007).

跑去朝聖：Telephone interview with Tish and Eileen "Snooky" Bellomo; Ulto (director), *Manic Panic 30th Anniversary*.

「幾乎沒東西可賣」：Telephone interview with Tish and Eileen "Snooky" Bellomo.

B-52s 樂團的成員回憶……辛蒂．羅波（Cyndi Lauper）與雷蒙斯合唱團也是常客：Ulto (director), *Manic Panic 30th Anniversary*.

「像是一間俱樂部會所」：Telephone interview with Tish and Eileen "Snooky" Bellomo.

「情緒激動，淚眼汪汪」：同前。

「讓人心情好的染髮劑」：同前。

瘋狂恐懼母公司：Adams, "The Martha Stewart of Punk Rock?"

「有點嚇人」：Telephone interview with Tish and Eileen "Snooky" Bellomo.

「暫時不去想人生的問題」：同前。

「還想和她合照」：同前。

「喜歡把自己的頭髮弄成粉紅色」：同前。

第三波粉絲文化：Gray, Sandvoss, and Harrington, "Introduction: Why Study Fans?," 9-10.

單一的部落標誌：Nancarrow and Nancarrow, "Hunting For Cool Tribes," 130.

哪個符號代表著哪個階級：R. Pearson, "Bachies, Bardies, Trekkies, and Sherlockians," in Gray, Sandvoss, and Harrington, *Fandom*, 98-109.

零售價可能達三千一百三十四美元：S. Yara, "The Most Expensive Jeans," http://www.forbes.com/2005/11/29/most-expensive-jeans-cx_sy_1130feat_ls.html (11/30/2005).

〈男性面部毛髮的常見偏好與風格帶來的負面頻率效應〉（Negative frequency-dependent preferences and variation in male facial hair）：Z. J. Janif, R. C. Brooks, and B. J. Dixson, "Negative Frequency-dependent Preferences and variation in male facial Hair," *Biology Letters* (4/16/2014).

史上最賣座的動畫電影：http://www.boxofficemojo.com/alltime/world/ (accessed 9/26/2016).

向商會請願：Rubin, *Well Met*, 62.

「親愛的朋友」：M. R. Bloomberg, Letter to Manic Panic (7/7/2007).

4 把粉絲身分穿在身上

芙烈達．卡蘿（Frida Kahlo）的攤位正在贈送瑪格麗特：本章提到的授權展詳情、訪談，以及「路人」之言，包括芙烈達．卡蘿的攤位，來自柔依．弗瑞德－布拉納（Zoe Fraade-Blanar）與亞倫．葛雷澤（Aaron

Glazer）造訪二〇一四年內華達拉斯維加斯授權展（二〇一四年六月十七日至十九日），以及二〇一三年內華達拉斯維加斯授權展（二〇一三年六月十八日至二十日）。

「龍舌蘭！」：http://www.dpsons.com/fridakahlotequila/(4/25/2016).

芙烈達・卡蘿本人是一個複雜個體：請見 Hayden Herrera, *Frida: A Biography of Frida Kahlo* (New York: Harper Perennial, 2002); *The Diary of Frida Kahlo: An Intimate Self-Portrait* (New York: Abrams, 2005).

「她很迷芳香療法」：A. Alexander, http://www.drugstorenews.com/article/frida-kahlo-skin-care-line-now-available-natural-skin-care (11/19/2007).

總票房達五・四三億美元：http://www.boxofficemojo.com/movies/?id=despicableme.htm (accessed 9/18/2016).

「感覺全世界每一個人都有一件蜘蛛人（Spider-Man）T恤」，以及耶西・狄史塔西歐（Jesse DeStasio）其他發言：Telephone interview with Jesse DeStasio by Zoe Fraade-Blanar and Aaron Glazer (10/27/2016).

已達二十五億美元：A. Busch, " 'Minions' Lines Up Biggest Promo Push In Uni's History With McDonald's And More," http://deadline.com/2015/07/minions-promotional-push-biggest-in-studio-history-1201471603/ (7/8/2015).

授權產品銷售達十三億美元的可口可樂：http://www.retail-merchandiser.com/reports/retail-reports/1754-the-coca-cola-company (6/2/2014).

「帶給更多地方的更多人」："Gwyneth Paltrow Wows Licensing Expo," *Global License!* (6/19/2013).

第一名的授權者：Top 150 Global Licensors. *Global License!*, (5/2015), T3-T47.

「最後的教宗」（End of the World Pope）：Exhibited at the 2013 Licensing Expo.

學者麥特・希爾斯（Matt Hills）甚至提出「粉絲文化生命歷程」（fandom autobiography）：M. Hills, *Fan Cultures* (New York: Routledge, 2002), 82.

《皇家夜總會》(Casino Royale)：Ian Fleming, *Casino Royale* (London: Jonathan Cape, 1953).

吃下一顆酪梨：酪梨當時是十分罕見的美食，兩大超商連鎖店後來甚至展開公關戰，搶奪究竟是誰第一個把酪梨引進英國的頭銜。請見 M. Delgado, "Sainsbury, M&S . . . and the great ad-vocado war," http://www.dailymail.co.uk/femail/food/article-1186938/Avocado-wars-M-S-Sainsburys-battle-introduced-fruit-first.html (5/25/2009).

「撫慰了英國這個內外交困的國家」：請見 S. Winder, *The Man Who Saved Britain: A Personal Journey into the Disturbing World of James Bond* (New York: Picador, 2007).

「至少還保住了優雅格調」：W. Cook, "Novel man," http://www.newstatesman.com/node/160075 (6/28/2004).

龐德作者伊恩・佛萊明（Ian Fleming）創作的人物功不可沒，龐德重振了英國文化：Winder, *The Man Who Saved Britain.*

《魔王迷宮》專門同人與混合同人故事：https://www.fanfiction.net/movie/Labyrinth/ (accessed 9/18/2016).

「大英帝國處於最強盛的時期」：Cook, "Novel man."

「英國從帝國化身為歐洲國家的重要力量」：Winder, *The Man Who Saved Britain.*

當運動迷的好處：該主題的詳細討論請見旺恩（Daniel L. Wann）數十篇共同發表的運動迷心理影響期刊研究。

肯塔基州一百五十五名大學生：D. L. Wann and S. Pierce, "The Relationship between Sport Team Identification and Social Well-being: Additional Evidence Supporting the Team Identification-Social Psychological Health Model," *North American Journal of Psychology* (2005): 117-24.

「球迷視該球隊為自身延伸的程度」：D. Wann, "Understanding the Positive Social Psychological Benefits of Sport Team Identification: The Team Identification-Social Psychology Health Model," *Group Dynamics: Theory, Research and Practice* (2006), vol. 10, no. 4: 272-96.

「同志情誼」：同前。

依舊帶來戰略優勢：H. J. Schau and A. M. Muniz, “Temperance and Religiosity in a Non-marginal, Non-stigmatized Brand Community,” in Bernard Cova, Robert Kozinets, and Avi Shankar, *Consumer Tribes* (New York: Routledge, 2007), 144-62.

昇華的從眾：同前，1-26.

「如果想當不從眾的人」：“Raisins,” Episode 14, Season 7, *South Park*, written and directed by Trey Parker (12/10/2013).

兩種非常不一樣的動機：R. Walker, *Buying In: What We Buy and Who We Are* (New York: Random House, 2010), xv.

非常獨特：Walker, *Buying In,* 22.

實驗新的人生哲學：Hills, *Fan Cultures*, 82.

巧克力奴隸制度：可參見 “Tracing the bitter truth of chocolate and child labour,” *BBC Panorama*, http://news.bbc.co.uk/panorama/hi/front_page/newsid_8583000/8583499.stm(3/24/2010); D. McKenzie and B. Swails, “Child slavery and chocolate: All too easy to find,” *CNN*, http://thecnnfreedomproject.blogs.cnn.com/2012/01/19/child-slavery-and-chocolate-all-too-easy-to-find/ (1/19/2012); Brian O’Keefe, “Bitter Sweets,” *Fortune*, http://fortune.com/big-chocolate-child-labor/ (3/1/2016).

價值千億美元的產業：Marketsandmarkets Press Release, “Global Chocolate Market worth $98.3 billion by 2016,” http://www.marketsandmarkets.com/PressReleases/global-chocolate-market.asp (n.d.); J. A. Morris, “A taste of the future: the trends that could transform the chocolate industry,” https://www.kpmg.com/Global/en/IssuesAndInsights/ArticlesPublications/Documents/taste-of-the-future.pdf (6/2014).

哈利波特聯盟：哈利波特聯盟運動的學術研究，請見 H. Jenkins, " 'Cultural acupuncture': Fan activism and the Harry Potter Alliance," *Transformative Works and Cultures* 10 (2012), http://journal.transformativeworks.org/index.php/twc/article/view/305/259.

「哈利不允許運動」(Not in Harry's Name)：除另有說明處，相關細節皆取自哈利波特聯盟的說法：The Harry Potter Alliance, "Not in Harry's Name: A History," *Storify*, https://storify.com/TheHPAlliance/nihn-a-history (2015)，以及 A. Rosenberg, "How 'Harry Potter' fans won a four-year fight against child slavery," *Washington Post*, https://www.washingtonpost.com/news/act-four/wp/2015/01/13/how-harry-potter-fans-won-a-four-year-fight-against-child-slavery/ (1/13/2015).

「石內卜太太」(Snapewives)：Z. Alderton, " 'Snapewives' and 'Snapeism': A Fiction-Based Religion within the Harry Potter Fandom," http://www.mdpi.com/2077-1444/5/1/219/htm (3/3/2014).

「哈利與波特」(Harry and the Potters)：http://harryandthepotters.com/ (accessed 9/26/2016).

「現在該換成你當英雄了」：Granger Leadership Alliance & Harry Potter Alliance, http://grangerleadershipacademy.com/(n.d., accessed 3/31/2016).

「並未特別投身單一議題」：Telephone interview with Paul DeGeorge by Zoe Fraade-Blanar and Aaron Glazer (12/14/2014).

「鄧不利多（Albus Dumbledore）要我們」：A. Hoyos, "Harry Potter Chocolate Gets an 'F' in Human Rights," *Andpop*, http://www.andpop.com/2013/02/21/harry-potter-chocolate-gets-an-f-in-human-rights/(2/21/2013).

「哈利波特聯盟成員與全球哈利波特迷的集體聲音」：J. Berger, "Letter to andrew Slack and the Harry Potter Alliance," https://storify.com/TheHPAlliance/nihn-a-history (accessed 12/22/2014).

「我們贏了！」：http://www.thehpalliance.org/success_stories (n.d., accessed 9/16/2016).

「你喜歡史密斯樂團（the Smiths）」：D. Hill, " 'Heaven Knows I'm Miserable Now,' " A Night of Smiths Music and Speed Dating TOMORROW Night at the Black Rabbit Bar," Dave Hill's Internet Explosion, http://davehillonline.com/blog/2010/02/heaven-knows-im-miserable-now-a-night-of-smiths-music-and-speed-dating-tomorrow-night-at-the-black-rabbit-bar/ (2/2/2010).

四十九秒：H. Nicholson, http://www.dailymail.co.uk/travel/article-1213316/Alton-Towers-launches-worlds-fastest-speed-dating-event-rollercoaster.html (9/14/2009).

刺青：J. Carlson, "Single Smiths Fans of the World Unite . . . in Brooklyn," http://gothamist.com/2009/01/30/smiths_speed_dating. Php (1/30/2009).

以身為文青自豪：A. Martin, "Speed-Dating with Morrissey," *New York*, http://nymag.com/daily/intelligencer/2009/01/smiths_speed_dating_it_seemed.html (1/30/2009).

遠渡兩條河：B. Parker, "Smiths and Singles in Greenpoint Fit Like Hand in Glove," *Gothamist*, http://gothamist.com/2009/04/16/smiths_and_singles_in_greenpoint_fi.php# Photo-1 (4/19/2009).

一連串關於你的個性問題：Interview with Christian Rudder, co-founder of OKCupid, by Zoe Fraade-Blanar (1/14/2015).

約會網站用戶 Engine42、Circuiter、Unicornlvr、THEDOCTORW、Watcher75、IDeeJay、Hightek34：此處的自我介紹取材自 www.okcupid.com。爲求匿名，所有的用戶名稱與身分細節經過修改。

「以最快的方式告訴潛在約會對象」：Interview with Christian Rudder.

瀏覽約會檔案的時間，還不到一分鐘："How to Catch Your Valentine's Eye: Online Dating Eye-Tracking Study Reveals That Men Look, Women Read," http://www.businesswire.com/news/home/20120207006032/en/Tobii-Technology-AB-Catch-Valentine%E2%80%99s-Eye-Online (1/7/2012).

昭告與維護自己在團體中的地位：M. Maffesoli, "The linking value of subcultural capital: constructing the Stockholm Brat enclave," in Cova, Kozinets, and Shankar, *Consumer Tribes*; and Nancarrow and Nancarrow, "Hunting for cool tribes," in Cova, Kozinets, and Shankar, *Consumer Tribes*, 129-42.

選擇自己身邊要出現哪些產品：Maffesoli, "The linking value of subcultural capital," 95.

「個性活潑大方」：J. Austen, *Pride and Prejudice* (New York: Penguin Classics, 2003).

「樂此不疲的擺設娃娃屋的樂趣」：D. Carr, "24-Hour Newspaper People," *New York Times* (1/15/2007).

「提供的細節愈多愈好」：Interview with Christian Rudder.

「不能是虛構出來的你」：同前。

世界冠軍：A. Bereznak, http://gizmodo.com/5833787/my-brief-okcupid-affair-with-a-world-champion-magic-the-gathering-player (8/29/2011).

「是在傳遞一種密碼」：Telephone interview with Virginia Roberts by Zoe Fraade-Blanar and Aaron Glazer (1/15/2015). 羅伯斯的網站請見：theheartographer.com.

「香蕉攤上永遠有錢」："Top Banana," *Arrested Development* (aired 11/9/2003).

「自我介紹的文字……幾乎沒差」：C. Rudder, http://blog.okcupid.com/index.php/we-experiment-on-human-beings/ (7/28/2014).

約會網站用戶 Cosmic-space：此處的自我介紹取材自：www.okcupid.com.

5 世上最快樂地方的會籍與位階

掉下兔子洞：本章引用的說法與現場訪談，除另外說明處，皆取自柔依．弗瑞德—布拉納（Zoe Fraade-Blanar）在迪士尼樂園與迪士尼加州冒險樂園與白兔先生、安納金之子、米奇帝國的訪談（二〇一五年九月十八日—二十日）。部分訪談採取匿名，或依據受訪者的要求略去姓氏或以縮寫代替。

迪士尼社團：完整的迪士尼社團介紹請見 C. Lam, “The Very Merry Un-Gangs of Disneyland,” *OC Weekly*, http://www.ocweekly.com/2014-02-27/news/disneyland-california-adventure-social-clubs/ (2/27/2014); and C. Van Meter, “The Punks of Disneyland,” http://www.vice.com/en_ca/read/the-punks-of-the-magic-kingdom (3/11/2014).

「迪士尼的FBI／CIA便衣」：Phone interview with Jake Fite by Zoe Fraade-Blanar (7/28/2015).

「每一件事都經過詳細規畫」：同前。

「復古日」：L. Lecaro, http://www.laweekly.com/arts/a-guide-to-disneylands-unofficial-dress-up-days-5402663 (2/27/2015).

三百多個社團：http://www.scsofdisney.com/unofficial-list-of-official-social-clubs.html (n.d., accessed 9/26/2016).

傳遞複雜訊息：Telephone interview with Elena Salcedo of Mickey’s Empire by Zoe Fraade-Blanar and Aaron Glazer (8/3/2015).

安納金之子的固定裝扮：*The Cut*, http://sonsofanakinsc.com/?page_id=117 (n.d.).

「整天都在講迪士尼」：Telephone interview with Elena Salcedo.

「能不能和你們做朋友」：同前。

「坐『加勒比海海盜』(Pirates of the Caribbean)」：同前。

三三俱樂部（Club 33）：Description from visit to Disneyland's Club 33 by Zoe Fraade-Blanar (9/19/2015).

一線明星：P. Forbes, "Inside Club 33, Disneyland's $10,000 Dining Club," http://www.eater.com/2013/1/28/6489395/inside-club-33-disneylands-10000-per-year-dining-club (1/28/2013).

長年會員被驅逐出境：J. Pimentel, "After his Club 33 membership is revoked, Lake Forest man sues Disney," *Orange County Register,* http://www.ocregister.com/articles/club-668224-membership-disney.html (6/23/2015).

「我們最初過來的時候」：Telephone interview with Jake and Melissa (Missie) Fite by Zoe Fraade-Blanar (10/26/2016).

「有點怕我們」：同前。

「我受寵若驚」：Interview with Trent Vanegas by Zoe Fraade-Blanar (9/18-20/2015).

「幾乎所有處罰都有緩刑」：Email with Trent Vanegas by Zoe Fraade-Blanar (10/5/2015).

「從來不曾發生」：Telephone interview with Trent Vanegas by Zoe Fraade-Blanar (8/4/2015).

「有階級的話」：Telephone interview with Jake Fite by Zoe Fraade-Blanar (7/28/2015).

「很難交到朋友」：Telephone interview with Aaron W. by Zoe Fraade-Blanar and Aaron Glazer (8/28/2015).

先是認識了一群人：D. Park, S. Deshpande, B. Cova, and S. Pace, "Seeking community through battle: understanding the meaning of consumption processes for warhammer gamers' communities across borders," in Bernard Cova, Robert Kozinets, and Avi Shankar, *Consumer Tribes* (New York: Routledge, 2007), 212-23.

立刻有共鳴：M. Hills, *Fan Cultures* (New York: Routledge, 2002), 6-7.

找到同類前的時期：R. Henry and M. Caldwell, "Imprinting, incubation and intensification: factors contributing to fan club formation and continuance," in Cova, Kozinets, and Shankar, *Consumer Tribes*, 165-73, 168.

「奇蹟故事」：H. J. Schau and A. M. Muniz, "Temperance and Religiosity in a Non-marginal, Non-stigmatized Brand Community," in Cova, Kozinets, and Shankar, *Consumer Tribes*, 144-62.

暫時不必去管成人的規矩：Cova, Kozinets, and Shankar, "Tribes, Inc: The New World of Tribalism," in Cova, Kozinets, and Shankar, *Consumer Tribes*, 1-26.

「我們花了很長的時間」：Telephone interview with Jake Fite.

要達到能自行運作的人數需要一段時間：C. Shirky, *Cognitive Surplus: Creativity and Generosity in a Connected Age* (New York: Penguin Press, 2010), 163.

粉絲能用各種方式以各種程度參與：Shirky, *Cognitive Surplus*, 200.

年輕幹部很難維持秩序：克雷・薛基（Clay Shirky）指出：「把團體組織成有效率的整體相當困難，超過一定規模後，需要專業管理。」請見：Shirky, *Cognitive Surplus*, 83.

「同一間店走出來」：Telephone interview with Jake Fite.

強化人際關係：M. Maffesoli, "The linking value of subcultural capital," in Cova, Kozinets, and Shankar, *Consumer Tribes*.

展現：Maffesoli, "Tribal Aesthetic," in Cova, Kozinets, and Shankar, *Consumer Tribes*, 27-34.

其他粉絲愈尊敬他們：Maffesoli, "The linking value of subcultural capital," 96.

「類迪士尼打扮」（Disneybounding）：D. Bevil, "Outfits show boundless love of Disney—Fans' styles are homage to characters without being outright costume," *Orlando Sentinel* (5/19/2015), A1.

萊斯麗・凱（Leslie Kay）：http://disneybound.co/LeslieKay (n.d., accessed 9/26/2016).

「新型迪士尼角色扮演」：B. Tuttle, "New Kind of Disney Cosplay Slightly Less Embarrassing Than Original," http://

time.com/money/3888425/disneybounding-trend/ (5/19/2015).

自己創造出來的東西，吸引力大過：Shirky, *Cognitive Surplus*, 78.

最近也開始授權相關風格的衣服：L. Liddane, "Can't dress up at Disneyland? Streetwear meets Disney in 'Disney-bound' style," *Orange County Register,* http:/www.ocregister.com/articles/disneybound-633983-disney-character.html (9/6/2014).

社交資本：R. Kozinets, "Inno-tribes: Star Trek as Wikimedia," In Cova, Kozinets, and Shankar, *Consumer Tribes*, 206-8.

悄悄鼓勵大家一起試試看：同前，19。

為了愛：Shirky, *Cognitive Surplus*, 72.

「表揚」與「讚美」：同前，81。

「為所欲為」：Telephone interview with Jake Fite.

自己也成為大家崇拜的對象：C. Otnes, and P. Maclaran, "The consumption of cultural heritage among a British Royal Family brand tribe," in Cova, Kozinets, and Shankar, *Consumer Tribes,* 51-66.

少不了這樣的超級粉絲：Shirky, *Cognitive Surplus*, 198.

遵守信仰虔誠、重視家庭與生活嚴謹等嚴肅的社會規範：Schau and Muñiz, "Temperance and Religiosity in a Non-marginal, Non-stigmatized Brand Community," 144-62.

有一小點不一樣：佛洛伊德（Freud）稱之爲「微小差別的自戀」（narcissism of small differences）。S. Freud and J. Strachey, *Civilization and Its Discontents* (1930; New York: W. W. Norton, 2010).

叫不乖的人乖一點很有趣：Shirky, *Cognitive Surplus*, 108。

「社群系統有兩種模式」：同前，197。

工作人員有時會在網路上抱怨：請見 D. Nasserian, "Insignt[*sic*] Into Disney Social Clubs: The Main Street Elite," http://www.disneygeekery.com/2013/10/04/insignt-disney-social-clubs-main-street-elite/ (10/4/2013); C. Van Meter, "The Punks of Disneyland," http://www.vice.com/en_ca/read/the-punks-of-the-magic-kingdom (3/11/2014); and P. C. Vasquez, http://www.ozy.com/fast-forward/gangs-of-disneyland/6646 (3/8/2014).

「這一切有點荒謬」：Interview with Jake Fite by Zoe Fraade-Blanar (9/20/2015).

6 粉絲是幹嘛用的？

凡掌控了：本章提及的所有電子郵件取自：J. Bane, et al., *Your Emails Are Bad and You Should Feel Bad* (Chicago: Cards Against Humanity, 2014).

「不知道十天還是幾天的寬札節」：請見 https://www.holidaybullshit.com/ (9/19/2016); R. Katz, https://www.puregeekery.net/2014/12/29/10-days-whatever-kwanzaa-day-whatever/ (12/29/2014).

「一堆貼紙」：Day 2, https://www.holidaybullshit.com/(accessed 9/19/2016).

Goodreads 線上閱讀心得社群：http://www.goodreads.com/book/show/24488744-your-emails-are-bad-and-you-should-feel-bad (accessed 3/26/2016).

「你不想看這一集的〈桌上〉」：Geek and Sundry, Cards Against Humanity: Aisha Tyler, Laina Morris, & Ali Spagnola Join Wil on TableTop S03E10, https://www.youtube.com/watch?v=QCEqUn7If44 (3/19/2015).

「不要忘了，客戶是人」：Telephone interview with Jenn Bane, community manager for Cards Against Humanity, by Zoe Fraade-Blanar and Aaron Glazer (1/10/2015).

「我們幾乎都會同意」：同前。

超過三萬三千篇：https://www.amazon.com/Cards-Against-Humanity-LLC-CAHUS/dp/B004S8F7QM (accessed 9/26/2016).

「為什麼美國亞馬遜沒有送貨到加拿大的服務？」：Amazon, retrieved from Cards Against Humanity, http://www.amazon.com/wont-Amazon-ship-this-Canada/forum/Fx209LQY89OFTF8/Tx1A4YFQTGH3GW9/1/ref=cm_cd_al_psf_al_pg1?_encoding=UTF8&asin=B004S8F7QM (10/22/2013).

「我們還以為大家會生氣」：Telephone interview with Max Temkin by Zoe Fraade-Blanar and Aaron Glazer (2/5/2015).

「開了只有自己人才懂的玩笑」：同前。

毀滅人性卡片可以免費取得：https://cardsagainsthumanity.com (accessed 9/20/2016).

「粉絲氣急敗壞」：Telephone interview with Max Temkin.

「八份適合光明節的禮物」：https://www.eightsensiblegifts.com (accessed 9/20/2016); J. Cook, http://mrsjennifercook.com/2015/12/24/8-sensible-gifts-cards-against-humanity/ (12/24/2015).

盡量公開狂歡作樂：L. Widdicombe, “Teen Titan: The man who made Justin Bieber,” http://www.newyorker.com/magazine/2012/09/03/teen-titan (9/3/2012).

辱罵顧客：K. Pang, http://www.chicagotribune.com/dining/ct-the-wiener-circle-chicago-obscenity-laced-hot-dog-stand-sold-20150918-story.html (9/18/2015).

不尋常的程度仇女：J. Gordon and A. Phillips, “Diplo Criticized for Stealing GIF, Accused of Misogyny, Gets in Twitter Fight With Portishead’s Geoff Barrow,” http://pitchfork.com/news/58441-diplo-criticized-for-stealing-gif-ac

cused-of-misogyny-gets-in-twitter-fight-with-portisheads-geoff-barrow/ (2/12/2015); C. Coplan, http://consequenceofsound.net/2015/02/diplo-stole-someones-gif-artwork-responds-with-misogynistic-insults/ (2/12/2015).

無害的話消費者願意忍受壟斷：P. Temi and L. Galambos, *The Fall of the Bell System: A Study in Prices and Politics* (Cambridge: Cambridge University Press, 1989).

這當然是我們布魯克林的事：Billboard, https://twitter.com/SteveStoute/status/194829317048512512/photo/1. (4/24/2012).

#HELLOBROOKLYN：「#HELLOBROOKLYN」廣告詳情請見 K. Ozkan, "Stoute's Plan to Market the Nets? Kissing Up to Brooklyn," http://adage.com/article/news/stoute-s-plan-market-nets-kissing-brooklyn/230226/ (10/6/2011); http://www.translationllc.com/work/brooklyn-nets/ (n.d.); A. DeSantis, "All Black Everything: A Brooklyn Nets Style Guide," http://www.nytimes.com/interactive/2012/09/27/style/brooklyn-nets-logo.html?_r=0 (9/27/2012).

聚集在：R. Calder, http://nypost.com/2012/07/14/2000-screaming-fans-pack-plaza-outside-bklyn-borough-hall-for-nets/(7/14/2012).

「它們不是我的球隊」：Interview with Marcus Collins, Executive Director, Social Engagement, Translation LLC, by Zoe Fraade-Blanar and Aaron Glazer (2/23/2015).

「自一九五七年以來第一場主場比賽」：Billboard, T. Bontemps, http://nypost.com/2012/04/25/nets-brooklyn-rollout-continues-with-billboards/ (4/25/2012).

「在布魯克林人與球員之間，建立起兩者間的新家鄉隊連結」：M. Mazzeo, http://espn.go.com/new-york/nba/story/_/id/8192332/brooklyn-nets-introducing-borough-team-core-four (7/23/2012).

「我們的目標是占有布魯克林」：M. Mazzeo, http://espn.go.com/new-york/nba/story/_/id/8192332/brooklyn-nets-introducing-borough-team-core-four (7/23/2012).

「一直被看扁的人們，我們是你們的忠誠朋友」：http://newyork.cbslocal.com/2012/05/01/brooklyn-nets-neighborhood-centric-video-applauds-the-loyal-and-scrappy/ (5/1/2012).

「儀式性的敵人」(ritual enemy)：V. Theodoropoulou, "The Anti-Fan within the Fan: Awe and Envy in Sport Fandom," in Bernard Cova, Robert Kozinets, and Avi Shankar, *Consumer Tribes* (New York: Routledge, 2007), 316-327.

米哈伊爾・普羅霍羅夫（Mikhail Prokhorov）：http://www.bloomberg.com/news/articles/2015-12-22/mikhail-prokhorov-completes-acquisition-of-nets-barclays-center (12/22/2015).

上升二三%：http://www.netsdaily.com/2013/4/29/4281532/brooklyn-nets-attendance-up-23-1-leads-nba-in-one-season-gain(4/29/2013).

「我們很快就變成死忠球迷」：C. Dell and J. Moffie, "Knicks and Nets Rivalry Begins at Barclays," http://fort-greene.thelocal.nytimes.com/2012/11/27/knicks-and-nets-rivalry-begins-at-barclays/ (11/27/2012).

興奮起來支持這部電影的觀眾群，不同於電影公司原先的設想：E. Piepenburg, " 'Magic Mike' Is Big Draw for Gay Men," http://www.nytimes.com/2012/07/05/movies/magic-mike-with-channing-tatum-draws-gay-men.html (7/4/2012); P. McClintock, "Moms and Gays Boost 'Magic Mike's' Box Office Chances in a Big Way," http://www.hollywoodreporter.com/news/magic-mike-stripper-channing-tatum-box-office-341507 (6/26/2012).

運動明星、嘻哈偶像及其他名人的標誌：J. L. Roberts, "The Rap of Luxury," http://www.newsweek.com/rap-luxury-144731 (9/1/2002).

全美最常失竊的車：http://money.cnn.com/2011/08/25/autos/most_stolen_cars/ (8/25/2011).

玉米加上濕掉的硬紙板：https://www.beeradvocate.com/beer/profile/447/1331/?ba=itsscience (4/7/2014).

出乎意料的對手「納拉甘西特」(Narragansett)：請見 T. Donnelly, "PBR is dead," *New York Post*, http://nypost.com/2015/07/16/what-cheap-beer-lovers-are-now-guzzling-instead-of-pbr/ (7/16/2015); R. Greenfield, http://www.bloomberg.com/news/articles/2015-06-12/how-narragansett-became-cool-again (6/12/2015).

回升至近八萬桶：Greenfield, http://www.bloomberg.com/news/articles/2015-06-12/how-narragansett-became-cool-again.

粉絲創造出來的意義，不需要有真實世界的依據：Bernard Cova, Robert Kozinets, and Avi Shankar, "Tribes, Inc: The New World of Tribalism," in Cova, Kozinets, and Shankar, *Consumer Tribes*, 1-26.

今日是合資企業：http://www.tsgconsumer.com/partner-companies/detail.php?id=35 (9/20/2016).

Kickstarter 公司把那裡改造成自己的總部：Kickstarter 總部的描述，取自柔依・弗瑞德—布拉納（Zoe Fraade-Blanar）與路克・克雷恩（Luke Crane）的訪談，以及親自造訪 Kickstarter 總部（6/17/2015）。

麥克斯・鄧奇（Max Temkin）與毀滅人性卡片同仁找上 Kickstarter：https://www.kickstarter.com/blog/case-study-cards-against-humanity (7/26/2012).

「沒人聽說過我們」：同前。

「親愛的糟糕朋友……」：https://www.kickstarter.com/projects/1200751084/cards-against-humanity/posts/57993 (3/1/2011).

「不需要臉書上有三百萬粉絲」……「我們永遠、永遠告訴創作者：……說出一個故事」：Telephone interview with Luke Crane by Zoe Fraade-Blanar and Aaron Glazer (1/28/2015).

《暗影狂奔：歸來》：Harebrained Schemes LLC., https://www.kickstarter.com/projects/webeharebrained/shadowrunreturns/(4/4/2012).

「猶豫到底要不要贏得最大獎」……「這完全是一場高中阿宅同學會」：Telephone interview with Eric Mersmann by Zoe Fraade-Blanar and Aaron Glazer (2/18/2015).

「腦中立刻計算」：Telephone interview with Luke Crane.

阿曼達・帕爾默（Amanda Palmer）為了出新專輯，在Kickstarter上募到一大筆款項：請見 D. Wakin, "Rockers Playing for Beer: Fair Play?" *New York Times*, http://arts beat.blogs.nytimes.com/2012/09/12/rockers-playing-for-beer-fair-play/ (9/12/2012); M. Hogan, http://www.spin.com/2012/09/amanda-palmer-steve-albini-idiot-apology-volunteers/ (9/14/2012); M. Hogan, http://www.spin.com/2012/09/steve-albini-amanda-palmer-crowdsourcing-rant/ (9/13/2012).

改在……做群眾募資：https://www.patreon.com/amandapalmer (accessed 9/21/2016).

「粉絲……咄咄逼人」：Telephone interview with Luke Crane.

在Kickstarter上，替自己的喜劇電影《B 咖的幸福劇本》（Wish I Was Here）募款：https://www.kickstarter.com/projects/1869987317/wish-i-was-here-1 (updated 7/11/14).

大量粉絲開始砲轟他：請見 B. Child, "Zach Braff Kickstarter controversy deepens after financier bolsters budge," *The Guardian*, https://www.theguardian.com/film/2013/may/16/zach-braff-kickstarter-controversy-deepens (5/16/2013); M. Fernandez, "Zach Braff raises money—and ire—with Kickstarter campaign for new film," *NBC News*, http://www.nbcnews.com/pop-culture/pop-culture-news/zach-braff-raises-money-ire-kickstarter-campaign-new-film-f6C10026213 (5/22/2013); L. Marks, "Is it OK for multimillionaires like Zach Braff to panhandle for money on Kickstarter?" *The Guardian*, https://www.theguardian.com/film/filmblog/2013/apr/26/zack-braff-panhandle-money-kickstarter (4/26/2013).

許多人認為他有能力自己出錢拍電影：M. Fleischer, “Zach Braff on needing Kickstarter: ‘I don’t have Oprah Winfrey money,’ ” *Los Angeles Times*, http://articles.latimes.com/2013/apr/25/entertainment/la-et-ct-zach-braff-oprah-winfrey-money-kickstarter-20130425 (4/25/2013).

「我們與『鐵粉』之間……就有某種敵對關係」：Telephone Interview with Max Temkin.

新洋芋片口味：S. P. Wood, http://www.adweek.com/prnewser/why-lays-wants-to-quit-social-media-and-hates-america/85826 (2/7/2014).

破過「史上最成功的娛樂發行」等七項金氏世界紀錄：K. Lynch, http://www.guinnessworldrecords.com/news/2013/10/confirmed-grand-theft-auto-breaks-six-sales-world-records-51900 (10/8/2013).

「我們向來感謝個人電腦模組社群的創意」：http://www.rockstargames.com/newswire/article/52429/asked-answered-the-rockstar-editor-gta-online-updates (5/7/2015).

粉絲創造的模組讓《俠盜獵車手》整體而言更具價值：請見 J. Balakar, http://www.cnet.com/news/the-bizarre-and-often-hilarious-world-of-grand-theft-auto-v-mods/ (5/23/2015); C. Livingston, http://www.pcgamer.com/the-best-gta-5-mods/ (9/16/2015).

「需要付費的《無界天際》（Skyrim）模組」：B. Ashcraft, http://kotaku.com/paid-skyrim-mod-turns-into-a-clusterfuck-1699913114 (4/24/2015).

方法是方便使用者修改遊戲……但是要收錢：E. Makuch, http://www.gamespot.com/articles/you-can-now-sell-skyrim-mods-on-steam/1100-6426844/ (4/23/2015).

粉絲論壇與部落格立刻攻擊威爾烏：可參見 https://www.reddit.com/r/skyrimmods/comments/33m6a9/steam_to_

start_charge_money_for_certain_mods/ (4/23/2015).

付費模組系統關閉：A. Kroll, “Removing Payment Feature from Skyrim Workshop,” https://steamcommunity.com/games/SteamWorkshop/announcements/detail/208632365253244218 (4/27/2015).

問題部分出在變現：B. Reed, “Bethesda’s experiment with paid Skyrim mods has been an epic disaster - is there any way to fix it?” *BGR*, http://bgr.com/2015/04/27/bethesda-valve-skyrim-paid-mods/ (4/27/2015).

「那原本是它們自己該做好的事」：https://www.reddit.com/r/skyrimmods/comments/33m6a9/steam_to_start_charge_money_for_certain_mods/cqmllcq (4/23/2015).

7 出入真真假假的粉絲世界

不共戴天之仇：歷經多年不同場合的引用後，「鋼鐵酋長」與「鋼鋸」的紐澤西逮捕細節仍舊有爭議，各種版本差異極大。我們重建的場景取材自：H. J. Duggan and S. E. Williams, *Hacksaw: The Jim Duggan Story* (Chicago: Triumph Books, 2012); M. Huguenin, “Miscellaneous: Wrestlers Arrested,” *Orlando Sentinel*, http://articles.orlandosentinel.com/1987-05-28/sports/0130230005_1_duggan-sumo-iron-sheik (5/28/1987); Jash! “Iron Sheik: Very Animated People,” https://www.youtube.com/watch?v=QeXnLeMZ8S4 (3/27/2013); B. Hart, *Hitman: My Real Life in the Cartoon World of Wrestling* (New York: Grand Central Publishing, 2008); and W. Keller, “EXCLUSIVE: Former semi-main event WWE wrestler says if not for drug arrest, he thinks he would have been World Champion, talks of backstage dispute with Austin,” http://pwtorch.com/artman2/publish/spotlightarticleboxcenter/article_61210.shtml (5/8/2012).

五月二十六日下午：日期及本段其他細節取自：Duggan and Williams, *Hacksaw*.

「手放在引擎蓋上」：本段的引用與細節取自：Duggan and Williams, *Hacksaw,* 102.

分別載至警局：同前。

鋼鐵酋長邀他搭便車，盛情難卻：同前。

鋼鐵酋長二〇一三年接受訪談時說法不同：此句話與本段其他細節取自：Jash!, "Iron Sheik: Very Animated People," https://www.youtube.com/watch?v=QeXnLeMZ8S4 (3/27/2013); jashnetwork, "The Iron Sheik sat down with Buh to talk about wrestling, drugs and women," http://jashnetwork.tumblr.com/post/46476921987/the-iron-sheik-sat-down-with-buh-to-talk-about (3/27/2013).

進場人數與營收紀錄：http://www.wwe.com/videos/wrestlemania-iii-breaks-wwe-s-all-time-attendance-record-wrestlemania-iii (accessed 9/26/2016).

「親愛的，我們今天被抓」……「你怎麼能這樣對我們？」：Duggan and Williams, *Hacksaw,* 103-4.

「再也不會拿鋼椅互砸彼此的頭」：M. Sneed, "Michael Sneed," *Chicago Sun-Times* (7/1/1987).

「不值得為了半打啤酒與口交」：Duggan and Williams, *Hacksaw,* 108.

與早期的巡迴馬戲雜耍和滑稽歌舞劇，有相同的起源：L. McBride and S. Bird, "From Smart Fan to Backyard Wrestler," in Jonathan Gray, Cornel Sandvoss, , and C. Lee Harrington, *Fandom: Identities and Communities in a Mediated World* (New York: NYU Press, 2007), 165-76.

「對，不是，但那不是重點」：Telephone interview with Lawrence McBride by Zoe Fraade-Blanar and Aaron Glazer (12/16/2014).

假裝摔角台上發生的事是真的：L. McBride and S. Bird, "From Smart Fan to Backyard Wrestler," in Gray, Sandvoss, and Harrington, *Fandom,* 165-76.

「祈禱好人獲勝」：Telephone interview with Lawrence McBride.

「假裝自己相信很好玩」：同前。

變成平日的好人：B. Owings and S. Rahmanzadeh, "WWE Star Triple H Breaks Character to Console Young Fan," http://abcnews.go.com/Entertainment/wwe-star-triple-breaks-character-console-young-fan/story?id=28398608 (1/22/2015).

聰明粉絲：請見 McBride and Bird, "From Smart Fan to Backyard Wrestler," 165-76.

「他的招牌動作是扮演邪惡牙醫」：Telephone interview with Lawrence McBride.

「西班牙播報桌」：R. Dilbert, http://bleacherreport.com/articles/1242501-tribute-to-the-wwe-spanish-announce-table (7/10/2012); http://tvtropes.org/pmwiki/pmwiki.php/Main/SpanishAnnouncersTable (9/22/2016).

這群人重要的故事述說與情緒發洩口：H. Jenkins, " 'Never Trust a Snake': WWF Wrestling as Masculine Melodrama," In A. Baker and T. Boyd, *Out of Bounds: Sports, Media and the Politics of Identity* (Bloomington: Indiana University Press, 1997), 48-80.

「陽剛通俗劇」（masculine melodrama）：同前，50.

「九吧」（Bar Nine）人還不是很多：後文的所有描寫與引述的對話，來自柔依・弗瑞德—布拉納（Zoe Fraade-Blanar）與亞倫・葛雷澤（Aaron Glazer）造訪紐約市九吧舉辦的《摔角狂熱三十二》觀賞派對（4/3/2016）。

「你在幹什麼？」：*Wrestlemania 32*, pay-per-view Broadcast (4/3/2016).

「不可以！」：同前。

「媽的，辛恩」：同前。

「保護對手」：Hart, *Hitman.*

「摔角手夠愛觀眾，願意以戲劇化的方式把自己傷成那樣」：Interview with Lawrence McBride.

被吸血鬼德古拉伯爵（Count Dracula）跟蹤：L. Siegel, *City of Dreadful Night: A Tale of Horror and the Macabre in India* (Chicago: University of Chicago Press, 1995).

粉絲只要能從這段關係中，得到某種重要的東西：Bernard Cova, Robert Kozinets, and Avi Shankar, "Tribes, Inc: The New World of Tribalism," in Cova, Kozinets, and Shankar, *Consumer Tribes* (New York: Routledge, 2007), 1-26.

克里斯與克里夫終於找到彼此：除另外提及，相關背景資訊來自 interview with Marcus Collins, Executive Director, Social Engagement, Translation LLC, by Zoe Fraade-Blanar and Aaron Glazer (2/23/2015).

生時就分開的雙胞胎兄弟終於團聚：K. Shivley, *How State Farm and Social Media Breathed Life Into Cliff Paul,* http://simplymeasured.com/blog/how-state-farm-and-social-media-breathed-life-into-cliff-paul/(7/29/2014); Interview with Marcus Collins.

「當你們同樣流著懂得協助他人的血」：State Farm Insurance, State Farm Commercial Born to Assist Cliff Paul, https://www.youtube.com/watch?v=tqBj3P13ABA (12/27/2012).

粉絲在推特上寫道：Shivley, *How State Farm and Social Media Breathed Life Into Cliff Paul.*

運動網站與公共論壇網站：請見 "Ok so is Cliff Paul a real person?" https://answers.yahoo.com/question/index?qid=20130219180432AAPcJac (2/19/2013)；"Is Cliff Paul real?" http://www.insidehoops.com/forum/showthread.php?t=294891 (3/31/2013).

「年度 # 雙胞胎瘋」(#twinsanity)：Studio@Gawker, "Chris Paul's Possibly Real Secret Twin Brother, Cliff, Is Now On Twitter (SPONSORED CONTENT)," http://deadspin.com/chris-paul-s-possibly-real-secret-twin-brothercliff-5974174 (1/15/2013).

克里夫和藝人：B. Fowler, http://www.eonline.com/news/511528/5-things-we-learned-from-nba-all-star-saturday (2/16/2014).

一起出現，一起告訴兒子：T. Nudd, "How Chris Paul Became the NBA's Most Gifted Endorser(s)," http://www.adweek.com/news/advertising-branding/how-chris-and-cliff-paul-became-nbas-most-gifted-endorsers-157343 (4/29/2014).

「他們怎麼會兩個人都姓『保羅』？」：B. Simmons, *The B.S. Report with Bill Simmons,* http://espn.go.com/espnradio/play?id=10629752 (3/18/2014).

「克里夫的生母會不知道自己生了雙胞胎？」：D. Guerrero, "What The Hell Is Going On In The State Farm Cliff Paul Commercials?" http://uproxx.com/tv/state-farm-cliff-paul-commercials/ (5/6/2015).

兄弟一對一比賽：GamingWithOva, "PS4NBA2K14- *How To Get Cliff Paul,*" https://www.youtube.com/watch?v=IkrUsKZVqTA (11/18/2013).

究竟有沒有克里夫．保羅這個人太有趣：Interview with Marcus Collins.

沒人隱瞞：A. A. Newman, "A Basketball Star and His 'Twin' Sell Insurance," *New York Times* (12/18/2012), B3, http://www.nytimes.com/2012/12/19/business/media/chris-paul-to-star-in-state-farm-insurance-ads.html?_r=0.

遊戲的重點：M. Hills, *Fan Cultures* (New York: Routledge, 2002), 111.

不必再當「大人的東西」：Cova, Kozinets, and Shankar, "Tribes, Inc.", 1-26.

熟悉模式出現出乎意料的變化時：T. Luna and L. Renninger, *Surprise: Embrace the Unpredictable and Engineer the Unexpected* (New York: Tarcher/Perigee, 2015).

湧出大量快樂化學物質多巴胺：T. Hillin, "Science explains why surprise brings us pleasure," http://fusion.net/story/112615/why-surprise-is-so-good-for-your-brain-and-body/ (4/1/2015); Luna and Renninger, *Surprise*.

影迷積極遊說福斯改變心意：M. Woerner, http://io9.gizmodo.com/5875356/fan-campaigns-throughout-history-that-saved-scifi-and-fantasy-tv-shows (1/12/12).

二十四小時內就搶購一空：" 'Firefly' to become movie," http://www.cnn.com/2003/SHOWBIZ/Movies/09/04/film.firefly.reut/ (9/4/2003).

三千九百萬美元：http://www.boxofficemojo.com/movies/?id=serenity.htm (1/18/2016).

「殉難只會增加傳奇性」：Entertainment Weekly Staff, http://www.ew.com/gallery/26-best-cult-tv-shows-ever/568019_12-firefly (3/17/2014).

笨拙手織帽："The Message," *Firefly.* TV show (7/15/2003).

「人們可以自己做」：L. Grady, http://www.bigpicturebigsound.com/Expanded-Coverage-of-the-Firef ly-Comic-Con-Panel.shtml (7/22/2012).

福斯把傑恩帽的設計，授權給流行交叉口服飾商：E. Hall, https://www.buzzfeed.com/ellievhall/firefly-hat-triggers-corporate-crackdown (4/10/2013); M. Woerner, http://io9.gizmodo.com/fox-bans-the-sale-of-unlicensed-jayne-hats-from-firefly-471820413 (4/9/2013).

比較精緻，而且通常比手工帽便宜："Jayne's Hat," *Think-Geek*, https://www.thinkgeek.com/product/f108/ (9/22/2016).

要求產品下架：J. Pantozzi, "UPDATED: Are You A Firefly Fan Who Makes Jayne Hats? Watch Out, Fox Is Coming For You," http://www.themarysue.com/jayne-hats-fox/ (4/9/2013).

「福斯盯上你了」：同前。

「你們可真是好棒棒」……「我個人認為」……「臭不可聞」：E. Hall, https://www.buzzfeed.com/ellievhall/firefly-hat-triggers-corporate-crackdown (4/10/2013).

「你們所有的『傑恩』帽，都屬於我們才對！」：同前。

「來福沒戴珍恩帽」(See Spot Run With Not Jane Hat)」：同前。

「ThinkGeek 與禁止令毫無關聯」：ThinkGeek, "Nice Hat, Jayne," http://www.thinkgeek.com/blog/2013/04/nice-hat-jayne.html (4/9/2013).

「《螢火蟲》的粉絲，我們聽見你們的關切……」：ThinkGeek, "Jayne Hat Proceeds to Can't Stop the Serenity," http://www.thinkgeek.com/blog/2013/04/jayne-hat-proceeds-to-cant-sto.html (4/10/2013).

前提是那樣東西能滿足自己的需求：Cova, Kozinets, and Shankar, "Tribes, Inc.," 1-26.

要看那樣東西代表的概念：同前。

速食業龍頭麥當勞（McDonald'S）這個品牌，非常需要重獲美國民眾支持：麥當勞同時面臨財務壓力，以及顧客如何看待它們這個品牌的壓力。可參見：B. Kowitt, "Fallen Archers: Can McDonald's get its mojo back?" *Fortune*, http://fortune.com/2014/11/12/can-mcdonalds-get-its-mojo-back/ (11/12/14); T. DiChristopher, "McDonald's outlook is negative, but wage hike helps: Analyst," *CNBC*, http://www.cnbc.com/2015/04/02/mcdonalds-outlook-is-negative-but-wage-hike-helps-analyst.html (4/2/2015); T. Hsu, "Five Guys voted favorite burger chain, McDonald's near bottom," *Los Angeles Times*, http://www.latimes.com/business/la-fi-mo-five-guys-burger-mcdonalds-20120918-story.html (9/19/2012).

大家想要分享的不快樂故事：K. Hill, "#McDStories: When A Hashtag Becomes a Bashtag," http://www.forbes.com/

sites/kashmirhill/2012/01/24/mcdstories-when-a-hashtag-becomes-a-bashtag/ (1/24/12).

「我能分享的 #McDStories 故事會讓你們寒毛直豎」：https://twitter.com/alexroth3/status/161873590881497088 (1/24/2012).

「瀰漫第I型糖尿病的氣味」：https://twitter.com/SkipSullivan/status/159734503508688897 (1/18/2012).

「冠冕堂皇的鬼話連篇」：C. Tice, http://www.forbes.com/sites/caroltice/2014/10/30/why-ronald-mcdonald-failed-on-twitter-branding-lessons/#2715e4857a0b6bbfb12d29ee (10/30/2014).

拍下紐約警察局的照片：A. Beaujon, http://www.poynter.org/2012/new-york-times-photographer-arrested-while-covering-arrest/184074/ (8/6/2013).

以及粉絲的動機：C. Shirky, *Cognitive Surplus: Creativity and Generoisty in a Connected Age* (New York: Penguin Press, 2010), 95.

桑麗塔・伊克雅（Sarita Ekya）：S'MAC 資訊與桑麗塔的話取自：telephone interview with Sarita Ekya by Zoe Fraade-Blanar and Aaron Glazer (1/14/2015).

史賓賽・魯賓（Spencer Rubin）：融化餐廳的資訊與魯賓的話，引自：telephone interview with Spencer Rubin by Zoe Fraade-Blanar and Aaron Glazer (1/13/2015).

快樂童年回憶：Hills, *Fan Cultures*, 42.

「提供觀眾娛樂」：P. Kerr, http://www.nytimes.com/1989/02/10/nyregion/now-it-can-be-told-those-pro-wrestlers-are-just-having-fun.html (2/10/1989).

掙脫運動賽事的眾多管制規則：同前；R. Hoy-Browne, http://www.independent.co.uk/sport/general/wwe-mma-wrestling/historic-moments-in-wrestling-part-6-vince-mcmahon-admits-wrestling-is-predetermined-9461429.html

(5/30/2014).

還要再過整整四年：D. O'Sullivan, https://sports.vice.com/en_us/article/the-forgotten-steroid-trial-that-almost-brought-down-vince-mcmahon (7/10/2015); http://www.huffingtonpost.com/2012/10/06/linda-mcmahon-lobbying-wwe-wrestling_n_1944341.html; http://www.motherjones.com/politics/2012/03/rick-santorum-wwf-pro-wresting; http://usatoday30.usatoday.com/sports/2004-03-12-pro-wrestling_x.htm.

即將離開世界摔角聯盟：該事件後來被稱爲「謝幕」（Curtain Call）。請見N. Paglino, "The Kliq Members Scott Hall, Kevin Nash, Sean Waltman and HBK Discuss the MSG Curtain Call Incident," *WrestleZone*, http://www.wrestlezone.com/news/470069-the-kliq-talks-curtain-call-incident (4/17/2014); http://bleacherreport.com/articles/986789-wwe-a-look-back-at-the-infamous-curtain-call-the-msg-incident (12/17/2011). 影片請見：http://www.dailymotion.com/video/x6v3as_the-kliq-curtain-call-incident_music.

8 粉絲不高興時怎麼辦

鬧得沸沸揚揚的「美韓自由貿易協定」：US-Korea Free Trade Agreement (3/15/2012).

「美國本土精神」：R. Mitenbuler, "How Bourbon Became 'America's Native Spirit,'" *Slate*, http://www.slate.com/articles/life/drink/2015/05/bourbon_empire_lewis_rosenstiel_and_how_bourbon_became_america_s_native.html (5/12/2015); S. Res 294, "Designating September 2007 as "National Bourbon Heritage Month," https://www.govtrack.us/congress/bills/110/sres294/text (8/2/2007).

數百萬美元，遊說自由貿易協定：H. Abdullah, "Bourbon distillers focus on South Korea free trade debate," http://www.mcclatchydc.com/news/nation-world/national/economy/article24699760.html (9/26/2011).

徵收二〇%的稅：同前。

正好碰上美國威士忌酒廠大發利市的年代：A. Rappeport, "Exports of US spirits reach Record high," *Financial Times*, http://www.ft.com/cms/s/0/58c55c8c-4b93-11e1-b980-00144feabdc0.html#axzz3iiox1lwx (1/31/2012).

香港：C. Lanyon, *48 Hours* magazine, http://www.scmp.com/magazines/48hrs/article/1541763/its-boom-time-bourbon (7/3/2014).

「超貴的肯塔基波本」：J. Bachman, "Bourbon Sells, and Pricey Bourbon Sells Even Better," http://www.bloomberg.com/bw/articles/2013-11-26/bourbon-sells-and-pricey-bourbon-sells-even-better (11/26/2013).

品牌故事說：G. Kleinman, "The Story of Maker's Mark Whiskey," http://www.drinkspirits.com/bourbon/story-makers-mark-whiskey/(3/15/2012).

五年多之後的需求：Z. M. Seward, "Maker's Mark answers your questions about why it's watering down its bourbon," http://qz.com/52807/makers-mark-watering-down-bourbon-questions/(2/11/2013).

突然在頭版報導美格：Kleinman, "The Story of Maker's Mark Whiskey."

酒度下降：Z. Seward, "Maker's Mark waters down its bourbon to meet rising demand," *Quartz*, http://qz.com/52478/makers-mark-waters-down-its-bourbon-to-meet-rising-demand/(2/9/2013).

多撐四年：Seward, "Maker's Mark answers your questions about why it's watering down its bourbon."

需求暴增的程度遠超過預期：R. Samuels, and B. Samuels, Jr., *Letter to Maker's Mark Ambassadors*, cited in Seward, "Maker's Mark waters down its bourbon to meet rising demand."

「我們確信不會搞砸您的威士忌」：同前。

《石英新聞》（*Quartz*）在自家網站上，刊出一小則關於新配方的報導：同前。

怒氣節節升高，淹沒美格，美格措手不及：全部引自美格臉書網頁留言：“Maker’s Mark Updated their cover photo,” https://www.facebook.com/makersmark/photos/a.10150662954248334.413743.6355923333/10151414702078334/?type=3 (2/9/2013).

「攙水稀釋！」：Maker’s Mark, “Maker’s Mark updated their cover Photo.”

美格的臉書被洗版：Maker’s Mark, https://www.facebook.com/makersmark/photos/a.10150662954248334.413743.6355923333/10151414702078334/?type=3 (2/9/2013).

推特一片混亂：M. A. Lindenberger, http://nation.time.com/2013/02/12/makers-mark-waters-down-its-whisky-and-anger-rises/ (2/12/2013).

「稀美格」：G. Bullard, “Less Potent Maker’s Mark Not Going down Smoothly in Kentucky,” http://www.npr.org/sections/thesalt/2013/02/11/171732213/less-potent-makers-mark-not-going-down-smooth-in-kentucky (2/11/2013).

「他們火力全開」：Z. M. Seward, http://qz.com/54762/makers-mark-learns-a-painful-social-media-lesson-wont-dilute-its-bourbon/(2/17/2013).

「享受你們的破產程序吧」：Maker’s Mark, “Maker’s Mark updated their cover photo.”

無法理解大家怎麼反應這麼激烈：Seward, “Maker’s Mark answers your questions about why it’s watering down its bourbon.”

向粉絲的要求投降：同前。

「高德溫法則」（Godwin’s Law）：「高德溫法則」源自麥克．高德溫（Mike Godwin）律師。高德溫表示：「網路上的討論維持愈久，被比爲納粹或希特勒的機率接近一。」D. Amira, “Mike Godwin on Godwin’s Law, Whether Nazi Comparisons Have Gotten Worse, and Being Compared to Hitler by His Daughter,” *New York*, http://

nymag.com/daily/intelligencer/2013/03/godwins-law-mike-godwin-hitler-nazi-comparisons.html (3/8/2013).

傑克丹尼爾（Jack Daniel）降低酒度：A. Press, “Drinkers object to Jack Daniel’s watering whiskey down,” http://usatoday30.usatoday.com/money/industries/food/2004-09-29-jack-daniels_x.htm (9/29/2004).

銷售創新高：J. B. Arndorfer, “Weaker Jack Daniel’s Becomes Spirits Strongman,” http://adage.com/article/news/weaker-jack-daniel-s-spirits-strongman/103213/ (5/16/2005).

早已是熟成過程中大量稀釋的結果：J. Wilson, https://www.washingtonpost.com/lifestyle/food/makers-mark-debacle-the-proof-is-in-the-overreaction/2013/02/25/0aba8564-7c32-11e2-9a75-dab0201670da_story.html (2/26/2013).

「顧客永遠是右派（right wing）」：S. Brown, “Harry Potter and the Fandom Menace,” in Bernard Cova, Robert Kozinets, and Avi Shankar, *Consumer Tribes* (New York: Routledge, 2007), 177-92.

「對社群媒體回應不足」：J. Rosen, https://twitter.com/jayrosen_nyu/status/303222018281721856 (2/17/2013).

史上最高季度銷售：Z. M. Seward, http://qz.com/80855/fear-of-watered-down-bourbon-gave-makers-mark-its-best-quarter-ever/ (5/2/2013).

衝去囤貨：C. Subramanian, http://business.time.com/2013/05/03/proof-positive-makers-mark-blunder-results-in-surprise-profit/ (5/3/2013); A. Dan, http://www.forbes.com/sites/avidan/2013/05/06/makers-marks-plain-dumb-move-proved-to-be-pure-marketing-genius/#1fa6dc8f1e61 (5/6/2013).

「多數錯覺」（Majority Illusion）：K. Lerman, X. Yan, and X.-Z. Wu, “The Majority Illusion in Social Networks,” http://arxiv.org/pdf/1506.03022v1.pdf (2015); Emerging Technology from the arXiv, *MIT Technology Review*, https://www.technologyreview.com/s/538866/the-social-network-illusion-that-tricks-your-mind/ (6/30/2015); Lerman, Yan, and Wu, The “Majority Illusion in Social Networks,” P*LoS ONE, 11*(2), 1-13 (2/17/2016).

「大量活躍鄰居」：Emerging Technology from the arXiv, *MIT Technology Review*.

《麻省理工學院史隆管理學院評論》(*MIT Sloan Management Review*)：W. W. Moe, D. A. Schweidel, and M. Trusov, "What Influences Customers' Online Comments," *MIT Sloan Management Review* (Fall 2011): 14-16.

「刻意打偏低的分數」：同前。

「給他們需要的東西」：T. Robinson, *Interview: Joss Whedon,* http://www.avclub.com/article/joss-whedon-13730 (9/5/2001).

彼得．帕克（Peter Parker，以及他的蜘蛛人祕密身分）必備的特質：S. Biddle, "Spider-Man Can't Be Gay or Black," *Gawker*, http://gawker.com/spider-man-cant-be-gay-or-black-1712401879 (6/19/2015).

「在派對上當無趣的傢伙」：K. Opam, "Spider-Man is contractually obligated to be boring at parties," http://www.theverge.com/2015/6/19/8813099/spider-man-movies-sony-marvel-boring (6/19/2015).

主角都是異性戀白人男性：M. Stern, http://www.thedailybeast.com/articles/2014/08/07/fear-of-a-minority-superhero-marvel-s-obsession-with-white-guys-saving-the-world.html (8/7/2014).

「黑人會第一個先死」：TvTropes 提供此類情節設定的豐富資料。請見 http://tvtropes.org/pmwiki/pmwiki.php/Main/BlackDudeDiesFirst (accessed 9/23/2016).

「塞冰箱」(fridging)：http://tvtropes.org/pmwiki/pmwiki.php/Main/StuffedIntoTheFridge (accessed 9/23/2016).

「先推出了十部由名字是克里斯（Chris）的金髮白人男性領銜主演的電影」：A. Wheeler, "Why Marvel Studios Succeeds (And How It Will Fail If It Doesn't Diversify)," http://comicsalliance.com/marvel-studios-success-marvel-movies-diversity/ (8/6/2014).

青少年大約九成：S. Vanderbilt, "The Comics," *Yank: The Army Weekly* (11/23/1945), https://ia601305.us.archive.

org/28/items/1945-11-23YankMagazine/1945-11-23YankMagazine.pdf.

弗雷德里克・魏特漢（Fredric Wertham）：魏特漢的詳細介紹請見 J. Sergi, "1948: The Year Comics Met Their Match," http://cbldf.org/2012/06/1948-the-year-comics-met-their-match/ (6/8/2012); and J. Heer, http://www.slate.com/articles/arts/culturebox/2008/04/the_caped_crusader.html (4/4/2008).

「希特勒算是小兒科」：Sergi, "1948."

「漫畫審議局」（Comics Code Authority）：請見 A. K. Nyberg, *Seal of Approval: The History of the Comics Code* (Jackson: University Press of Mississippi, 1998).

驚恐的出版商為求自保：Heer, http://www.slate.com/articles/arts/culturebox/2008/04/the_caped_crusader.html (4/4/2008).

「那種店是少數」：Telephone interview with Kelly Sue deConnick by Zoe Fraade-Blanar and Aaron Glazer (12/23/2014).

「女性不喜歡明顯汙辱她們的東西」：同前。

「女人與女孩開始買一本十美元的漫畫」：同前。

網路方便女性：Telephone interview with Daniel Amrhein by Zoe Fraade-Blanar and Aaron Glazer (2/6/2015).

「簡單來講，答案是『錯』」：S. Brown, "Harry Potter and the Fandom Menace," in Cova, Kozinets, and Shankar, *Consumer Tribes*, 177-92.

「『等等，女性也肯掏錢？』」：Telephone interview with Kelly Sue DeConnick.

日本漫畫市場："Japanese Manga Book Market Rises to Record 282 Billion Yen," Anime News Network, http://www.animenewsnetwork.com/news/2015-01-23/japanese-manga-book-market-rises-to-record-282-billion-yen/.83614

(1/23/2015).

美國與加拿大：H. Macdonald, “ICv2 and Comichron release 2014 sales report: comics now a $935 million business,” http://www.comicsbeat.com/icv2-and-comichron-release-2014-sales-report-comics-now-a-935-million-business/ (7/1/2015).

蜘蛛人麥爾斯・莫拉雷斯（Miles Morales）：可參見 E. Hayden, “The Backlash to the Backlash of a Multiracial Spider-Man,” *The Wire*, http://www.thewire.com/entertainment/2011/08/backlash-backlash-multiracial-spider-man/40901/ (8/5/2011).

她因為太受歡迎，深受其擾：Z. Crockett, http://priceonomics.com/how-esurance-lost-its-mascot-to-the-internet/ (12/18/2015).

一堆 X 級：J. Edwards, http://www.cbsnews.com/news/esurance-axes-erin-after-the-secret-agent-took-on-an-x-rated-life-of-her-own/ (6/15/2010).

勞動階級年輕小混混：C. Bothwell, “Burberry versus The Chavs,” http://news.bbc.co.uk/2/hi/business/4381140.stm (10/28/2005).

「會搶劫自己」：同前。

花了十年歲月才救回自己的格紋：C. Ostler, http://www.dailymail.co.uk/femail/article-2822546/As-Romeo-Beckham-stars-new-ad-Burberry-went-chic-chav-chic-again.html (11/5/2014).

寄禁止令：O. Fleming, http://www.dailymail.co.uk/femail/article-2661504/Ikea-threatens-legal-action-against-popular-fansite-allows-customers-cleverly-modify-furniture.html (6/18/2014).

要求她交出網址：J. Yap, “Big changes coming to IKEAHackers,” http://www.ikeahackers.net/2014/06/big-changescoming-to-ikeahackers.html (6/14/2014).

「顯然完全站在他們那一邊的部落客」：G. Sullivan, "IKEAHackers.net in trademark flap with store it pays tribute to," https://www.washingtonpost.com/news/morning-mix/wp/2014/06/16/ikeahackers-net-is-getting-shut-down-by-the-store-it-pays-tribute-to/ (6/16/2014).

不能有網站廣告贊助：J. Mullin, http://arstechnica.com/tech-policy/2014/06/ikea-waits-8-years-then-shuts-down-ikeahackers-site-with-trademark-claim/ (6/15/2014).

網站粉絲群情激憤：K. Campbell-Dollaghan, "Why Ikea Shutting down Its Most Popular Fan Site Is a Giant Mistake," http://gizmodo.com/why-ikea-shutting-down-its-most-popular-fan-site-is-a-g-1591401344 (6/16/2014).

「根本是胡搞」：C. Doctorow, http://boingboing.net/2014/06/15/ikea-bullies-ikeahackers-with.html (6/15/2014).

「深感遺憾」：J. Karmon, "After global outcry, IKEA softens stance against superfan (updated story)," https://www.yahoo.com/news/blogs/spaces/ikea-threatens-legal-action-against-ikea-fan-s-8-year-old-site-230646533.html?ref=gs (6/18/2014).

受邀參觀 IKEA 總部辦公室：J. Yap, http://www.ikeahackers.net/2014/08/trademark-talks-lets-settle-this-face-to-face.html (8/2/2014).

「開越橘汁慶祝」：J. Yap, "Trip update Part 1: Museums and meatballs," http://www.ikeahackers.net/2014/09/ikeahackers-to-go-on-part-1.html (9/25/2014).

「保護商標是我們的慣例程序」：R. Tepper, "World Nutella Day Saved After Ferrero Drops Cease-And-Desist Complaint," http://www.huffingtonpost.com/2013/05/21/world-nutella-day-saved_n_3314815.html (5/21/2013).

能多益的美國臉書粉絲專頁：https://www.facebook.com/nutellausa/ (accessed 9/23/2016).

莎拉・羅索（Sara Rosso）是能多益的美國超級粉絲：羅索對於「能多益世界日」的來龍去脈解釋，請見她的部落格文章："World Nutella Day: From My Crazy Idea to a Worldwide Movement," https://whenihavetime.com/2016/02/05/world-nutella-day-from-my-crazy-idea-to-a-worldwide-movement/ (2/5/2016).

「為什麼大家不吃這種有如人間美味的巧克力？」：同前。

「我只是以粉絲身分做這件事」：R. Tepper, "Sara Rosso, Nutella Superfan, Gets Cease-And-Desist Letter From Ferrero Over 'World Nutella Day,' " http://www.huffingtonpost.com/2013/05/17/sara-rosso-nutella-cease-and-desist_n_3294733.html (5/17/2013).

「中止購買費列羅的產品好不好？！？」："World Nutella Day," https://www.facebook.com/WorldNutellaDay/posts/10151663010986873?comment_id=28391408&offset=0&total_comments=121 (5/16/2013).

「不是第一個這麼做的人」：同前。

「提供不收權利金的授權」：C. Doctorow, http://boingboing.net/2014/06/15/ikea-bullies-ikeahackers-with.html (6/15/2014).

要求粉絲團體聲明：有趣的商標合法使用討論，請見：Clipper Darrell, a superfan of the Los Angeles Clippers who got into a battle over his nickname with the team: S. Stradley, http://www.stradleylaw.com/clipper-darrell-and-the-legal-issues-of-super-fandom/ (3/5/2012).

就開開心心自願把今日價值無窮的能多益世界日，轉讓給費列羅集團：World Nutella Day Transfer, http://www.nutelladay.com/transfer/(1/15/2015); https://www.youtube.com/watch?v=U6SR9o3MTfY(1/21/2015).

「如果信任自己的顧客」：D. Tapscott and A. D. Williams, *Wikinomics: How Mass Collaboration Changes Everything* (New York: Portfolio, 2010).

「我沒想過自己有一天會做那種事！」：Drake, Alice. *Travel Diary of Alice Drake* (1896-1900). Handwritten ms. at Gilmore Music Library, Yale University.

後記

「螃蟹捏捏（Crabby）救了我一命」：Email from Squishable Customer (6/18/2015).

LOCUS

LOCUS